独角兽
区块链

区块链与大众之治

[美] 威廉·马格努森（WILLIAM J. MAGNUSON） 著

高奇琦 陈志豪 张鹏 译

上海人民出版社

丛书序

区块链革命：智能社会的生产关系基础

非常高兴能与上海人民出版社合作推出这一套“独角兽·区块链”书系。我在这里对上海人民出版社领导和编辑老师的高瞻远瞩表示敬意，因为国内目前还没有一套严谨的学术丛书就区块链对人类社会影响进行整体讨论。我们希望可以把这套书系打造成国内社会科学界第一套对区块链的整体性影响进行讨论并引领该领域学术研究的丛书。

我在这里主要讨论两个问题。

第一个问题是区块链与其他相关技术在整个智能革命中的意义和关系。我习惯用“云、大、物、智、链”五个词来概括智能革命中最重要的五个相关技术。这五个词分别代表云计算、大数据、物联网、人工智能和区块链。除了区块链之外，前四个技术都主要对整个智能革命发挥加速作用，而只有区块链是智能革命这辆快速行进汽车中的制动系统。云计算像是汽车的动力系统，大数据像是汽车的石油，物联网像是汽车的感应装置，人工智能则像是汽车加速的油门。这四个技术联合起来会对整个智能革命形成巨大的推动作用，共同构成智能革命的加速器。然而，高速前进的汽车如果没有刹车，一旦方向错误就有可能会产生巨大的负面效应。因此，区块链在中间承担了控制节奏的功能，其更像是对整个智能革命调控方向、调节速度的中控系统。

第二个问题是区块链对人类社会的巨大影响。我这里用三个革命来概括。

第一，社会革命。人类社会一直面临的合作难题是奥尔森所总结的“集体行动的困境”，即如何把各自独立行动的个体联合起来行动。区块链发挥的重大意义，其可以通过智能合约把人类社会个体的力量加总起来，大大降低了人类社会的协作成本。从这个意义上讲，区块链是一个巨大的高效率协同系统，通过反复地及时对账和确认信息，从而推动人类社会降低交易成本和增加协同效率。

第二，价值革命。之前人类社会一直面临中心化机构过多攫取利润的问题。一旦形成中心化，中心化机构便利用资源集聚优势对人类成员在生产过程中产生的价值进行垄断。而区块链却提供了一个新的空间，即由社会个体共同来组成一个多中心平台。换言之，这里的平台本身就是分布式的，并以此来保证价值归劳动者。这就产生了一次新的价值革命。这一种价值革命可以促进劳动者在这一分布式平台上进行更加高效率的合作。

第三，治理革命。区块链同样可以被理解成一个多方协商的民主治理机制。治理与管理明显不同。管理是工业化时代形成的自上而下的结构性约束模式，而治理则是信息社会和智能社会后逐步形成的、需要通过上下结合和充分发挥多方利益相关主体意愿的多主体协同系统。治理是近二十年来社会科学研究的热点概念，然而如何通过技术手段来推动治理目标的实现一直是难题。从这一意义上讲，与智能革命的其他四大技术相比，区块链对社会的整体影响会更大。从技术特征上，区块链最接近治理概念，因此，在区块链的技术基础之上，会产生人类社会一次新的治理革命。

我们这套书系采取了译著和原创相结合的方式。目前中国社会科学正处在一个引进消化和自主创新的交汇点上。区块链作为一个新兴技术，对未来社会的巨大影响还没有完全发挥出来。中国首次与西方国家同步站在智能革命的门槛上，同时来观察区块链对人类社会的巨大影响，这就需要中国学者更多地从原创性的角度来思考这一问题。同时，西方学者由于其学术的敏锐性等原因已经在这一问题上有了一些研究成果。我们同样需要把这些优秀成果翻译进来，对其去伪存真，取其精华，去其糟粕。

因此，我们这套书系希望把两者结合起来。一方面将国外的优秀成果引入进来，另一方面也把我们国内的优秀原创性成果展示出来，这样就可以形成一个系统叠加效应，这也恰恰是区块链精神的一种体现。同时，上海人民出版社已经在与国外相关出版社进行联系，将来在时机成熟时把我们的原创作品翻译出去，这也可以算作是中国的社会科学界对全球知识共同体的一种贡献。

高奇琦

目　录

CONTENTS

译者序

在短短十几年间，区块链以迅雷不及掩耳之势走上了世界舞台。伴随着区块链发展的不同阶段，极客、矿工、投机者等不断涌入，留下暴富、神话、骗局、信仰、革命等关键词。但事实上，区块链已然要掀起一场新的科技革命。然而目前关于区块链的讨论更多集中在技术层面，对于其引发的社会革命与价值革命却是讨论甚少。在《区块链与大众之治》一书中，德州农工大学法学院副教授威廉·马格努森从区块链的技术特征、社会风险以及治理价值三个维度出发，描述了区块链技术在社会层面和价值层面引发的变革，并就该技术对民主深远的影响进行了阐释和说明，指出该技术虽然有各种缺陷，但其最大的价值在于激发了全世界人们的想象力，促成了人们对于民主深层次的思考和改进。

技术：区块链的前世今生

马格努森在《区块链与大众之治》中，系统研究了区块链的由来、技术表征及具体应用场景。

区块链的诞生，源自长期以来就中央集权和分权相对优点的争论，从托马斯·霍布斯和约翰·洛克到硅谷的密码朋克，这场辩论已经如火如荼地进行了几个世纪。密码朋克对互联网带来的威胁保持警惕，并试图通过创建一套确保隐私的程序和方法来削弱监控能力，这些手段包括强大的密码学、安全的电子邮件和虚拟货币。尽管密码朋克在20世纪90年代取得了令人印象深刻的成就，但从未成功破解虚拟货币的难题。在虚拟货币领域，去中心化似乎很难实现。这时，区块链进入了人们的视野。该技术旨在将货币去中心化，将货币体系的权力交给使用货币的个人。

区块链的实质是一个公开的信息记录，通过一个多中心化的对等系统进行存储和维护，并通过复杂的加密算法进行保护。因此，它向所有人开放，并受到保护，不受入侵。在许多方面，它是密码学家们多年来所追求目标的顶点。事实证明，区块链的这些功能不仅仅应用于虚拟货币，在其他领域也有相应的应用场景。具言之，区块链的技术可以用来存储任何类型的信息，从运输记录到金融工具，再到合同。这项技术足够灵活，可以用于这些不同应用场景中，而且它承诺其记录能在稳定安全的前提下，对所有人保持可见状态。

就区块链在现实世界的应用而言，我们认为主要有三个层次，分别为数字货币、智能合约和智能社会。在本书中，作者也是按此进行叙述。在数字货币阶段，比特币、狗狗币等虚拟货币掀起了区块链的热潮，并由此催生了以太坊这样的新区块链系统。在智能合约阶段，马格努森介绍了一些更具创新性的应用，例如一些企业利用区块链记录产品供应链和制定自我执行的合同。在智能社会阶段，他还探讨了区块链在政治方面的潜在用途，如在智能合约的基础上，大众可以更有效地实现相互的监督，同时，大众的真实意愿表达也可以更为容易地输入到政治过程之中，故在未来可以形成一种基于区块链技术的协商民主。正如这些故事所呈现的那般，区块链已经发展成为一种多方面的技术，而富有进取心的技术专家们已经在许多问题上进行了尝试。但在马格努森看来，这种最初被设想为一种去中心化的技术，后来却越来越多地转向中心化结构。早期的采矿者将区块链视为一种让世界更加民主的方式，而后来的加入者则将其视为一种赚钱的方式，或者更简单地说，是一种改进（而不是取代）原有权力集中的方式。行业的权力慢慢从个人转移到大公司和政府。

法律：规制区块链发展的必要手段

然而区块链的应用也带来了一系列问题。一方面，区块链本身为犯罪行为的发生提供了条件。从本质上讲，区块链是一种基于适当限制政府权力和保障个人固有权利，并旨在抵御政府入侵的技术。因此，犯罪问题不仅仅是一个不愉快的巧合，它植根于区块链系统本身。与此同时，区块链行业内个人主义和反权威主义的历史也表明，在区块链内制约犯罪的努力必然会遇到实质性障碍。

另一方面，区块链对环境还会产生很大的影响。在本书中，马格努森提及了区块链消耗能源的惊人水平并确定了这种被消耗能源的来源。当然，他也讨论了区块链企业在减少或减轻区块链所产生的碳排放上所作的初步努力。简言之，区块链技术的效率（即该技术所需要的成本）并不是那么可观，我们需要通过一定的手段来解决技术带来的特定成本和商人片面追求利益的问题。

针对这些问题，马格努森提出了解决方案，即针对区块链应用所引发的犯罪问题和效率问题，我们应通过法律进行合理有效的规制。但他也坦承，区块链与法律之间存在不稳定的关系。因为这项技术是如此创新和新颖，它根本无法完全归入既定的类别。这就可能出现两种不同的情况。一种可能是，该技术最终会落入法律真空导致机会主义行为的同时，却没有任何法律补救措施。另一种情况则截然相反，即权力过度使用的监管者会扭曲法律。故我们可能会出现监管不足或过度的两种极端情况，而这两种情形皆不可取。

大众之治：寻求技术治理背后的民主

一般而言，技术治理需要在市场和民主这两种相反的可能性之间做出慎重的选择。但对于区块链而言，似乎并非如此。要知道，区块链本身源自西方对市场和民主政治的不信任。20 世纪 90 年代和 21 世纪初西方的政治精英们都担心在任政治家和企业高管的腐败问题。他们寻求技术的庇护，承诺将权力归还人民手中。而对于那些熟悉技术和历史的人来说，市场和民主国家重新获得控制权并不奇怪。

所以在马格努森看来，区块链是为大众之治作出努力的又一例子。在区块链发展的历程中，一直呼吁参与者以公平和平等意识为指导。即使该技术的结果是决策缓慢且繁琐，但考虑到他们对去中心化作为一种道德原则的更广泛的道德承诺，区块链支持者至少在目前为止一直愿意接受它。然而，这并不意味着虚拟货币和其他区块链技术是否能有效地解决民主这一世界问题。简言之，在马格努森看来，区块链若仅作为一项技术并不能解决这一问题。但该技术最大的希望在于，它的灵感来自激发民主本身的原则，而这也恰恰是它最大的缺陷。

前言

如果说19世纪属于文学，20世纪属于战争，那么21世纪则是科技的时代。在本世纪，科学技术以迅猛而又彻底的方式极大地改善和变革了我们的生活。对于很多人而言，很难想象，有一天我们可以通过非面对面的方式来聊天、看新闻、购物、看电影，所有这些活动都是通过互联网的方式（具体言之，手机）来进行的。科学技术无处不在，而且看起来很可能会一直存在。因此，如果我们要理解当今政治和社会的重大运动，就必须从了解技术本身开始。

而要想理解近些年的科学技术，我们就需要对所谓的科技巨头进行探究。科技巨头，即在科技产业中占据主导地位的少数几家公司。事实上，这些公司主导科技产业的程度，在整个资本主义发展历史上都可以说是罕见的。这些公司的名字可谓是如雷贯耳，比如脸书、苹果、亚马逊、网飞、谷歌公司等。在各自所属的细分领域中，这些科技公司都是极具统治力的。具体言之，脸书是社交传媒方面的霸主，谷歌是互联网在线搜索领域的老大，亚马逊则是在线购物领域的翘楚。苹果和网飞虽存在着某种程度的竞争关系，但这两家公司无一例外都处于各自行业的顶端。这些所谓的科技巨头通过对科技的垄断，进而在我们的生活中无处不在。因而，如果我们要想真正地理解现代科技，就必须对科技巨头们进行研究。概言之，科学技术是中心化的产物。

但也有例外，区块链技术并非如此。该技术以支撑比特币网络的运行而闻名。而比特币是自2010年起风靡全球的虚拟货币，造就了一批比特币亿万富翁和区块链狂热者。但与很多科技行业不同的是，比特币和区块链的基础，并不是一个中心化（即围绕着一家科技公司或产品）的技术，而是一种激进的去中心化的理念。也就是说，区块链并不把我们的科技生活和财富委托给某个科技巨头，
vii 而是让我们把它们委托给一个每个人都可以参与管理的网络。简言之，与其依赖硅谷的垄断来保护我们的数据隐私和安全，不如依赖我们自己。区块链的目的，就是为了避免被所谓的科技巨头威胁，而具体实践方式则是创建一个由每个人共享和维护的单一、不变的分布式账本。

正是这些因素，我第一次对区块链产生了兴趣。作为一个法律学者，我很好奇，对于区块链这样的去中心化技术，该如何用法律去管理和规制？哪些法律又可以适用？什么情形下这些法律可以适用，适用的对象又是什么？对于科技巨头来说，这些问题可能很容易回答。但对于区块链而言，事实却并不是这样。作为一个公民，我很好奇区块链会对政府的管理产生什么样的影响？它是否会降低政府在社会中的作用？又是否会绕过民主进程？或者说，它会不会反过来提高民主参与和促进公共利益的能力？作为一个科技爱好者，我很好奇区块链能否在更广泛的领域上取得进展。企业又该如何利用它？它又会对金融行业产生怎样的影响？采用和投资该技术的公司以及个人又会因此受到什么样的风险？

正如我开始研究比特币时所了解到的那般，人们对这些问题有

着强烈的主观色彩。询问人们对区块链的看法，无异于询问他们是否相信上帝。因此，有人曰是，有人曰否。但也有人不愿意谈论这类话题，并会告诉你不应该在餐桌上讨论这些事情。每个人都有自己的观点。事实上，人们很容易说，没有哪项技术像区块链那样，会产生过如此多的观点，不管是负面的还是正面的。

我试图以一种开放的心态来看待这些问题。在刚开始研究时，我没有强烈的先入为主的观念，也没有一个宏大的理论前提假设。我也知道双方之间存在激烈的辩论，但我与他们没有利害关系，不会在研究时偏颇地作出论断。我只是被区块链这一现象所吸引，从区块链起源于一个名为中本聪的网友的在线涂鸦，到它在 21 世纪前十年的疯狂崛起和突然崩溃，再到该技术与暗网和网络犯罪之间不光彩的联系，莫不如是。

在写这本书的过程中，我用比特币买了一杯浓缩咖啡，住进了一家比特币旅馆，还参观了一个位于得克萨斯州东部的比特币矿场。我和狂热的区块链信徒一起打过乒乓球，也和同样极端的区块链怀疑论者打过网球。此外，在区块链这样深奥的领域，我为了写作而读的相关学术文章也比预想要多得多。

在我研究的过程中，很难不为区块链社区的奉献精神所打动。这点渗透到区块链生态系统的每一个部分，从虚拟货币到实用代币，再到去中心化应用。该技术在博客文章、推特和留言板中皆得
到了充分的展示。而那些将毕生积蓄投入虚拟货币，搬进小货车， viii
并作为区块链布道者周游世界的人，也证明了这一奉献精神的客观存在。事实上，各大公司对于该行业也投入了大量的时间和金钱。这种激情与激励、道德与贪婪的结合，让观察家们注意到，这项技术可能成为自互联网诞生以来世界上最伟大的发明。

但在对话、电子邮件、帖子和文章中，一次又一次地出现了一个主题。对于爱好者而言，区块链代表的不仅仅是一项新技术：它不仅仅是下一个脸书或谷歌或苹果，该技术甚至也超越了中本聪写的代码。对于区块链的信徒而言，区块链代表着我们这个时代最紧迫问题的解决方法，从科技巨头的无孔不入到现代政治的瘫痪和分
ix 裂，莫不如是。可以说，区块链就是科技时代民主的模样。

导 语

愿我认为智者富有，愿我的一堆金子有一个中等的人能承受得起并随身携带。

——苏格拉底（《斐德罗篇》）

2014 年 2 月 7 日上午，全世界见证了一场可能是人类历史上最大的银行抢劫案，但这场劫案的目标却并不是名声在外的诺克斯堡（用于美联储金库贮藏的碉堡）或高盛银行。劫匪没有使用枪支或炸药，被盗资产也不是金锭或美元钞票。相反，目标是一家位于东京名为 Mt. Gox（Magic：The Gathering Online Exchange 的缩写）的不知名公司。劫匪使用复杂的黑客工具，利用该公司软件的一个漏洞窃取资产，而这种资产是一种名为比特币的新型虚拟货币。

比特币是一个名叫中本聪的人的创意，他是一个活跃在互联网密码学界的神秘人物，其在现实生活中的真实身份至今不为人知。中本聪将他的创造看作是一种反货币，一种“点对点”的虚拟货币，它只存在于计算机上，并以光速在世界范围内传播。这种货币具有一系列独一无二的特征，在一些人看来，这些特征代表的是彻底的民主。具言之，不同于美元或欧元这类实体货币，比特币的特征在于，每个人都将有权创造和控制比特币这类虚拟货币。也就是说，任何有电脑的人都可以进入网络，并可以开始创造新的货币。人们无需去银行，就可以通过互联网发送和接收虚拟货币。与此同时，用户将通过协商民主的方式运营比特币这一网络。最为重要的是，这一切都将以匿名的方式进行；系统中唯一能识别的信息是长串的数字和字母，而无法追溯到现实世界的个人。对于那些害怕国家和公司在现代社会日益强大的人而言，比特币是完美的港湾。它为普通人提供了一种方法，让他们重新掌控自己的金融活动。

但是，像比特币这样在互联网（和法律）边缘运作的具有激进
1 愿望的事业，必然会在某些时候遇到麻烦。这不是一个是否存在麻烦的问题，而是一个麻烦何时发生的问题。

2011 年，马克·卡普勒斯（Mark Karpelès）成为 Mt. Gox 的首席执行官，他从美国创业者杰德·麦克卡勒布（Jed McCaleb）手中收购了 Mt. Gox 交易所。麦克卡勒布在 2007 年就注册了 Mtgox.com 这一域名，起初想做热门卡牌游戏《万智牌》（Magic：The Gathering）游戏卡的交易网站，但是没有把这个创意做下去。2010 年底，麦克卡勒布决定改做比特币交易所，目的是方便比特币买家和卖家互相联系。网站很快火了起来，但是也让麦克卡勒布觉得应付不过来，于是他将其卖给了卡普勒斯。

和许多比特币的早期采矿者一样，卡普勒斯的穿着看上去并不像 CEO。他是个酷爱编程、热衷比特币的吃货，喜欢穿有图案的 T 恤，在网络论坛上自称为“Magical Tux”（魔力礼服）。之前，他曾在巴黎的一家小型在线游戏公司工作，但因被指控窃取客户用户名和密码而被解雇。他最大的爱好是烘焙，而苹果派是他的最爱。而在东京，他总是寻找最好吃的羊角面包。所以在收购 Mt. Gox 后，他将公司搬到了东京。[1]

尽管他明显缺乏成为 CEO 的资质，但在卡普勒斯的带领下，Mt. Gox 业务得到了快速扩张。到 2012 年，该公司已成为全球最大

的比特币交易所。在其巅峰时期，它处理了全球 80% 的比特币交易。如果你在 2014 年拥有比特币，你几乎可以肯定与 Mt. Gox 打过交道。[2]

但对于卡普勒斯而言，公司成长的烦恼让他焦头烂额。与此同时，卡普勒斯的宠物猫 Tibanne 也出现了健康问题，每天都需要打针吃药，这也让他出国散心解压的想法成为了泡影。而随着比特币开始在投资界受到更广泛的关注，比特币的价值随之飙升，Mt. Gox 也因此成为了黑客们的目标。[3]

在 2014 年之前，卡普勒斯每天都需要应对“黑客的攻击尝试”。有一次，一名黑客短暂地控制了该网站，并导致单枚比特币的价值暴跌至 1 美分以下。最后，卡普勒斯花了几周时间才解决了这个问题。在另一起事件中，卡普勒斯则向用户保证，他们在网站上遇到的延迟是由于需求过大，而不是因为黑客的攻击。黑客显然把卡普勒斯的声明当成了挑战，立即对该网站发起了网络攻击，并迫使其完全关闭。最后，卡普勒斯不得不请来外援，以加强 Mt. Gox 的网络安全系统。[4]

然而，2014 年 1 月，Mt. Gox 又出现了延迟的情况。延误虽未影响交易，一些交易甚至在没有出现故障的情况下就成功完成了，但延误的频次却在增多。随之而来的投诉也开始剧增。一些投资者投诉：他们支付了比特币，但从未收到相应的货物。这对于一个交易所来说，无疑是一个很严重的问题。Mt. Gox 将自己视为一个让 2
购买和出售虚拟货币过程变得简单的平台。如果不能实现这一承诺，它的服务就会变得毫无用处。于是，用户向 Mt. Gox 的客服账号发了很多投诉信息，但却未收到回答。随后，愤怒的投资者占据了比特币留言板，询问 Mt. Gox 网站到底出现了什么问题。

“Mt. Gox，我的比特币在哪里？”[5]

“去他妈的，GOX！”[6]

“准备好爆米花，因为焰火表演才刚刚开始。”[7]

“Mt. Gox 总能找到一种方法，让所有人永远被遗忘。”[8]

过去，卡普勒斯对一个叫做“比特币咖啡馆”的新项目非常着迷——他想在 Mt. Gox 所在的办公楼里开一家独具特色的咖啡馆，而这里的全部消费都可以用比特币结账。但如此多的投诉让他开始反思该如何解决这一问题，于是他设计了一种名为“冷库”的安全机制来保护客户账户的安全。卡普勒斯没有将用户的私钥（即允许比特币拥有者买卖他们的币的密码）保存在 Mt. Gox 的电脑上，而是将它们存储在东京各地藏匿的纸条上。冷库机制被认为是为了保护客户资产不被盗，因为黑客即使设法入侵公司的系统，也无法获取密码。相反，他们需要实际访问的纸质单据。但是，具有讽刺意味的是，这个旨在防止盗窃的系统现在却很难确定是否真的发生了盗窃。为了找出问题所在，卡普勒斯不得不在城市里跑来跑去，手动检索纸条，然后扫描到他的电脑中。[9]

值得注意的是，卡普勒斯之前并没有想过要这么做。毕竟，用户会想当然地认为，世界上最大的比特币交易所会对其账户进行定期审计。如果它像普通银行一样处理实物货币，那么根据众多法律法规，它有义务这样做。但比特币是在一个法律的边缘世界中运行的，所以即使有相应的法律规制的话，我们也不清楚哪些规则适用于它。另外，卡普勒斯检查客户的账户还有另一个原因。正如他所解释的那样，“每次你想检查一个冰冷钱包的余额时，你都会让它变得不那么冰冷”。换句话说，通过离线存储客户的私钥，他保护了客户的私钥不被网络盗窃。但每当他将这些密钥输入电脑查看他们的账户时，黑客发现密钥的概率就会增加。换句话说，要想让 Mt. Gox 的安全系统发挥作用，关键在于必须要保证无人正在检查它是否在工作。[10]

当卡普勒斯最终检查时，他大吃一惊。一个又一个钱包空空如
也。本该在他账户里的几十万枚比特币不翼而飞。尽管他努力寻找 3
丢失的比特币，但还是无法追踪到它们。这些比特币已经消失得无
影无踪了。

卡普勒斯别无选择。他立刻停止了从 Mt. Gox 交易所的所有提款申请，并关闭了自己的网站，申请了破产。世界上最大的比特币交易所就这样倒闭了。根据统计，Mt. Gox 交易所在这几年期间陆续被盗走约 85 万枚比特币。[11] 按照比特币最高位价格计算，被盗的比特币价值约 170 亿美元。[12]

*　　*　　*

本书讲述了区块链的故事。在过去十年里，这项了不起的新技术走上了世界的舞台，迅速抓住了公众的想象力，也抓住了大部分的流动资金。该虚拟货币似乎是凭空出现，完全脱离了美元或日元等传统货币体系，直接挑战了现有等级制度和权力结构。有些人认为它是一种强有力的工具，可以用来保护个人的自由和隐私。还有一些人则认为，该类型的虚拟货币是有史以来最大的骗局，是一个注定要在自身压力下崩溃的庞氏骗局。而本书则旨在厘清这些说法，以帮助读者加深对区块链的认识和了解。

因此，本书又是一个关于技术的故事。该故事主要包括：这项技术从何而来，是如何被创造的，以及在与现实世界发生碰撞时会发生什么。本书的每一章都探讨了区块链技术的不同方面，从底层

代码和实现它的矿工，再到试图控制它的企业和政府等都涵盖其中。本书旨在将这些观点汇集，以让读者能够全面了解这一重要技术在当今社会中的作用。

此外，本书还是一个关于金钱的故事。毕竟，区块链的支持者们希望通过货币运作方式的变革引发一场新的革命。尽管人们花了大量的时间去思考美元和美分，但要准确地定义钱是什么，以及它在社会中的目的是什么，却出奇困难。在知道这些事情之前，我们很难评估和改进它。事实证明，比特币和其他加密货币的创始人对这些问题进行了深入思考，并很好地找到了答案。本书希望通过研究货币及其在经济中的作用，能让读者更好地掌握加密货币的内涵与外延。但也希望通过研究加密货币，能够让读者重新理清我们对货币的认知。

最后，本书是一个关乎民主的故事。它是如何实现民主的，以及它是否能够抵御其他威权机制释放出的强大力量，主要取决于两
4 个因素，即金钱和技术所释放的强大力量。区块链建立在从政府手中夺回我们对生活的控制权的理念上，即把权力交给人民。这听起来很像民主，但事实却并非如此。几个世纪以来，现代民主国家一直在努力寻找人民主权和个人权利、自由和平等、政府监管和公民自治之间的适度平衡。区块链只诞生了十年，故在许多方面，它与现代意义的民主并不显得那么契合。一个民主的政府体系能否与区块链这样的技术共存？政府能否利用去中心化网络的力量，而又不失去对其治理对象的控制？这些都是本书试图回答的问题。

所有这些宏大主题都围绕着一个核心问题，即权力在现代社会中应居于何种地位？权力是否应该集中？还是去中心化、分散化？区块链是建立在去中心化的概念上的，它的设计目的是为了让每个

人都能对它的未来有发言权。对于它的创始人和最初的程序设计者而言，去中心化网络为社区提供了一系列其他组织形式无法提供的好处。该网络安全、稳定、民主，但也有一系列很难回避的成本问题。而且，同样重要的是，即使系统本身一开始就处于去中心化状态，市场这只无形的手也可能导致权力的中心化。毕竟，互联网孕育了脸书、谷歌和亚马逊这样的科技巨头。人们喜欢一站式商店、连贯流畅的生态系统和易于使用的界面，而公司则喜欢垄断。所有这些都表明，市场力量最终可能会把最分散、最民主的技术推向一个集中化、反民主的方向。

当今世界面临的巨大挑战主要是技术、金钱和民主。这三者正以前所未有的方式渗透进我们的生活中，但它们也是许多焦虑和争议的根源。苹果、谷歌和脸书等科技公司因其令人上瘾的效应和对私人数据的囤积而饱受批评。从抵押贷款到学生贷款，不断飙升的债务水平被归咎于各种弊病，贫富差距也在日益扩大，民主本身也正受到全球民族主义者和民粹主义者的攻击，这一切很难不让人将其与技术、金钱和民主联系起来。

与此同时，在这个时代，技术、金钱和民主又比以往任何时候都显得更加重要。一方面，我们需要民主来确定我们的共同价值观和目标。另一方面，我们需要技术来追求这些价值并实现这些目标。除此之外，我们还需要大量的资金让这一切成为可能。总之， 5
要想解决这些社会问题，我们必须要克服这些巨大的挑战。

区块链正好位于现代社会这些伟大主题的交汇点上。它开创了加密技术和点对点网络的新用途，从而带来了技术上的进步。该技术还利用这些工具创造了新的货币形式，用民主的经验教训为其决策过程提供信息。在许多方面，它的成就值得称赞。具言之，它们展示了如何利用去中心化的网络来取代各种过时的系统，从财务记录的保存到选举结果的跟踪，莫不如是。区块链技术还揭示了我们当前货币体系的许多缺陷。比特币和其他加密货币的创始人看到了现代经济的矛盾和失败，决定发明一种新的货币体系和模型。他们创造的是革命性的新事物，可谓是挑战了现有的强大规则。

但区块链在带来金融和政治革命的同时，也为无原则和不道德的人创造了投机取巧甚至犯罪的机会。犯罪分子和恐怖分子纷纷涌入这个行业，他们的行动有可能破坏，甚至玷污加密货币所取得的成就。各国政府一直以审视的眼光看待这些新生事态发展，在某些极端情况下，甚至可能更进一步，限制甚至禁止这些货币的发行和交易。因此，区块链在许多方面都类似于柏拉图对民主生活的描述："这将是一种令人愉快的政体——多姿多彩的、给予平等和不平等的平等。"[13]

*　　*　　*

Mt. Gox 的故事是一个警示性的故事。它强调了技术民主化所面临的挑战，特别是在这样一个对我们的经济和资本一样重要的领域。错误在所难免，意外的结果总会发生，而技术却让这些结果即时且无限可重复地放大了。

但 Mt. Gox 的失败也显示出一些特别的东西，即表明数百万人愿意信任一个算法。这个算法已经成为数十亿美元真实世界资金的储存库。而且，通过这个算法，全世界的人们都能像在一个单一社区一般，进行民主的协商交流和共同决策。

6 而这本书将讲述是什么使这一切成为可能。

注释

1. See Cyrus Farivar, Why the Head of Mt. Gox Bitcoin Exchange Should Be in Jail, ARSTECHNICA (Aug. 1, 2014), https://arstechnica.com/tech-policy/2014/08/why-the-head-of-mt-gox-bitcoin-exchange-should-be-in-jail; Nathalie Kyoko Stucky, Vilified Bitcoin Tycoon After Losing $500 Million: My Life Is at Risk, DAILY BEAST (Sept. 17, 2014), https://www.thedailybeast.com/vilified-bitcoin-tycoon-after-losing-dollar500-million-my-life-is-at-risk.

2. Takashi Mochizuki & Eleanor Warnock, Mt. Gox Shows Bitcoin's Growing Pains, WALL ST. J., Feb. 17, 2014.

3. See Nathaniel Popper, Digital Gold: Bitcoin and the Inside Story of the Misfits and Millionaires Trying to Reinvent Money 200 (2015).

4. See Arrest of Alexander Vinnik, MAGICALTUX (July 27, 2017), https://blog.magicaltux.net/article/Arrest-of-Alexander-Vinnik ; POPPER, supra note 3, at 207.

5. Fesnavarro, Where Are My Bitcoins MTGOX?, REDDIT (Feb. 4, 2015), https://www.reddit.com/r/Bitcoin/comments/1x21bq/where_are_my_bitcoins_mtgox/.

6. Jermwerty, MtGox Withdrawal Delays, BITCOINTALK (Feb. 6, 2014), https://bitcointalk.org/index.php?topic=179586.msg4981012#msg4981012.

7. Smoothie, Mt.Gox Withdrawal Delays, BITCOINTALK (Feb. 8, 2014), https://bitcointalk.org/index.php?topic=179586.msg5008907#msg5008907.

8. The Butter Zone, Do You Think Mt. Gox Will Survive?, BITCOINTALK (Feb. 24, 2014), https://bitcointalk.org/index.php?topic=483905.msg5326811#msg5326811.

9. See POPPER, supra note 3, at 310-311.

10. See Tim Hornyak, Despite Mt. Gox Fiasco, Karpeles Still Has Bitcoin Plans, PCWORLD (Nov. 11, 2014), https://www.pcworld.com/article/2846252/despite-mt-gox-fiasco-karpeles-still-has-bitcoin-plans.html.

11. See Robert McMillan, The Inside Story of Mt. Gox, Bitcoin's $460 Million Disaster, WIRED (Mar. 3, 2014), https://www.wired.com/2014/03/bitcoinexchange/. 卡普勒斯后来找回 20 万个比特币，然而还有 65 万个比特币下落不明。See Brian Feldman, Mt. Gox Found 200,000 Missing Bitcoins, ATLANTIC, Mar. 21, 2014.

12. 关于卡普勒斯是什么时候得知用户比特币丢失这一事实，现今尚存一些争议。有人称，他早在 2011 年收购公司后不久就知道了，为了快速盈利，他故意对投资者隐瞒了这一事实。See Paul Vigna & Michael J. Casey, The Age of Cryptocurrency: How Bitcoin and the Blockchain are Challenging the Global Economic Order 268 (2015).

13. Plato, the Republic bk. VIII.

第一部分

什么是区块链？

第一章　区块链的起源

牟利的生活是一种约束的生活。而且，财富显然不是我们在追求的善。因为，它只是获得某种其他事物的有用的手段。

——亚里士多德，《尼各马可伦理学》

2008年10月31日，纽约时间下午2点10分，在metzdowd.com网站的密码学邮件群组中，几百个成员均收到了一封署名为中本聪（Satoshi Nakamoto）的人发来的电子邮件。中本聪从未在该网站发表过文章，群组内的其他成员也对他一无所知。但在电邮中，他宣称，"我一直在研究一个新的电子现金系统，这完全是点对点的，无需任何可信的第三方"。然后中本聪将他们的注意力引向一个题为《比特币：一种点对点式的电子现金系统》的9页的白皮书，陈述了他对电子货币的新设想。[1]这种电子货币，也就是中本聪所说的"比特币"，可以让人们通过互联网直接向对方汇款。这种数字货币不受央行和任何金融机构控制，它将由每个用户自己来管理。比特币将是一种纯粹的货币，具有完全去中心化（民主化）、交易成本低、无隐藏成本和完全数字化的特点。[2]

现在回过头来看，我们知道，这封电邮掀开了一件大事的序幕。但在当时看来，这封电邮并没有引起足够大的反响。事实上，邮件列表上的大多数成员对此电邮中提到的内容持否定态度。

"我们非常非常需要这样一个系统，但我对你的设想的理解是，它似乎无法扩展到我们所需要达到的规模”，一位成员写道。[3]

“这个系统的真正问题是比特币的市场，”另一位写道，“它们没有内在价值。”[4]

另有成员认为比特币会成为黑客和诈骗者们的提款机，因为
9 “好人的计算力远不如坏人”。[5]

还有成员指出，国家正处于大萧条以来最深的金融危机的阵痛中，他担心政府绝不会允许像比特币这样的加密货币发展壮大。

“美国政府经常打击金融网络，”这位成员写道，“在我写这篇文章的时候，最近一次打击导致的金融崩溃仍在进行中。”[6]

并非所有的参与者都对此持否定态度，少部分人对比特币表示了兴趣。哈尔·芬尼（Hal Finney）就是其中的一员，他是一名计算机开发人员、密码专家和密码朋克。1979 年毕业于加州理工学院，获得工程学学士学位。毕业后，他在一家开发游戏机的公司美泰（Mattel）工作；[1] 哈尔还为诸如《创世纪历险记》《宇宙爆炸》《盔甲伏击》《黑暗洞穴》和《太空攻击》等游戏编写代码。芬尼是一个科幻小说的狂热爱好者，尼尔·斯蒂芬森（Neal Stephenson）的《密码宝典》和拉里·尼文（Larry Niven）的《环形世界》是他的最爱。在他看来，（美国）公司和政府正在对他们的公民进行无孔不入、压迫性和“老大哥式”的控制。他认为，要想改变这个局面，必须通过加密工具将权力从政府手中夺回，并交还给个人本身。早在 1992 年，他就写道：

> 如今，随着集中化的大型数据库的出现，我们面临着失去

［1］美泰现为全球最大的玩具公司之一。——译者注

> 隐私以及更加中心化的问题，而密码学家和计算机科学家大卫·乔姆（David Chaum）给人类提供了一个完全不同的方向，将权力从企业的手中拿回交到个人手上。计算机应该被用作解放和保护人类的工具，而不是被用来控制人类。[7]

芬尼还是首个免费加密软件 PGP（Pretty Good Privacy）的合作者之一。这是一个加密电子邮件系统，试图保护私人通信免受政府窥探。因而当 2008 年中本聪首次提出比特币的概念时，芬尼感到热血沸腾，在中本聪的邮件下留言提问。[8]

“比特币似乎是一个非常有前途的想法，”芬尼回复道，“如果比特币系统被证明对社会有用和有价值，让（参与者）感到他们正在通过自己的努力为世界作出有益的贡献，我会很满意。在这种情况下，在我看来，简单的利他主义足以保证网络正常运行。”[9]

中本聪受此鼓舞，提出的观点更为大胆。他在回复提问者时说道：“如果我的新型加密货币获得成功，我们可以在军备竞赛中赢得一场重大战役，并获得一段时间的新领土自由。政府可以切断像 Napster（音乐服务网络）这样的中央控制网络，但像 Gnutella（分布式通信协议）和 Tor（洋葱路由）这样的纯粹 P2P 网络正被他们自己掌控。”[10] 10

中本聪在他给密码学邮件列表的一封邮件中提到了比特币多维度的吸引力：“如果我们能正确地解释它，这对于自由主义观点非常有吸引力。不过我对代码比对文字更在行。”[11]

的确，中本聪的代码很有吸引力，而且这种吸引力不局限于互联网上某一群组的人群。他的代码还被认为是区块链的基础。

*　　　*　　　*

数字现金是开启政治革命的一种奇怪方式。革命的号角往往更具有革命性，比如对殖民地的压迫、对人权的践踏以及阶级斗争等莫不如是。这些引发政治革命的方式无一例外都在诉求一个比个人更伟大的理念，即为所有人带来一个更美好、更高尚的世界。另一方面，从表面上看，分布式账本系统并不能直接激发激情和振奋精神。事实上，如果你不能阐释清楚中本聪虚拟货币背后的核心理念——“哈希工作量证明”（hash-base proof-of-work）的话，大多数人就会对此一脸茫然。那么，确切地说，为什么中本聪、芬尼和其他一些自由意志主义理论家会围绕着数字现金系统凝聚在一起，并将其作为他们实现社会和政治变革的路线呢？确切地说，区块链背后的哲学涵义又到底是什么呢？

区块链的根源在于政治哲学中关于权力和权力运行场域的长期辩论。在这场辩论中，一方是集权论的支持者，即那些主张我们应该将权力集中在少数人手中的人。另一边则是分权论的支持者，即那些认为我们应该将权力分散在许多人手中的人。最终，集权与分权的问题取决于对国家与个人之间关系的理解。它常常被视为对立的价值观之间的冲突：国家权力与个人权利的冲突；精英文化与大众文化的冲突；王权与议会权力的冲突。这种冲突在今天的任何一个热点问题中都有所体现，从枪支管制（政府是否有权限制枪支的拥有量，还是个人应该无条件地拥有枪支？），到堕胎（政府应该有权禁止堕胎，还是个人应该有权决定自己的身体？），再到歧视（政府应该有权强迫商店不分性取向地为所有顾客服务，还是个人应该有权根据自己的宗教信仰拒绝为某些群体服务？），莫不如是。而这些问题涉及我们对（美国）政府和社会应如何运作的根本看法。

这些问题并不新鲜；事实上，人们可以发现它们激发了西方世界历史上一场重大的哲学争论——要集权还是分权。托马斯·霍布斯和约翰·洛克都经历了英国历史上最动荡的世纪，即 17 世纪。 11
17 世纪是英国社会剧烈动荡的时期之一，由于君主专制和资产阶级之间的矛盾，英国爆发了 1642 年的内战并导致了 1688 年的“光荣革命”。这个国家因政治分歧和党派之争而四分五裂，而这对于在政治斗争中失利的一方而言，无疑是致命的。霍布斯和洛克在不同时期都因为担心自己的生命安全而被迫逃离英国，霍布斯去了巴黎，洛克去了阿姆斯特丹。人们可能会依此预测到，这些共同的经历会导致他们拥有着相似的世界观。但事实上，他们的代表作——霍布斯的《利维坦》和洛克的《政府论》的出版虽仅相隔 38 年，但其主张却截然相反。[12]

托马斯·霍布斯 1588 年出生于英格兰威尔特郡马姆斯伯里的一个牧师家庭。就在那一年，西班牙无敌舰队扬帆北上，箭头直指不列颠群岛。后来，他责怪母亲因对西班牙无敌舰队入侵英伦半岛感到害怕，也让他变得胆怯与恐惧。他的父亲因要担任邻近教区的牧师而离开小镇，故将他的三名子女都寄托给他哥哥法兰西斯照顾。在大约 1603 年时他被送至牛津的摩德林学院就读。在大学里，霍布斯显然依着自己的规划学习，他很少被其他正规的学校课程所吸引。他直到 1608 年才取得了学位，但在这段时间中他曾经由院长詹姆斯·胡塞（James Hussee）爵士的推荐，担任哈德威克男爵卡文迪许之子威廉的家庭教师（亦即后来的德文郡公爵）。在接下来的四十年，霍布斯撰写了一系列著作，包括了历史、几何学、伦理学和在现代被称为政治哲学。他的政治著作让他在即将到来的内战中成为反对议会派的保皇党人。在这一阶段，他完成了修昔底德所著的《伯罗奔尼撒战争史》的翻译，成为第一个将其从希腊文原稿翻译为英文的人。霍布斯认为，修昔底德对伯罗奔尼撒战争的记录清楚地显示了民主政府是无法打胜战争和维持长期稳定的，也因此他认为民主制度并不可取。另一方面，他在自己的论文集《法律要义》中对专制主义大加赞美，当时他的政治思想还没有被大幅改变，直到 1640 年代英国内战爆发，一切就都发生了改变。1640 年 11 月，英国长期国会取代了短期国会，国会与国王间的冲突迅速恶化，霍布斯觉得他的著作可能会招致政治的迫害，因此很快便逃至巴黎。但与他 1651 年出版的巨著《利维坦》相比，这些作品都显得黯然失色。[13]

在《利维坦》一书中，霍布斯有一个著名的观点，即人类在自然状态下的生活是污秽、野蛮又短暂的。[14] 他想要表达的意思是，当没有政府执法时，人们生活在恐惧、偷窃、暴力和掠夺的持续状态中。对于自然状态的认识也让霍布斯对于国家权力有了更深层次的理解。“国家的主权者拥有着至高无上的地位，”[15] 霍布斯写道，“领袖应当具有至高无上的绝对权力，是一切法律的制定者和纠纷的仲裁者，臣民只能绝对服从君主，不能有任何的不满和反抗，否则被君主处死是合理的。而且，君主的权力一旦被认可就是永远不可以转让的。这就是说，臣民一旦通过契约把权力交给了君主，就再也不能收回。否则就是违反了契约，违反了正义。但是，对于君主来说，却不存在违反契约的问题，因此契约是臣民之间订立的，
12 君主不是订约的一方，因此，他不受契约的任何限制。”[16] 换言之，个人权利必须让渡于国家权力。毕竟，个人决定在主权者统治下生活，是为了避免在自然状态下危险和令人担忧的生活状况。因

此，他们也不可以说主权者侵犯了个人的权利，因为与之相对的另一种选择是无休止的混乱状态。迄今为止，绝对政府是两害相权取其轻。

霍布斯进一步指出，国家最常见的“弊病”之一在于，国家倾向于为其公民保留部分权利。在霍布斯看来，国家所做的事情是“善”的，而善的东西也是国家正在做的事情。“很明显，”他写道，“衡量善恶行为的标准是民法；而法官是立法者。[17] 如果不是这样，人们就会倾向进行辩论，并质疑国家的命令；然后就像他们在私下判断时认为合适的那样，再去决定是否服从他们的命令。”[18] 故对于霍布斯而言，国家权力是至高无上的，个人权利仅是从属地位。任何其他的安排都会导致主权的削弱和自然状态的回归。霍布斯写道，“虽然人们可能认为给予政府如此无限的权力会带来许多恶果，但不这么做的后果无疑会糟糕得更多”。[19]

而约翰·洛克却从集权的视角出发，得出了一个与霍布斯截然不同的结论。洛克于 1632 年出生在英国的萨默塞特郡，和霍布斯一样，他也出生在一个动荡的时代。提及自己的童年时他写道：“我很快意识到自己已经进入了这个世界，但我发现自己身处一场风暴之中，而这场风暴几乎一直持续到现在。”约翰·洛克的父亲曾是一名在萨默塞特郡担任地方法官书记的律师，后在英国内战时担任议会派部队的军官。洛克本人曾就读牛津大学基督教堂学院，当时他的学术成绩糟糕，他将这一事实归因于自己“不适合或不具备成为学者的能力”。他后来成为了一名医生，并在医学、经济学、自然哲学和政府研究方面著作颇多。1683 年，由于被怀疑涉嫌刺杀查理二世国王，洛克逃亡至荷兰。1688 年光荣革命后，洛克跟随奥兰治亲王的妻子一同返回英格兰。一年后，他完成了两篇《政府论》的撰写。因该书包含了敏感的政治内容，洛克最终决定匿名发表。[20]

在书中，洛克阐述了与霍布斯截然不同的政府观。根据洛克的
13 说法，人们创建政府是为了保护他们的“生命、自由和财富”。[21] 他写道：“因此，人们联合成起来成立国家，并将自己置于政府统治之下，最主要目的就是保护他们的财产不受侵犯。”[22] 但洛克问道，“如果他们建立政府是为了保护这些东西，那么当政府威胁要摧毁这些东西时，怎么可能假定他们同意呢?”洛克的结论是：“他们不可能同意。”洛克写道：“当立法者图谋破坏人民财产或贬低他们的地位，使其处于专断权力的奴役状态时，立法者就使自己和人民处于战争状态。人民因此就无须再予以服从。”[23] 换言之，若政府越俎代庖，滥用职权，那么人民拒绝服从政府是合理的。

在洛克看来，同样的逻辑可以用以证明革命的合理性。如果一个政府试图剥夺人民的生命、自由或财产，那么人民便有权取而代之。

> 所以，立法机关一旦侵犯了社会的这个基本准则，并因野心、恐惧、愚蠢或腐败，力图使自己握有或给予任何其他人一种绝对的权力，来支配其他人的生命、自由和财产时，他们就因这种背弃委托的行为而丧失了人民为了极不相同的目的而给予他们的权力。这一切权力便归属于人民，人民享有恢复他们原来的自由的权利，并通过建立他们认为合适的新立法机关以谋求他们的安全和保障。而这也是他们所以加入社会的目的。[24]

洛克认为，他对革命的看法会被视为过于激进，一些批评者们

也会给其贴上混乱、无政府状态和频繁叛乱的标签。但对于这些担忧，他并不认同。在洛克看来，毕竟“革命不会发生在每一个对公共事务管理不善的小问题上”，只有在最恶劣的情况下，即“一长串的滥用职权、推诿搪塞和诡计都朝着同一方向”发生时，人民才会发动革命，推翻政府。更重要的是，分权控制首先会对政府的滥用行为起到强有力的抑制作用。当人民的立法者违背了他们的信任，侵犯了他们的财产时，人民有权利通过新的立法为他们的安全提供保障，这种方式是防止叛乱的最佳屏障，也是阻止叛乱的最可行手段。[25]

因此，就国家与个人之间的关系而言，霍布斯和洛克的观点截然不同。霍布斯把国家看作是一个“利维坦”，即一个拥有巨大权力和权威的团体，归根结底，个人必须服从于国家。而洛克，却将
国家视为一种工具，最终的权威在于人民。如果国家侵犯了人民的 14
权利，那么他们可能会无视。然而，重要的是，霍布斯和洛克都把他们关于政府权力的观点建立在对当政府缺位时人类如何行动的假设上，关于“自然状态”的讨论在他们的著作中比比皆是。霍布斯认为，自然状态是一种令人憎恶的状态，在这种状态中，人类总是互相恐惧。在他看来，这是因为没有一个政府有权制定有约束力的法律，这就导致人类拥有了完全的自由。这种自由包括可以利用自己想要的任何东西的自由，这意味着“每个人对每件事，甚至对另一个人的身体都有权利”。[26] 而这也是造成混乱和暴力的原因。

而洛克提出了一套与托马斯·霍布斯的“自然状态”不同的理论，他对“自然状态”的看法也更加乐观。他同意霍布斯的观点，即自然状态是一种“完全自由”的状态，但在他看来，自由并不等同于无条件的放任。相反，自然状态有一种为人人所应遵守的自然

法则，它教导我们所有人都是平等独立的，没有人有权利去侵犯别人的生命、健康、自由或财产。[27] 即使没有政府，人们也可以通过使用自己的理性来理解基本的行为规则。当然，即使在自然状态下，依旧会出现问题。而这些问题也严重到足以引起人们对某种程度的中央集权的关注。在洛克看来，一个没有中央集权机构的完全分权社会缺乏三大基础要素：

> 首先，要有一个受到公认的、确定的、众所周知的法律，即人民都同意将其视为评判是非以及裁定争议尺度的共同标准：这是因为，尽管对于所有理性的生物而言，自然法则是简单易懂的，但出于自身利益的考量，人们并不愿意将其视作一项能够普遍适用的法律。其次，在自然状态下，需要一个有名气和秉公正直的法官，有权力根据既定的法律来裁决所有的分歧：因为在这种状态下，每个人既是法官，又是自然法则的执行者，人们偏袒自己，强烈的爱慕和憎恨很容易让他们在案件中失去公正。再者，在自然状态下，人们常常希望权力在合适的时候支持裁决，并给予适当的执行。这是因为，那些被任何不公正行为冒犯的人，在他们有能力的情况下，往往会用武力来对抗和报复；这样的多次反抗反而让不公正的惩罚更加严
> 15 厉，以威慑那些尝试反抗的人。[28]

因此，霍布斯和洛克之间的观点可以最终归纳为关于中央集权好处的讨论。在霍布斯看来，中央集权是一件无可厚非的好事。公民必须把个人权利交给一个全能的中央政府，否则就会使自己陷入一个充满掠夺和暴力的世界。但是对洛克来说，中央集权政府是有

缺陷的、易产生腐败的，必须通过恰当的分权加以调和，即多数人应有反对少数人权力的权利。

在公众舆论方面，洛克轻而易举地赢得了这场争论。今天，人们几乎普遍接受民主政府权力有限和个人应保留某些基本权利的观点。美国宪法更是将这些原则写入其《权利法案》，承认自由信仰宗教、言论自由和公平审判等基本权利。美国最高法院还扩大了这些权利的种类和范围，包括堕胎、同性婚姻等权利。现今，霍布斯关于专制政府的观点都是站不住脚的，而且在法律层面也被完全否定了。事实上，洛克的观点在西方政治哲学中已经获得广泛认同，以至于弗雷德里克·蒙代尔·沃特金斯在自己的政治理论研究中写道："大多数西方思想家的目标是建立一个社会，在这个社会中，每个人都能在最低限度地依赖统治者自由裁量权的情况下，享有在事先确定的法律权利和义务框架内决定自己行为的权利和责任。"[29]

但是，对于一个由密码学家、计算机科学家和无政府主义者组成的小型在线社区而言，霍布斯和洛克关于集权的成本和收益的这场争论仍在继续。他们认为，这需要一个甚至比洛克准备捍卫的更激进的解决方案，即回归自然状态的去中心主义。

* * *

20 世纪 90 年代初，互联网刚刚开始成形。事实上，源于美国国防部高级研究计划局从 1960 年开始进行的研究，互联网的主干基础设施如全球网络、域名和统一资源定位符等早就已经建立起来了。但是，许多访问互联网的工具还未出现或不完善。第一家互联网服务提供商成立于 1989 年。1992 年，美国在线推出了基于

16 Windows 的程序。与此同时，第一款被广泛使用的网络浏览器尚未发布（网景浏览器于 1994 年推出，而微软的 IE 浏览器于 1995 年推出）。因此，当时的互联网主要还是政府官员、学术研究人员和一些以技术为中心的公司的阵地。

但显而易见的是，互联网的风暴即将到来。《连线》杂志在 1993 年出版的第一期中写道："数字化革命已经对我们的生活造成了深刻的影响，就像孟加拉台风那样，唯一能与之媲美的可能是火的发现。"[30] 互联网承诺向全世界任何有电脑的人传播信息和知识，不分国界和地理障碍，这似乎是革命性的。新的网站和服务每天都在涌现。互联网使用率也在迅速上升。一项研究发现，从 1991 年到 1994 年，互联网数据量每年翻一番，在此之前的几年，增长率更是高达 400%。各家公司都将大量资金投入到了与互联网相关的技术中。那真是一段令人兴奋的时光。[31]

但并非所有人都对互联网的发展方向持乐观态度。一些人认为，互联网的迅速发展虽让人欢欣鼓舞，但更多的是令人担忧。

"政府的正当权力来自被统治者的同意，"倡导隐私保护的互联网先驱约翰·佩里·巴洛（John Perry Barlow）在《网络空间独立宣言》中写道，"你们既没有征求我们的同意，也没有得到我们的同意……网络世界并不处于你们的领地之内……我们正在达成我们自己的社会契约。这样的管理将依照我们的世界——而不是你们的世界——的情境而形成。我们的世界与你们的世界截然不同。"[32] 一群新生的"网络自由主义者"担心，如果互联网允许信息在全球范围内传播，那么互联网也会允许政府做同样的事情。一个有企图心的政府可能会利用互联网获得地球上每一个人最私密的信息。隐私即将成为过去，人民的生命权、自由和财富都有可能受到国家的管理。

蒂莫西·梅（Timothy May）、约翰·吉尔摩尔（John Gilmore）和埃里克·休斯（Eric Hughes）是一场后来被称为“密码朋克（cypherpunk）”运动的发起人，他们通过不同但相似的途径认识到互联网极具压迫性的力量。他们都花了一辈子的时间研究计算机，而且他们都对密码学有着特别的兴趣，即研究如何确保网络通信的隐私安全。蒂莫西·梅曾是英特尔的高级科学家和电子工程师，他同时还是科技和政治领域的专栏作家。他科学上的成就是解决了集成芯片上的 alpha 粒子问题。他在英特尔的股票期权也因此 17
升值很多，以至于其能够在三十四岁时就退休。在空闲时间，蒂莫西·梅在家照顾自己的小猫 Nietzsche，阅读蕴含自由主义思想的小说和科幻冒险故事，比如安·兰德（Ayn Rand）的《阿特拉斯耸耸肩》和奥森·斯科特·卡德（Orson Scott Card）的《安德的游戏》。约翰·吉尔摩尔曾是 SUN 公司的第五个雇员。和蒂莫西·梅一样，约翰·吉尔摩尔也很快成了百万富翁，这也给了他退休的理由，并在互联网和网络隐私方面追求自己的兴趣。他还参与创立了电子前沿基金会（Electronic Frontier Foundation），这是一个致力于促进互联网自由的非营利组织。埃里克·休斯是三人组中的最后一名成员，他曾是加利福尼亚大学伯克利分校的数学家，在旧金山找不到住处时，他在梅的家里住下后，与梅一拍即合。他们都是在约翰·吉尔摩尔举办的一个聚会上认识的，并很快意识到他们的共同兴趣所在。1992 年，他们三人决定成立一个小组，每月聚会一次，就互联网、计算机和密码学等方面进行讨论。他们为该小组取名为“密码朋克”。[33]

密码朋克最初的几次非正式会议起初只是一个纯私人的聚会。他们三人在休斯位于奥克兰的家中举行了第一次聚会，邀请了 40

位朋友，但只有20人出席。休斯刚买了房子，没有时间买客厅的家具，所以大家都坐在地板上。梅给在场的每个人发了一份阅读材料，其间他们讨论了一些看似最令人头疼的程序和密码问题。然而，当梅读自己的文章《加密无政府主义者宣言》时，整个会议进入了高潮。[34]

“一个幽灵，无政府主义的幽灵，在现代世界游荡，”梅在会议中读道，“计算机技术正处于为个人和团体提供完全匿名方式进行交流和交互的能力的边缘。两个人可能在不知道对方真实姓名或合法身份的情况下交换消息，开展业务或商议电子合同。通过对加密数据包和防篡改框——它们实现了加密协议，几乎可以完美地防止任何篡改——进行广泛的重新路由，网络上的交互将变得无法追踪。声誉将是至关重要的，在交易中甚至比今天的信用等级都重要。这些发展将完全改变政府监管的性质、征税和控制经济互动的能力、保密信息的能力，甚至会改变信任和声誉的本质。”

“国家当然会试图减缓或阻止这种技术的传播，”梅继续说道，“引用国家安全局的说法，如果毒贩和逃税者利用这种技术将会引发社会解体。许多这类担忧是真实的，加密无政府主义确实会让国
18 家机密被自由交易，也会容许买卖非法或偷窃的材料。一个匿名的网络市场甚至让暗杀和勒索交易成为可能。各种犯罪分子将成为加密网络的活跃用户。但这并不会阻止加密无政府主义的传播。正如印刷术改变并削弱了中世纪行会的权力和社会权力结构，密码学技术也将从根本上改变公司和政府干涉经济交易的本质。”[35]

梅传达的信息很明确：政府和企业在现代世界中的力量已经变得过于强大，而互联网有可能使更加向它们倾斜（政府和企业）。但梅认为，恢复平衡的途径在于拥抱而非拒绝互联网。计算机、网

络和加密技术可以用来促进自由和消除政府控制。虽然这场加密革命可能会导致一些不良影响（如毒品交易、勒索和暗杀），但与保障个人隐私不受贪婪的政府和公司侵犯的好处相比，这些影响是微不足道的。加密将让人们有办法摆脱政府监督的枷锁。

密码朋克们对梅的演讲报以热烈的掌声，梅、休斯和吉尔摩尔很快将目光投向更大的舞台中。他们的首要目标之一就是把他们的想法传播到更广阔的世界中，而不是局限于他们的朋友和同事。仅仅有20个在旧金山工作的程序员是很难发起一场加密革命的。而且，如果密码朋克想要在他们真正的目标上取得进展，他们需要找到联系全世界的这些自以为自己是密码朋克的方法。梅和休斯最终想到了建立一个匿名电子邮件列表的主意，对密码朋克有兴趣的人可以在这里分享他们对加密、计算机和互联网的想法。吉尔摩尔在他的个人网站 Toad.com 上托管这个邮件列表，密码朋克邮件列表也就这样诞生了。

随着“密码朋克邮件列表”的建立，密码朋克运动迅速兴起。越来越多热衷于加密技术的人加入进来，邮件列表的订阅数从1994年的700人跃升到1997年的2000人。[36]订阅者们每天交流数百条信息，这些人形成了一个非常秘密的圈子，圈子讨论的话题包括数学、加密技术、计算机技术、政治和哲学，也包括私人问题。密码朋克们利用邮件列表组织会议、交流观点和提高自身技能。密码朋克社区也随之壮大，伦敦、波士顿和华盛顿分部也相继建立。这里汇集了各种不同的声音和观点，似乎只有对密码学的兴趣才能让他们团结在一起。但随着时间的推移，通过他们大量的日
常交流，一种独特的密码朋克文化开始出现。密码朋克们是鲜明的 19
反政府主义者，他们通常持无政府主义的观点。他们对计算机驱动

变革持乐观态度，但对政府的窥探行为持反对态度。[37]

随着邮件列表订阅人数的增加，密码朋克受到的关注也越来越高。很快，媒体开始关注这一群体。1993 年 5 月，《连线》杂志报道了这些隐匿于世界各地、为人类隐私事业战斗的一群人，封面上是梅、休斯和吉尔摩尔戴着面具、手持美国国旗的照片。在这张照片中，吉尔摩尔的白色 T 恤在国旗上方耸立，刚好可以看出"电子前沿基金会"和它的网址。这篇文章将该运动描述为自由主义者和黑客在网络空间时代夺回隐私权的"膨胀运动"。文章说："在那些拥抱加密技术的人和压制加密技术的人之间，一场战争正在进行。看似无害、支持加密技术的密码朋克们正与美国联邦调查局（FBI）、美国国家安全局（NSA）作战。他们的战争，将决定 21 世纪是否还会有隐私存在。"梅、休斯和吉尔摩尔找到了拓展密码朋克影响力的方法，密码朋克运动也得以迅速发展。[38]

与此同时，休斯认为密码朋克需要确立宗旨和基本原则，于是决定写一份宣言。受梅的《加密无政府主义者宣言》的启发，他将这篇文章命名为《密码朋克宣言》。休斯的宣言是关于技术、政府和权力下放等想法的集合，这些想法一直在会议、邮件列表和聊天室中流传。"在电子时代的开放社会中，隐私是必要的，"休斯在宣言中写道，"我们不能奢望政府、企业或者其他庞大、匿名的组织出于它们的仁慈来授予我们隐私权。"相反，密码朋克不得不自己动手。"我们——密码朋克——致力于构建匿名系统。为了捍卫我们的隐私，我们用密码学，用匿名邮件转发系统，用数字签名，用电子货币。"休斯对密码朋克的成功概率持乐观态度："我们清楚，软件是无法被销毁的，彻底的分布式系统永不停机……"密码学将不可避免地在全球传播，它让匿名交易系统成为可能。[39]

休斯的宣言给了很多密码学家和黑客以灵感。密码朋克组织也为越来越多的人所知，很快就有人写信到邮件列表中要求得到宣言的副本。一些成员开始在邮件中引用宣言中的文字。还有一些人在邮件列表上进行了长时间的来回交流，以对宣言中提到的关键原则进行讨论。《密码朋克宣言》也随之成为了密码朋克团体新成员必读的介绍性文本和社区追随者们的组织原则。 20

密码朋克宣言

埃里克·休斯

在电子时代，对于开放的社会来说，隐私必不可少。隐私不同于秘密。隐私是某人不想公之于众的东西。而秘密，是他不想让任何人知道的东西。隐私是一种权利。它让某人有权决定公开什么，不公开什么。

如果双方进行某种交易，那么他们各自拥有这一互动的记忆。双方都有权陈述各自关于此次交易的记忆。谁能够禁止他们发言呢？或许有人能够通过立法来禁止，但相比于隐私，言论自由对于开放社会来说甚至更加重要。我们不会试图限制任何言论。如果许多人能够在同一个论坛上发言，那么每个人相当于对所有人发言，这样就可以同时积累个人和众人的知识。电子化的交流让这一小组得以实现，即使有人想要禁止小组产生，他也不可能成功。

因为我们渴望隐私，所以我们必须确保交易双方仅获得交易所需的信息。因为任何信息都可能在交易中提及，所以我们必须保证暴露最少的信息。在大多数情况下，个人信息并非必不可少。当我在商店里购买一本杂志付钱给店员的时候，他没有必要知道我是谁。当我要求我的电子邮件服务商发送和接收消息时，他没有必要知道我在给谁发送信息，我发送了什么，或者别人对我说了什么；他只需要知道如何从这里获得消息，我欠他多少服务费。当我的身份在交易中被服务商暗中获取了，我就没有了隐私。我无法再选择性地披露我的信息；我只能被迫一直处于暴露的状态。

由此可见，保护开放社会中的隐私需要匿名的交易系统。迄今为止，现金交易系统是最好的匿名交易系统。匿名交易系统并非秘密交易系统。当且仅当他们想要这么做时，匿名系统允许个体披露他们的身份，这是隐私的实质。

开放社会中的隐私同样需要密码学。当我发言时，我只想让我指定的听众听到它。当我发言的内容全世界都可以听到时，我就丧失了隐私。加密意味着对隐私的要求，用弱密码加密意味
21 着对隐私要求不高。再者，当披露默认情况下为匿名的个人身份时，为了保证这个披露真实可靠，我们需要密码学的数字签名。

我们不能奢望政府、企业或者其他庞大、匿名的组织出于它们的仁慈来授予我们隐私权。信息不只想要免费，而且渴望免费。信息会扩展到所有可能的储存空间。信息是谣言的兄弟，它更年轻、更强壮；与流言相比，信息传播得更快，有更多的角度，包含更多的知识，然而给出的结论更少。

如果想要获得隐私权，我们必须捍卫它。我们必须联合起来，创造可以处理匿名交易的系统。几个世纪以来，人们已经通过低语、夜幕、信封、紧闭的房门、秘密的手语，以及邮递员来保护自己的隐私。过去的技术无法支持可靠的隐私，但电子技术可以。

我们——密码朋克——致力于构建匿名系统。为了捍卫我们的隐私，我们用密码学，用匿名邮件转发系统，用数字签名，用电子货币。

密码朋克写代码。我们认识到，需要有人编写软件来保护隐私，而且我们无法在有人没有隐私的情况下获得隐私，所以我们将会开发这些软件。届时，我们将开源我们的代码，让我们的密码朋克战友们可以使用它。我们的代码对全球任何使用它的人免费。如果你要封杀我们写的软件，我们不在乎。我们清楚，软件是无法被销毁的，彻底的分布式系统永不停机。

密码朋克们谴责对于密码学的控制，因为加密从根本上是一种私人行为。加密实际上是从公共领域抹掉我们的信息。即使是禁止密码学的法律也只能在一国的疆界内生效，在国家暴力机器所能控制的范围内肆虐。密码学将不可避免地扩散到全球，同样，它创造的匿名交易系统也将如此。

要使隐私权的意识广为传播，它必须成为社会契约的一部分。人们必须联合起来，为了共同的利益，合力去部署这些系统。隐私权的未来，取决于人们在社会中的合作。我们，密码朋克，思你所思，忧你所忧，并且希望与你携手，不再自我欺
骗。我们绝不会因为有谁反对，放弃我们的事业。 22

密码朋克致力于使网络对隐私更加安全。让我们一起加速向前迈进！

前进！

埃里克·休斯

〈hughes@soda.berkeley.edu〉

1993 年 3 月 9 日

值得一提的是，朱利安·阿桑奇（Julian Assange）也是密码朋克的早期成员。阿桑奇最终因创立维基解密而声名大噪，该网站致力于发布全球各地政府和企业的泄密文件，其中最为著名的是发布了数千份记录阿富汗和伊拉克战争的美国政府秘密文件。但在成为世界知名人物之前，他只是一个经常在密码朋克邮件列表上发帖的人。他给密码朋克邮件列表的第一条电邮可追溯至1995年，当时他只有24岁，最后一条电邮则是在2002年，也就是在他进入墨尔本大学之前。在他的电邮中，他表现得既好奇（“有没有人有任何关于Zip加密方案的密码分析论文?”），又异想天开（有一次他指出国家安全局是国家同性恋保密单位的缩写），以及尖酸刻薄（“孩子，你是个傻瓜吗?”他在回复一个评论者时写道）。但人们也能从中察觉到，最终导致他创立维基解密的原因。在提到经济学家约瑟夫·斯蒂格利茨（Joseph Stiglitz）关于信息不对称理论的诺贝尔奖作品时，阿桑奇写道：“你不需要获得诺贝尔奖就能意识到，大雇主和雇员之间的关系是极其不对等的。”“为了对抗这种非对称性……员工自然而然地开始尝试集体化，以增加他们的信息处理和讨价还价的能力。”[40]阿桑奇完善并提炼了这些想法，成立了维基解密，为不满的员工分享他们的雇主最珍贵的信息。2002年，阿桑奇出版了一本有关互联网安全的书，并将其命名为《密码朋克——自由与互联网的未来》(*Cypherpunks: Freedom and the Future of the Internet*)，以纪念密码朋克对他本人的影响。在引言中，阿桑奇写道：“密码朋克们总是能认识到……与（互联网扩大通信的力量）相结合的也是监视所有通信发生的力量。”[41]

密码朋克运动中更令人不安的元素之一是它对所谓的“暗杀市

场”的愚蠢信仰。暗杀市场是一个地方，通常被设想为一个网站，有时甚至是一家公司，人们可以在此对真实世界名人死亡的可能性下注。随着匿名交易系统的兴起，一些网络杀手认为，这些市场可 23
以或多或少地公开运作。悬赏者会匿名向一个在线账户汇款，刺客会在不向外界透露身份的情况下领取赏金。政府将无法识别市场中任何一个参与者的身份，因此暗杀市场的发展可以不必担心政府执法的问题。早在1988年，梅就在《加密无政府主义宣言》中提到了暗杀市场的可能性，但当时他谴责暗杀市场这个想法是“可恶的”。但是，一些密码朋克们却认为暗杀市场的想法很好，并开始给邮件列表发电邮，讨论如何实现这个想法。其中一位成员吉姆·贝尔（Jim Bell）甚至写了一本名为《暗杀政治》(*Assassination Politics*）的著作，以积极推广这一想法。贝尔还勾勒出了暗杀市场的基本结构和发展的技术要求。他还认为，暗杀市场正是密码朋克们所需要的，是可以让他们达到目的的方式。[42]

在贝尔看来，暗杀市场可以让人民杀死那些侵犯他们权利的人。因他们害怕报复，就会停止“向我们征税，把我们管得死死的，或者为此在我们反对他们的意愿时派雇来的暴徒来杀我们”。他写道：“想想看，那样的话，历史可能会发生怎样的变化。”一旦暗杀市场到位，军队就会变得没有必要，因为“任何威胁或虐待人民的外国领导人都会受到同样的贡献/暗杀/奖励制度的约束，而且它将在黑暗的边缘运作，就像在国内一样有效”。即使政府想关闭市场，也无能为力，因为“没有检察官敢对任何参与者提出指控，也没有法官会审理此案，因为无论现有的目标名单有多长，总会有一两个人的空间”。贝尔最后得出结论，暗杀市场将权力恢复到个人手中。对于那些认为这会导致无政府状态的批评者，他回应说，他们误解了这个概念。“人们大概会继续以一种平静、有序的方式生活。或者说，至少是他们想过的平静有序的生活。街头狂野般的情况不会出现，人们也不会把食人族或者类似的事情重新作
24 为一项全民运动。”贝尔认为，“暗杀市场不会失去控制。恰恰相反，它会受到另一种控制。这个系统不是一个集中制、由一个人决定的控制，而是一个分权制的系统，每个人都有一个隐含的投票权。”[43]

贝尔的著作在密码朋克圈内引发了轩然大波。一些人谴责它不道德——“只不过是出于政治目的的谋杀计划，比如敲诈勒索”。[44] 还有人认为他的想法是不现实的，有人写道：“美国国税局（IRS）拥有超过 110000 名员工，如果你干掉整个税收体系，你就必须要成功地杀死约 10% 的员工，只有这样，才能产生足够的效果以切断政府的货币供应。”[45] 还有一些人担心这部著作的公布会招致不必要的政府审查。正如一位密码朋克写给贝尔的那般，“如果我是你，我会小心翼翼……因为间谍们可能已经在想办法脱身了”。[46] 也有人为贝尔辩护道，贝尔是一个有远见的人，他认为“如此重要的政治理论创新肯定应该与世界分享”。[47] 无论如何，贝尔很快从密码朋克圈子中消失。1997 年，他因使用虚假的社会安全号码、在美国国税局办公室外引爆臭气弹、收集美国国税局雇员和联邦调查局特工的姓名和家庭住址等罪行而被捕。执法人员搜查了他的汽车，还发现了制作炸弹和燃烧弹的说明书。[48] 在监狱服刑两年之后，贝尔于 2000 年获释，但几个月后因跟踪和骚扰一名国税局特工而再次被捕。这一次，他被判处了十年监禁。[49]

而另一方面，密码朋克社区继续发展壮大。显然，梅、休斯和吉尔摩尔挖掘出了更深刻而强大的东西，即便是“暗杀市场”也无

法减缓他们的步伐。正如梅在他的文章《密码经济学》中所写的那样，密码朋克们发现了新世界的一个基本特征：利用密码学和互联网的新工具，个人可以用自己的电脑“改变个人与更大实体之间力量平衡的本质”。[50] 对于有抱负的年轻黑客和程序员来说，这无疑是一个强有力的信号，越来越多的人也因此加入了密码朋克社区。

但对于密码朋克们而言，他们的圣杯就是钱币。和其他社会运动一样，他们很快意识到，如果想要密码朋克运动成功，他们就需要足够多的金钱。但此处的金钱并不是现实形式上的，他们更想要的是虚拟意义上的货币。1992 年，哈尔·芬尼向他的密码朋克伙伴们解释道，“我们想要使用数字支付手段，这样我们就可以在网上进行交易”。[51] 理由很简单，密码朋克中的许多核心理念——从渴望隐私到不信任政府，再到对企业和大银行不屑一顾——让密码
朋克们质疑现实意义上的货币在现代世界中扮演的角色。货币由政 25
府发行，主要存放在银行里。很大程度上，公司赚取现实意义上的金钱。但从密码朋克社区的角度来看，更糟糕的是，货币体系的建立并没有保护用户的匿名性。现金确实为用户提供了相当大的匿名性，但它携带不便且笨重，而且最终仍由政府控制。即使是最安全的计算机网络，如果在一天结束时，参与者去银行把钱汇到另一边，也会失败。所以密码朋克们开始了自己的发明创造，用他们的话说，想要开发一套“匿名交易系统”。“数字货币”——这个密码朋克们的圣杯，将同时赋予他们的交易系统以完美的匿名性，并让其完全脱离国家的控制。[52]

* * *

早在最开始的阶段，密码朋克们就对虚拟货币有着浓厚的兴

趣。1992年秋天，密码朋克们在休斯的客厅里第一次见面后不久，梅给密码朋克的邮件列表写了一份电邮，其中将隐私和虚拟货币联系起来：

> ……然后是数字货币。你们都知道，或者应该知道……依我之见，我们应该花更多的时间在会议上讨论这个问题，少花些时间玩游戏迭代……总之，我们正处在一个大事件的开端。虽然我对纳米技术之类的主张有些怀疑，但我看到整个网络空间/密码学/数字货币/跨国主义的全部理念正变得更容易实现。网络的增殖超出了政府的控制，带宽正在飞速增长，CPU技术的发展正在让我们的电脑桌面内容越来越丰富，PGP加密技术（Pretty Good Privacy，一个邮件加密软件）正在受到越来越多人的青睐，社会趋势也在助推加密无政府主义的到来。[53]

在梅看来，虚拟货币很重要，因为如果没有虚拟货币，任何虚拟互动，无论加密得多好，最终都必须通过银行进行。而政府在银行拥有监控和制裁个人的工具。他还认为，利用现有技术，虚拟货币是完全可以实现的。[54]从私人信息到私人资金的飞跃并不漫长。“信息就是金钱，”他写道，“信息是流动的，能够跨境流动，而且通常可以兑换成真正的货币。”[55]

早在20世纪90年代初，密码朋克们就开始讨论虚拟货币了，但它其实并不是一个全新的概念。事实上，就其最初的形式而言，它的出现甚至早于电子时代。就基本概念而言，虚拟货币指的就是无形的货币。当然，这排除了很多我们通常观念上的货币：比如美
26 元中一元纸币和一美分。黄金和白银也是如此，再或者说，那些在

某些文化中曾经作为交换单位的其他国家的物品，比如西非牛皮糖壳[56]和阿兹特克可可[57]，但虚拟货币也包括许多我们眼中属于传统货币的东西。例如，当美第奇银行发现它可以从一个人那里吸收存款，并将这些存款借给另一个人，只需将这些交易记录在它的账本上，它就在某种意义上创造了虚拟货币，即额外的货币现在正充满魔力地在经济中流通。这一惊人而又有利可图的发现，让经济学家约翰·肯尼思·加尔布雷斯（John Kenneth Galbraith）评论道："银行创造货币的过程是如此简单，以至于让人望而却步。"[58]银行真的只需要一支笔就可以创造货币。

但电子时代的到来，极大地拓宽了虚拟货币的范围。20世纪50年代和60年代，第一批信用卡开始广泛流通，美国运通卡、维萨卡和万事达卡迅速成为美国大部分地区首选的支付方式。[59]1975年，美国社会保障局开始向受领人提供一种选择，让他们可以通过电子资金转账方式，直接将存款存入银行账户，而不是邮寄支票，这也让退休人员接收资金变得更加简单快捷。[60]在20世纪90年代，PayPal开始提供在线汇款服务，这让消费者更容易为他们在互联网上购买的商品支付费用。[61]但它们也有一个共同点，即它们最终都与一种传统的非虚拟货币挂钩，比如美元、欧元或日元。

密码朋克们感兴趣的虚拟货币是一种不同的、更激进的东西。他们试图创造的虚拟货币纯粹是无形的，只存在于计算机上。它也不会与在现实世界中流通的传统非虚拟货币挂钩，也就是说，这种虚拟货币将不依附具体的实体货币价值。相反，它将在互联网上创建、存储和维护。而且，最重要的是，这种虚拟货币不是由政府发行的。因此，纯粹的虚拟货币将由使用它的人控制，这无疑是民主的。

大卫·乔姆（David Chaum）是这些“纯”虚拟货币的早期创造者中的一员。和许多密码朋克一样，他是一位对密码学和匿名交易系统有着浓厚兴趣的计算机科学家。他留着浓密的胡子，扎着长长的马尾辫，对互联网时代对隐私的侵蚀抱有深深的忧虑。在1992年《科学美国人》上的一篇文章中，他认为，隐私是互联网的致命
27 弱点。在对三十年后世界的描述中，他非常有先见之明地写道：

> 每次你打电话、用信用卡购物、订阅杂志或缴税的时候，这些信息都会进入某个地方的数据库。此外，所有这些记录都可以连接在一起，这样它们实际上就构成了一个关于你生活的档案——不仅包括你的医疗和财务历史，还包括你买了什么东西，去了哪里旅行，和谁交流。但人们几乎不可能知道哪种组织保存了哪些文件，当然也更不可能确保其准确性或控制谁可能获得这些文件。[62]

对于乔姆而言，这是个问题，但他认为自己有办法解决这个问题。在20世纪80年代和90年代，在对互联网及其弱点的理解上，世界上鲜有人能与乔姆匹敌。他在加州大学伯克利分校学习计算机科学，后来在阿姆斯特丹的一个密码学研究小组工作。他将毕生精力投入到恢复互联网安全的工作中，并为因特网加密技术制定了若干基本原则，而这些原则也在该领域继续使用了数十年。1983年，乔姆发表了论文《用于不可追踪支付系统的盲签名》，提出了一种政府或银行无法追踪的虚拟货币形式。他在文章中写道：“新电子支付系统的最终结构可能会对个人隐私以及犯罪分子使用支付的性质和程度产生重大影响。理想的情况下，新的支付系统应该解决这

两组看似冲突的问题。”这篇论文提出了一个解决问题的办法：一个既能保证参与者的隐私，又能防止盗窃的匿名支付系统。[63]

几年后，他将自己的想法付诸实践，成立了一家名为 DigiCash 的公司，同时还创建了一种名为 ECash 的虚拟货币。该货币于 1990 年推出，当时报纸上的文章甚至宣称，“现金正在消亡”，[64]“鼓鼓的皮夹子已经过时了”，[65]“网络现金的时代”已经到来。[66] 在之后的几年内，该货币得到众多国际知名银行的支持。德意志银行签署了一份试行使用 ECash 的合约，[67] 瑞士信贷银行也是如此，[68] 圣路易斯的马克吐温银行也在美国推行了此货币。[69]

然而，ECash 并没有长盛不衰。仅仅在美国推出三年后，这种虚拟货币就式微了，DigiCash 公司也于 1998 年申请破产。[70] 它的失败证明了创造一种脱离主权政府的货币存在着很大困难。乔姆自己认为 ECash 的想法是可靠的，但他选择的时机不合适：在他看来，20 世纪 90 年代初，人们还没有准备好接受虚拟货币，电子商务还没有像几年后那样大行其道。消费者刚刚开始接受互联网的概 28
念。在互联网上存储资金的概念正在动摇消费者对互联网的信心。其他人则认为，ECash 的失败是因为典型的鸡和蛋的问题：除非消费者愿意使用 ECash，否则商家不愿意花心思接受 ECash，而除非商家接受 ECash，否则消费者也不愿意使用 ECash。事实亦是如此，马克吐温银行仅说服了 300 家商户接受 ECash，使用这种虚拟货币也仅有 5000 人。[71]

最后一种观点则认为，ECash 背后的真正问题是乔姆本人。乔姆是一个出了名的挑剔的人物，具有强烈的反权威倾向。虽然这些特点可能会帮助他发展自己的加密理论，但在商业层面而言表现却并不是那么如意。据报道，他拒绝了网景、维萨、荷兰国际银行和荷兰银行的收购要约，这些都是行业内的大公司，能给他的虚拟货币带来急需的初始用户群，但他对此都拒绝了。但与错过的最大机会相比，这些机会显得是那么的微不足道。比尔·盖茨提出将 ECash 整合到 Windows 95 系统中，并愿意为此支付 1 亿美元的费用。这笔交易本可能会将虚拟货币带入数百万日常用户的家中，但乔姆又拒绝了。交易的参与者不断抱怨乔姆对他人动机的不信任。甚至在开始谈判之前，乔姆就要求和对方签订保密协议。正如他自己公司的一名雇员所言："他（乔姆）太偏执了，总觉得有什么不对劲。"[72]

然而，尽管 ECash 日渐式微，但其背后的思想却并未消亡。密码朋克迷上了 ECash，并将其作为迈向真正匿名交易系统的一步。在他们的邮件列表中，密码朋克们在提及乔姆和他的作品时，总是一副虔诚的语气。1992 年，哈尔·芬尼在给密码朋克们的电邮中写道："当我发现乔姆的作品时，它简直把我迷住了。乔姆的 ACM 论文标题颇具煽动性，名为'没有身份识别交易系统的安全使老大哥过时'。[1] 大体上来说，我们所做的就是致力于实现这个目标，让'老大哥'过时。这是一项很重要的工作。如果事情进展顺利，我们也许可以回顾过去，看到这是我们所做过的最重要的工作。"[73]其他虚拟货币，很多明确以 ECash 为模型，很快就取代了乔姆已经失效的虚拟货币 ECash。比如 Hashcash、B-Money 和 Bit Gold 都见

[1] 老大哥（英语：Big Brother）是乔治·奥威尔在他的反乌托邦小说《一九八四》中塑造的一个人物形象。老大哥是《一九八四》中大洋国的领袖，是党内的最高领导人。大洋国的人民坚信他存在，然而书中自始至终没有真正出现这号人物。他的存在始终是作为权力的象征罢了，无法确信他是否真正存在。甚至有可能是政府虚构出来的。在《一九八四》中，奥威尔描写了人们永远都处于极权无处不在的电幕监视下的社会。"老大哥在看着你"这句话随处可见。此处的老大哥，象征着极权统治及其对公民无处不在的监控。——译者注

证了虚拟货币在互联网时代的演变，但它们都采取了不同的方法。例如，Hashcash 旨在解决电子邮件用户发现的一个新问题：他们的电子邮件中充满了来自未知人士的垃圾消息。可以说，“垃圾邮件” 29
是一个难以解决的大麻烦，因为发送邮件给大量人是一件很容易办成的事。Hashcash 系统要求人们在每次发送电子邮件时花费一定数量的虚拟货币，并认为这样可以消除垃圾邮件。Bit Gold 使用了来自 Hashcash 中的一些概念，如对受信任的第三方的最小依赖，以最小信任来安全地存储、传输和验证相关信息。B-Money 则是加密无政府的社会进行协调的一种方式，它提供了不需要公开个人信息的货币系统。[74]

如同 ECash，所有这些虚拟货币都失败了。其中一些失败是因为技术问题，像 Hashcash 的问题在于没有办法重复利用这种虚拟货币，这大大降低了它作为买卖商品的方法的价值。其他虚拟货币失败是因为很多人对此缺乏兴趣。例如，在 1998 年尼克·萨博（Nick Szabo）提出 Bit Gold 后，这种虚拟货币甚至从未投入过使用。[75] 出于种种原因，密码朋克们从未解决过这些问题，其中一些因素与技术无关。尽管无法创造出一种符合他们无现金世界梦想的数字货币，但密码朋克们仍取得了很多成就。他们开发了一个分析框架来评估互联网的利弊。他们发现了互联网协议的许多核心漏洞，并为此提出了许多漂亮的技术解决方案。但其中最大的影响很鼓舞人心：他们激励了一代密码学家和程序员，以继续思考、编码，不断修补，为老问题寻找新的解决方案。

* * *

到 20 世纪 90 年代末，虚拟货币遇到了障碍。商人们拒绝接受它们，消费者也不相信它们，大多数商业方面的尝试都以失败告终。这些问题的根源在于一个基本的问题：虚拟货币似乎并没有比传统货币更具优势。如果他们想要获得广泛的认可，他们需要证明虚拟货币不仅行之有效，而且相比现实中的货币更具优势，以及他们提供的东西在性质上不同于现金、信用卡和银行账户。也就是说，这些被接受的货币形式有很多可取之处，包括更便利、迅捷和主权政府的支持。虚拟货币提供了什么？

为了理解这个问题，我们有必要从更广泛的视角上来看货币的用途。货币理论家们普遍认为，货币在经济生活中有三个主要用途：购买、储蓄和估值。首先，也许是最重要的用途，是货币提供
30 了一个很好的购买东西的方式。这就是经济学家所说的货币的“交换媒介”功能，即货币促进人们之间的交换。当你周日走进全食超市[1]购物时，你知道当你推着满满一购物车菜走到结账队伍的尽头时，你就可以用钱包里的一元纸币付款了。收银员不会告诉你，“不，很遗憾，今天他们只接受，比如说，几加仑杏仁牛奶的形式付款。”你知道收银员会拿走你口袋里的现金。钱让交易变得更简单，而且对交易双方而言，都是如此——你把钱交给收银员，收银员把物品递给你。没有必要来来回回地交换当时全食超市到底需要什么产品，或者用多少加仑的杏仁牛奶来交换一壶冷煮咖啡。货币让商业运转变得更加顺畅，并简化了交易双方的流程。[76]

其次，货币还有储蓄的用途。这就是经济学家所说的货币的“价值储存”功能。当投资银行家在年底拿到奖金时，他不需要冲到全食超市一次性花掉所有的钱。相反，他可以一直持有手里的

[1] Whole Food Market.——译者注

钱，直到自己找到一个满意的新公寓。甚至，他可以把钱放在银行，以获得一些利息。试想一个不存在货币的世界：即使投资银行家仍有一份工作，他也必须以其他方式获得劳动报酬。也许他会得到食物，也许他会得到土地，也许他会从他的雇主那里得到一些免费的服务。但是食物最终会变质，土地必须得到维护，服务的价值取决于提供服务的人。也许更重要的是，投资银行家将来可能不想要这些资产。如果他想为了他最终找到的漂亮公寓而卖掉它们，他需要找到其他人并愿意接受它们。货币可以解决这种短期和长期之间的分歧。它允许个人储存价值以备以后使用，并在需要时可将其转化为有价值的商品。换句话说，这是一种高流动性的投资。货币允许人们将自己的劳动成果转化为未来的消费，同时不强制规定未来消费必须发生的硬性期限。

最后，货币还可以用来衡量物品的价值。在货币的所有用途中，这一点也许是最不被人理解的。经济学家把这种功能称为货币的“记账单位”功能。这意味着人们不仅用钱来购买和储蓄，还用它来衡量事物的价值。比如全食超市用美元公布物品价格，投资银行用美元确定工资，卖房者用美元来标的他们公寓的价格。事实上，所有这些不同物品的生活特征都可以用同一衡量标准（美元）以方便追踪，这使得每个人都可以更简单地衡量、比较和判断价值。投资银行家知道他的工资可以买多少罐冷饮，他可以将这个价格与他考虑购买的公寓的价格进行比较。如果，每个人都选择不同 31
的记账单位，那么衡量价值的过程就会变得非常复杂。如果全食公司以一加仑的杏仁奶为单位发布价格（一包六袋冷泡咖啡的价格是两加仑的杏仁奶，而一打散养鸡蛋的价格是一加仑的杏仁奶），或者投资银行以一公顷的土地为单位确定工资，这都是荒谬的。比较价格将变得几乎不可能，跟踪支出和利润也将变得不可能。货币能使这些过程变得更加顺畅——它让个人可以通过观察不同产品的价格来比较它们各自的价值。当然现在，有些人会认为，这个过程已经走得太远了：人们不仅已经开始把某样东西的价格作为其经济价值的体现，还将其视为对其道德价值的判断。而且，事实上，甚至有证据表明，一种商品的上市价格会影响消费者对它的估价；例如，购房者倾向高估高价的房屋，而非低估低价的房屋。[77] 正如奥斯卡·王尔德所言，一个愤世嫉俗的人知道“一切事物的价格和价值”。[78] 但是，撇开货币的心理影响不谈，我们可以看到，对如此种类繁多的商品采用单一的记账单位是多么有必要。

在理想情况下，一种货币可以完美地满足上述三个用途。事实上，美元在这方面做得非常好，它是一种伟大的交换媒介。可以说，美元的伟大已经跨越了国界，许多发展中国家的商人更愿意接受美元而不是本国货币进行结算，这也证明了美国货币的全球影响力。在历史上，美元也是一种安全的价值储存手段。特别是与其他国家货币相比，美元的通货膨胀率较低，而且可预测。美元也是一种很好的记账单位。我们理所当然地认为价格是以美元标价的，在比较购物时我们也会考虑到这一事实。

但在现实中，货币往往不能完美地履行其所有职能。某些情况下，它们可能根本就不能发挥任何功能。历史上，货币经历恶性通胀的例子比比皆是，其结果通常也是灾难性的。例如，第一次世界大战后，当魏玛德国背负着沉重的战争债务和惩罚性的赔偿金时，德国政府决定印制更多的货币来偿还所有的债务，但流通中马克数量的大量增加导致国内通货膨胀急剧上升，这又迫使魏玛共和国印制更多的马克来偿还债务（这些债务通常需要用黄金或外币来支付，因此不能通过印制毫无价值的马克来实现）。恶性循环很快就失控了，物价也随之上涨到了天文数字。比如，1922年德国 32
的平均物价是1913年的1.26万亿倍，通货膨胀率更是达到了每年1820000%。[79]尽管德国政府开始印制10亿马克的纸币，但人们仍然没有足够的现金来支付基本的生活必需品开销：德国人用手推车载着满满的纸币去商店买菜的故事更是司空见惯。同时，手推车对生活变得极其重要，以至于它们的价格也失控了。甚至还出现过一些趣事，一辆装满德国马克的手推车被偷了，但推车主人意外地发现，小偷只拿走了手推车，留下了马克。[80]德国的经济崩溃，通常也被视为一个促成纳粹崛起和第二次世界大战的因素。[81]

20世纪90年代末和21世纪头十年，津巴布韦经历了类似的货币灾难性贬值。在此期间，总统罗伯特·穆加贝实施了一系列激进的经济改革，包括广泛征用津巴布韦白人拥有的土地，这破坏了津巴布韦的国内经济。随着国内经济的崩溃，人们对津巴布韦政府的信任迅速消失，通货膨胀迅速蔓延。政府一度开始印刷100万亿津巴布韦元纸币。到2008年，通货膨胀已达到7960000%的月度增长率。[82]由于货币混乱，大部分经济活动转向黑市，美元在那里成为主要的交换媒介。在经历了几十年的经济停滞和政府的混乱之后，津巴布韦最终在2015年决定“废止货币”，将津巴布韦货币的价值定为零，并将外国货币（主要是美元）变成事实上和法律上的国家货币。一项旨在创造一种与美元挂钩的新货币——“Zollar”——的努力宣告失败。由于货币短缺困扰着经济，阻碍了企业和消费者的发展，该国仍在努力摆脱其带来的不良后果。[83]

这两个案例都表明，作为现代经济的基本组成部分，货币并不是一种完美的工具，它也有缺陷。在魏玛德国和津巴布韦，国家货币不再履行其社会功能。它们让人们更难而不是更容易地购买东西、为未来储蓄，以及评估不同的商品价格。因货币贬值在魏玛德国和津巴布韦造成的经济困难都是极端的，但也显示了货币在我们生活中的重要性。没有货币，国家就会分崩离析。但德国和津巴布韦的例子也显示了当前货币体系的一些缺陷，即目前的货币体系是建立在中央政府控制之上的，在此背景下，不计后果、无能或自私自利的政府可以以不负责任或危险的利率发行新货币。如果中央银行的权力得不到制衡，那么发行货币的数量将没有上限。过度的货币供应会导致通货膨胀，更广泛地说，会导致经济共同体内部信任
33 的瓦解。

这种对货币根本弱点的洞察——货币完全由中央当局控制，但又依赖于脆弱的社会信念，即货币在未来将继续有价值——给了中本聪即将推出的比特币一个关键优势。因为比特币以及作为其基础的区块链技术是去中心化的，它承诺提供一种对冲政府鲁莽行为的机制，以防止精英银行家和自私自利的政客的过度腐败。而当中本聪的白皮书发布时，它就如何顺利地实现这一目标提供了具体的指导。

*　　*　　*

在下一章，我们将更深入地讨论区块链技术的工作原理，但现在需要注意的是，中本聪将他的虚拟货币设计成一种去中心化的民主货币形式。正如中本聪在他关于这个问题的第一封电子邮件中所说的那样，“我一直在研究一个新的电子现金系统，这完全是点对点的，无需任何可信的第三方”。[84] 因此，他认为自己的核心贡献在于，创造了一种由用户管理和维护的虚拟货币。政府和企业对货

币的运行几乎没有或根本没有发言权。它们不会创造它，也不会维护它，更不会对其进行监控。这将是一个完全去中心化的系统，由用户来运行。[85]

中本聪的著作清楚地表明，他非常清楚虚拟货币不光彩的历史。在2009年2月比特币推出后不久的一篇文章中，中本聪提到了乔姆的工作，但将比特币与乔姆的工作进行区分。

> 很多人想当然地把电子货币当成了一个失败的事业，因为自20世纪90年代以来，所有的公司都失败了。在我看来，那些数字货币的失败因其系统仍未去中心化。我认为，比特币是我们首次尝试搭建一个去中心化的、不以信任为基础的虚拟货币系统。[86]

中本聪担心，比特币会被视为另一种有前途但不现实的数字货币形式。在他看来，比特币真正的创新，以及将导致它在其他货币失败的地方取得成功的创新，都在于这一货币系统是完全去中心化的，即没有最终的决策者或权威机构来决定争端或决定货币的发展方向，用户将作为一个集体决定比特币的未来。

在密码朋克们看来，去中心化的虚拟货币是完全合理的。互联网时代的主要问题是，政府和公司变得过于强大，以至于对个人的隐私权构成了威胁。此外，美国政府和企业滥用它们的权力和地 34
位，向消费者收取过多的费用和沉重的税收。这些问题的答案不是更多的中央集权，也不是将权力集中在其他人或组织手中。这只会在另一个地方重现滥用权力和寻租的病态现象。相反，答案在于权力去中心化——将权力和决策权从少数人分散到多数人手中。但在比特币出现之前，人们并不清楚如何才能做到这一点，而中本聪提供了解决方案。

但是对于一个系统而言，去中心化又意味着什么呢？去中心化是一个令人尴尬的术语，很多人没有经过仔细思考就匆匆略过，对其含义也一知半解。去中心化并不意味着一个系统是不平衡的或是头重脚轻的，也不意味着它的中心被移走了。相反，它是一个权力由众多独立的方面掌握的体制，许多不同的行为者在其运作中都有发言权。根据系统的不同，权力会体现不同的形式。它可能意味着对一个机构的行为进行正式表决的权利，比如股东就一家公司是否将与另一家公司合并进行正式表决的权利。这也可能意味着对决策过程的正式影响会减少，比如一个大家庭讨论明年去哪里度假。简单地说，这还可能意味着，单一行为体无法支配其他国家的政策，比如主权国家体系下的世界秩序。这是相当抽象的，所以在下文中，我在政治和经济领域上各举一个例子加以说明。

在某种程度上，政治体制是由集权或分权的程度来定义的。例如，在《理想国》一书中，柏拉图确定了五种类型的政府：暴政（一人统治）、民主（全民统治）和三种中间政体，即贵族统治（最好的人统治）、寡头统治（富人统治）和帝王统治（财产所有者统治）。在《政治学》一书中，亚里士多德则将政体分为王权（一人统治）、贵族（少数人统治）和立宪（多数人统治）。[87] 在论述中，马基雅维利确定了四种政府类型：君主政体（一人统治）、贵族政体（少数人统治）、民主政体（全民统治）和共和国政体（平衡其他三种政体的要素）。[88] 这些思想家都认为，政治体制内的中央集权程度对政府的性质有重要影响。例如，柏拉图认为，中央集权不仅决定了政府的结构，还决定了政府的实质性政策，甚至还可能

决定公民的性格。在他看来，民主的典型特征是极端的自由，“一
个人可以随心所欲地说话和做事”，导致“生活既没有法律也没有
秩序”，也就是所谓的“极端的自由导致极端的奴役”。[89] 另一方
面，专制政权好战、压迫人民，并倾向过度征税。[90] 亚里士多德更 35
加谨慎，认为任何三种类型的政体（王权、贵族或立宪）都可能会变成极端糟糕的情况。在某种情况下，他们会变成专制的、寡头政治或暴民国家。[91] 但是，他确实认识到，通过允许所有人在政府中有发言权，权力分散的民主国家可能会达成更好的政策。亚里士多德认为，即使大众是有缺陷的、知识有限的，“如果人们没有被完全贬低，尽管就个体而言，他们可能比那些有特殊知识的人评判得更差，但作为一个整体，他们和那些有特殊知识的人一样好，甚至更好”。[92] 作为曾经的愤世嫉俗者，马基雅维利认为民主国家会不可避免地衰退进入无政府状态，就像君主政体不可避免地会堕落为暴政一样，因为“每个政体的美德与恶行非常相似”，解决这些冲突的唯一办法就是把集权和分权结构的因素都融合到政府的结构中去。[93] 但是，无论这些政治哲学家就特定的集权程度是否可取所得出的结论如何，集权本身是理解他们观点的关键。在他们看来，要想知道政府是如何运作的，就必须要知道权力在哪里。

经济体也可以通过其集中程度来定义。今天，我们基本上理所当然地认为资本主义是经济运行的方式。私人公司买卖商品不受政府的支配，个人也可以自由地这么做。可以肯定的是，他们必须遵守相关的规章制度，但基本前提是，他们可以自由地追求自己的经济利益，而不考虑他人的利益。资本主义是一种去中心化的典型体系：不是由一个单一的政府或实体来决定生产多少玉米或生产多少汽车，我们允许个体自己做这些决定。在《国富论》一书中，亚

当·斯密提出了一个著名的观点，即资本是一只“看不见的手”，引导人们追求有效的结果。“通过追求自己的利益，”斯密写道，“他经常比真正想要促进社会利益时更有效地促进社会利益。”[94] 然而，值得承认的是，尽管资本主义在今天看来似乎是不可避免的，但在20世纪的大部分时间里，它却远非如此。苏联部署了一套国家控制和中央决策体系，这为资本主义提供了一个竞争对手。许多人认为，苏联的中央经济计划方法将很快取代资本主义，成为组织经济事务的主要模式。苏联政府有意地将生产资源导向重要的国家目标（比如提高钢铁或重型机械的产量）。与西方盛行的无序和随意的体系相比，苏联似乎具有相对的竞争优势。当然，这些预测被证明是错误的：苏联的国家所有制和中央计划体系充斥着低效和腐败，并
36 最终崩溃。但如今，中国的奇迹让人们开始质疑统治着全球许多经济体的纯粹去中心化的资本主义体制的优越性。但是，在这些竞争类型的经济类型中，关键问题是权力掌握在谁手中。它是掌握在少数人手中，还是掌握在多数人手中？

但是，从上述例子中可以清楚地看出，很少看到权力完全集中或完全分散的系统。相反，大多数系统都是将集权的要素与分权的要素结合起来。即使是现在最集权的政府，也往往有大量的人参与决策。即使是最分权的政府，也只是在政府运作中给予公民一小部分事务以最终决定权，其余的都是委托给代表和行政机构。经济也是如此，即使在苏联，政府下达关于生产目标和资源优先权的法令时，许多人也参与了决策过程，从制定优先权的委员会，到决定如何实现这些目标的工厂经理，莫不如是。同样，在资本主义经济中，个人对市场的发展方向有一定的影响力，但大公司最终作出了许多最有意义的决定，即会有什么样的产品，以及它们的成本是多

少。因此，最有用的方法是通过系统所表现出的分权程度，而不是简单就是否集权或分权来区分系统。因为在系统中，完全集权和完全分权是不可能的。

另一个复杂的问题是，对某件事情有最终决定权的含义并不总是很明确。例如，在美国，我们有一个民主制度，所有公民都可以在选举中投票。从这个意义上来说，“我们人民”对政府的发展方向有最终的决定权。但与此同时，一旦公民通过选举投票行使了自己的权力，他们就不再拥有决策权，因为他们将自己的权力和责任交给了自己的代表。正如西摩·马丁·利普塞特（Seymour Martin Lipset）所言，民主的独特和最有价值的因素是在争夺主要是被动的选民的选票竞争中形成了政治精英。[95] 总统的任期为四年，这意味着他们一旦宣誓就职，就有 48 个月的时间来行使权力，并对属于行政部门领域的任何事务有最终的决定权，而不需要公民的意见。同样，参议员和国会议员在任期内也对其权力范围内的事务有最终决定权。无论是行政机关还是立法机关，都没有义务将自己作出的决定再去征求公民的同意。当然，最终公民都将能够评判他们的代表，并决定是否重新选举他们，但这是一个非常间接的行使权
力的方式。而且即使选民强烈不赞成总统或参议员的决定，他们也 37
不能直接强迫他们执行特定的政策。即使他们选出一个总统，该总统在竞选活动中承诺扭转前总统的政策，人们也没有办法要求他在就职后兑现这一承诺。因此，美国政治体制中的权力归属问题是一个复杂的问题。简单地断言美国政治体制是集权制还是分权制或混合制，并不能结束此问题的讨论。

建立一个去中心化的权力分配机制有着许多潜在的好处。首先，在政治哲学家们看来，权力去中心化可以促进自由和平等。在

民主制度下，公民可以自由地按自己的意愿投票，而且他们的选票都是平等的。在资本主义经济中，消费者可以自由地购买他们喜欢的东西，而他们的购买行为又会影响生产者未来的生产。当然，现实情况要比这复杂得多，即便在一个运作良好的民主国家，有权势或有财富的公民也可能对政治家及其政策施加不成比例的影响。即使在资本主义社会，有权势的公司也可能影响消费者所看到和渴望的东西。但基本的原则——分权制度承诺给予参与者更大的自由和平等——是一个合理的原则。去中心化的系统还得益于能够汇集众多人的知识和想法，有什么比询问公民喜欢什么政策更好的方法呢？还有什么比在自由市场上销售商品更好的方法来确定商品的价值？去中心化的系统不是依靠中央决策者用自己的智慧来决定一个系统应该如何运行，而是依靠收集到的群众的智慧。只要这些群众对相关信息有更好的了解，他们就应该能够比单一的权威人物作出更明智的决定。

在许多方面，权力去中心化的缺点是其优点的另一面。因为去中心化的系统依赖于许多参与者的行动，所以在危机时刻，他们可能会优柔寡断，犹豫不决。当分散的决策者缺乏经验或容易上当时，他们可能容易出现误判。如同广告可能会对其产品的价值进行不切实际的描述一般，民粹主义领导人也可能会在竞选中作出他们在执政期间永远无法兑现的承诺。在很多方面，分权制的弊端与柏拉图所归咎于民主的弊端如出一辙。这个系统是无政府的，不受约束的，规则很难制定和执行：

> 在某些城市里，即使你具备资格担任某公职，如果你不喜欢，也不必强迫你在那里任职，也不必服从那些当权的人，也

> 不必在城市处于战争状态时去打仗，除非你想要的是和平。不 38
> 过话又说回来，就算有法律阻止你当官或者当陪审团成员，反正只要你心情好，也没什么能阻止你当官和当陪审团成员的。这在短期内，难道不是一种更令人愉快的、上天赐予的生活方式吗？[96]

也许值得注意的是苏格拉底的同伴格劳孔对此的回应。另一个相关的问题是，虽然分权制度的优点是降低了少数行为者压迫多数行为者的风险，[97]但它也带来了另一种风险，即多数人压迫少数人，这是一个经常被称为“多数人的暴政”的问题。如果大多数民众、经济或网络倾向一个少数人不喜欢的结果，他们就可能不顾少数人的反对，将自己的偏好强加于人。例如，在权力分散的体制中，可以通过限制多数人可以采取的行动种类，或保障宪法权利或补贴少数人行为者，来减轻对分权制度中少数人受压迫的恐惧。但这些机制并不完善，也永远无法完全消除多数人滥用权力的威胁。

我们稍后再来讨论分权的利弊，但现在只需指出，分权本身并不是天生的好事。权力下放有好处，但也付出了一些代价。经济学家、哲学家和律师倾向引用其他价值来证明分权的论点，比如自由、平等和效率，而这些其他价值往往是含糊其辞的和充满争议的。只要我们对这些价值存在分歧，我们就很可能发现很难就任何特定制度中权力下放的相对优点达成一致。

* * *

因此，尽管区块链可能是激进的，但其根源在于，长期以来就中央集权和分权相对优点的争论，从霍布斯和洛克到硅谷的密码朋克，这场辩论已经如火如荼地进行了几个世纪。但新技术的出现和发展让这场辩论比以往任何时候都更有意义。互联网为政府和企业提供了治理其成员的新工具，也让对人们生活进行监控成为可能。密码朋克对这些威胁保持警惕，他们试图通过创建一套确保隐私的程序和方法来削弱政府和企业的监控能力，这些手段包括强大的密码学、安全的电子邮件和虚拟货币。他们的最终目标是在互联网上分散决策。密码朋克并没有将权力集中在少数大实体手中，而是寻
39 求将权力分配给大众，以让个人自行决定系统应该如何运行。但是，尽管密码朋克在 20 世纪 90 年代取得了令人印象深刻的成就，但他们从未成功破解虚拟货币的难题。在虚拟货币领域，去中心化似乎很难实现。这时，区块链进入了人们的视野。该技术旨在将货币去中心化，将货币体系的权力交给使用货币的个人。比特币的发
40 明者中本聪究竟是如何完成这一目标的，且看下章分解。

注释

1. https://bitcoin.org/bitcoin.pdf.

2. 密码学邮件列表的档案可在 http://www.metzdowd.com/pipermail/cryptography/ 中找到。中本聪在列表上发送的第一条信息，也是他向世界宣布的第一条消息。Satoshi Nakamoto，Bitcoin P2P E-cash Paper，METZDOWD（Oct. 31，2008），http://www.metzdowd.com/pipermail/cryptography/2008-October/014810.html.

3. James A. Donald，Bitcoin P2P E-cash Paper，METZDOWD（Nov. 2，2008），http://www.metzdowd.com/pipermail/cryptography/2008-November/014814.html.

4. Ray Dillinger，Bitcoin P2P E-cash Paper，METZDOWD（Nov. 6，2008），http://www.metzdowd.com/pipermail/cryptography/2008-November/014822.html.

5. John Levine，Bitcoin P2P E-cash Paper，METZDOWD（Nov. 3，2008），http://www.metzdowd.com/pipermail/cryptography/2008-November/014817.html.

6. James A. Donald，Bitcoin P2P E-cash Paper，METZDOWD（Nov. 3，2008），http://www.metzdowd.com/pipermail/cryptography/2008-November/014819.html.

7. Hal Finney，Why Remailers... Email to the Cypherpunk Mailing List，dated Nov.

15, 1992, https://cryptome.org/2014/09/hal-finney-cpunks-1992.htm.

8. 关于哈尔·芬尼的更多信息，参见 Andy Greenberg, Nakamoto's Neighbor: My Hunt for Bitcoin's Creator Led to a Paralyzed Crypto Genius, FORBES (Mar. 25, 2014), https://www.forbes.com/sites/andygreenberg/2014/03/25/satoshi-nakamotos-neighbor-the-bitcoin-ghostwriter-whowasnt/#481873594a37; Nathaniel Popper, Digital Gold: Bitcoin and the Inside Story of the Misfits and Millionaires Trying to Reinvent Money, chs. 1-5 (2015)。

9. Hal Finney, Bitcoin P2P E-cash Paper, METZDOWD (Nov. 7, 2008), http://www.metzdowd.com/pipermail/cryptography/2008-November/014827.html; Hal Finney, Bitcoin P2P E-cash Paper, METZDOWD (Nov. 13, 2008), http://www.metzdowd.com/pipermail/cryptography/2008-November/014848.html.

10. Satoshi Nakamoto, Bitcoin P2P E-cash Paper, METZDOWD (Nov. 6, 2008), http://www.metzdowd.com/pipermail/cryptography/2008-November/014823.html.

11. Satoshi Nakamoto, Bitcoin P2P E-cash Paper, METZDOWD (Nov. 14, 2008), http://www.metzdowd.com/pipermail/cryptography/2008-November/014853.html.

12. 关于霍布斯和洛克的内容，参见 A. P. Martinich, Hobbes: A Biography (1999); Arnold A. Rogow, Thomas Hobbes: Radical in Search of Reaction (1986); Roger Woolhouse, Locke: A Biography (2007); Maurice Cranston, John Locke: A Biography (1957); Richard Ashcraft, Revolutionary Politics & Locke's Two Treatises of Government (1986)。

13. 关于托马斯·霍布斯的传记，参见 John Aubrey's classic Brief Lives (Oliver Lawson Dick ed., 1969), Alfred Edward Taylor's Thomas Hobbes (1908), Richard Tuck's Hobbes (1989) and A. P . Martinich's Hobbes: A Life (1999)。

14. Thomas Hobbes, Leviathan 76 (Edwin Curley ed., Hackett 1994)(1651).

15. 同上, at 135。

16. 同上。

17. 同上，at 212。

18. 同上。

19. 同上，at 135。

20. 关于约翰·洛克的传记，参见 Henry Richard Fox Bourne's the Life of John Locke (1876), Maurice Cranston's John Locke: A Biography (1957) and Roger Woolhouse's Locke: A Biography (2007)。

21. John Locke, Two Treatises of Government 377 (Peter Laslett ed., Cambridge 1960)(1689).

22. 同上，at 139。

23. 同上，at 430。

24. 同上，at 430-431。

25. 同上，at 431-433。

26. Hobbes，supra note 14，at 80.

27. Locke，supra note 21，at 289.

28. 同上，at 139。

29. Frederick Mundell Watkins，The Political Tradition of the West：A Study in the Development of Modern Liberalism x（1948）.

30. Louis Rossetto，The Original Wired Manifesto，WIRED（Jan. 1993），https://www.wired.com/story/original-wired-manifesto/.

31. K.G. Coffman & Andrew Odlyzko，The Size and Growth Rate of the Internet，First Monday（Oct. 5，1998），https://firstmonday.org/ojs/index.php/fm/article/view/620/541.

32. John Perry Barlow，A Declaration of the Independence of Cyberspace，Electronic Frontier Found.（Feb. 8，1996），https://www.eff.org/cyberspace-independence.

33. 关于该集团的历史，参见 Andy Greenberg，This Machine Kills Secrets：How Wikileakers，Cypherpunks，and Hacktivists Aim to Free the World's Information（2012）. See also Steven Levy，Crypto：How The Code Rebels Beat the Government（2002）。

34. Greenberg，supra note 33，at 79-81.

35. Timothy May，The Crypto Anarchist Manifesto，https://www.activism.net/cypherpunk/crypto-anarchy.html.

36. See Robert Manne，The Cypherpunk Revolutionary，MONTHLY，Mar. 2011.

37. Thomas Rid，The Cypherpunk Revolution：How the Tech Vanguard Turned Public-Key Cryptography into One of the Most Potent Political Ideas of the 21st Century，Christian Science Monitor，July 20，2016.

38. Steven Levy，Crypto Rebels，WIRED（Feb. 1，1993），https://www.wired.com/1993/02/crypto-rebels/.

39. Eric Hughes，A Cypherpunk's Manifesto（Mar. 1993），https://www.activism.net/cypherpunk/manifesto.html.

40. 关于朱利安·阿桑奇在赛博朋克邮件列表中的发帖内容，参见 https://cryptome.org/0001/assange-cpunks.htm。

41. Julian Assange & Jacob Appelbaum，Cypherpunks：Freedom and the Future of the Internet 19（2012）.

42. Jim Bell，Assassination Politics，Outpost of Freedom Blog，http://www.outpost-of-freedom.com/jimbellap.htm.

43. 同上。

44. Jack Hammer, Anonymous Trashing of Assassination Politics, Email to the Cypherpunk Mailing List, dated Jan. 28, 1996, https://cypherpunks.venona.com/date/1996/01/msg01854.html.

45. Bill Frantz, Assassination Politics Was V-Chips, CC, and Motorcycle Helmets, Email to the Cypherpunk Mailing List, dated Feb. 15, 1996, https://cypherpunks.venona.com/date/1996/02/msg01294.html.

46. Jean-Francois Avon, Assassination Politics, Email to the Cypherpunk Mailing List, dated Feb. 14, 1996, https://cypherpunks.venona.com/date/1996/02/msg01236.html.

47. Rich Graves, Anonymous Trashing of Assassination Politics, Email to the Cypherpunk Mailing List, dated Jan. 26, 1996, https://cypherpunks.venona.com/date/1996/01/msg01728.html.

48. See David E. Kaplan, Douglas Pasternak & Gordon Witkin, Terrorism's Next Wave: Nerve Gas and Germs Are the New Weapons of Choice, U.S. NEWS & WORLD REP., Nov. 17, 1997.

49. See John Branton, Anti-Government Figure Will Be Free, COLUMBIAN, Dec. 13, 2009.

50. Timothy C. May, The Cyphernomicon (1994), http://www.kreps.org/hackers/overheads/11cyphernervs.pdf.

51. Hal Finney, Email to the Cypherpunk Mailing List, dated Oct. 10, 1992, https://cryptome.org/2014/09/hal-finney-cpunks-1992.htm.

52. See Hal Finney, Misc. Items, Email to the Cypherpunk Mailing List, dated Nov. 28, 1992, https://cypherpunks.venona.com/raw/cyp-1992.txt.

53. Timothy May, Some (Pseudo) Random Thoughts, Email to the Cypherpunk Mailing List, dated Oct. 14, 1992, https://cypherpunks.venona.com/raw/cyp-1992.txt.

54. 事实证明，政府中许多有权势的人物亦是如此。在 1996 年的一场会议中，联邦储备委员会主席艾伦·格林斯潘说道："我们可以设想，在不久的将来，对储值卡或'数字现金'等电子支付义务的发行方提出建议，建议其建立具有强劲资产负债表和公共信用评级的专门发行公司。" Alan Greenspan, Remarks at the U.S. Treasury Conference on Electronic Money & Banking (Sept. 19, 1996), https://www.federalreserve.gov/boarddocs/speeches/1996/19960919.htm.

55. May, supra note 53.

56. 关于牛油果壳在西非的使用及其作为一种货币的特殊价值，有一段很长的历史。See Marion Johnson, The Cowrie Currencies of West Africa, 11 J. AFRICAN HIST. 17 (1970).

57. See Jack Weatherford, The History of Money: From Sandstone to Cyberspace 17-20(1997).

58. John Kenneth Galbraith, Money: Whence It Came, Where It Went 18 (1975).

59. See Lewis Mandell, The Credit Card Industry: A History(1990).

60. 关于改用电子存款影响的研究报告，参见 Joseph Bondar, Social Security Beneficiaries Enrolled in the Direct Deposit Program, December 1983, Social Security Bulletin, May 1984。

61. PayPal 在创建在线支付系统时遇到了很多困难，参见 Eric M. Jackson, the Paypal Wars: Battles with Ebay, the Media, the Mafia, and the Rest of Planet Earth (2012)。

62. David Chaum, Restoring Electronic Privacy, Scientific American, Aug.1992.

63. David Chaum, Blind Signatures for Untraceable Payments, in Advances in Cryptology: Proceedings of Crypto 82(David Chaum, Ronald L. Rivest & Alan T. Sherman eds., 1983).

64. James Gleick, Dead as a Dollar, N.Y. Times, June 16, 1996.

65. Paul Fisher, Electronic Cash: Smart Money Is on Plastic, Guardian, June 30, 1994.

66. Paul Mailment, The Age of Cybercash, Newsweek, Dec. 26, 1994. See also John Vidal, Bank to the Future, Guardian, Jan. 28, 1995.

67. See Kimberley A. Strassel, Deutsche Bank to Test "E-Cash" with DigiCash in Pilot Project, Wall St. J., May 7, 1996.

68. Jeffrey Kuttler, Credit Suisse, Digicash in E-Commerce Test, Amer. Banker, June 16, 1998.

69. See Frank Bajak, Electronic Cash Hits the Internet, Associated Press, Oct. 22, 1995.

70. See Aaron van Wirdum, The Genesis Files: How David Chaum'se Cash Spawned a Cypherpunk Dream, Bitcoin Magazine, Apr. 24, 2018.

71. 同上。

72. Ian Grigg, How DigiCash Blew Everything(Feb. 10, 1999), https://cryptome.org/jya/digicrash.htm.

73. Finney, supra note 7.

74. See Popper, supra note 8, at 17-22.

75. 同上, at 18-19。

76. See Frederic S. Mishkin, The Economics of Money, Banking, and Financial Markets 96-99(2015).

77. 20 世纪 80 年代的一项重要研究表明价格会对消费者认知产生很大影响。

在这项研究中，参与者被要求估计一栋房子的价值。他们可以参观、检查房子，也可以参观附近的房子。因此，他们对房屋的质量会有充分的了解。不过，他们也得到了一个据说是卖家要价的价格。他们不知道，这个价格并不是该房屋的实际挂牌价。相反，它是一个比实际挂牌价高很多或低很多的价格。参与者对房子看法的结果是惊人的。被给予高虚构售价（149900 美元）的参与者对房屋真实价值的估计比被给予低虚构售价（119900 美元）的参与者高出 24%。房屋的要价极大地改变了参与者对房屋真实价值的估计。这项研究表明，价格对我们理解周遭世界有着很大的影响。Gregory B. Northcraft & Margaret A. Neale，Experts，Amateurs，and Real Estate：An Anchoring-and-Adjustment Perspective on Property Pricing Decisions，39 Organizational Behav. & Hum. Decision Processes 84，94-96（1987）.

78. Oscar Wilde，Lady Windermere's Fan，Act I（1982）.

79. Niall Ferguson，The Ascent of Money 104（2008）.

80. Bernd Widdig，Culture and Inflation in Weimar Germany 4（2001）.

81. 一直以来，一战后德国经济的恶性通货膨胀与纳粹崛起之间的关系都是一个争论不休的问题，最近一些研究对于通货膨胀造成甚至有意义地促成纳粹党的崛起的观点表示了怀疑。See Frederick Taylor，The Downfall of Money：Germany's Hyperinflation and the Destruction of the Middle Class（2013）.

82. See Steve H. Hanke & Alex K. F. Kwok，On the Measurement of Zimbabwe's Hyperinflation，29 CATO J. 353，354（2009）.

83. 关于津巴布韦在扭转局势方面所面临的巨大障碍的描述，参见 Going Cashless，Zimbabwe Style，Economist，May 19，2018；Zimbabwe Struggles to Keep Its Fledgling Currency Alive，Economist，May 23，2019。

84. Nakamoto，supra note 2（emphasis added）.

85. 正如我们在后面讨论的那般，这些假设都不是完全正确的，因为政府或公司可能会创造新的比特币，他们对比特币的维护会有一定的发言权，而且他们肯定会严控并防止比特币用于犯罪目的。但从广义上讲，这个观察仍然是正确的，即不同于他们对传统货币供应的独特控制权，政府对区块链没有独特的技术控制权。

86. Satoshi Nakamoto，Post to P2P Foundation（Feb. 15，2009），http://p2pfoundation.ning.com/forum/topics/bitcoin-open-source?commentId=2003008%3AComment%3A9543.

87. Aristotle，Politics bk. 3，ch. 7.

88. Machiavelli，The Discourses bk. 1，sec. 2.

89. Plato，The Republic bk. VIII. 正如约翰·邓恩所言："《理想国》是一本有关道德的书。它也是一本刻意逗弄人的书，可以有无穷的解释。但读者都必须承认，它是坚决反对民主的。" John Dunn，Setting the People Free：the Story of Democracy 44-45（2005）.

90. 同上。

91. Aristotle, Politics bk. 3, ch. 7.

92. 同上, ch. 11。

93. Machiavelli, The Discourses bk. 1, sec. 2.

94. Adam Smith, An Inquiry into the Nature and Causes of the Wealth of Nations bk. IV, ch. 2.

95. Seymour M. Lipset, Introduction, in Robert Michels, Political Parties: A Sociological Study of the Oligarchical Tendencies Of Modern Democracy 33 (1968).

96. Plato, The Republic bk. VIII.

97. 同上。

第二章　区块链技术

但是我相信，一项安全可靠的实践准则，一个值得瞩望的理想，一个可以用来检验旨在克服这一困难而行的种种安排的标准，可以表述为下面两句话：在不违效率的前提下，尽最大限度地让权力分散，同时由一个集散中枢尽最大可能地让信息得到收集和传播。

——约翰·斯图尔特·密尔，《论自由》

2013 年 3 月，一位比特币用户注意到网络上出现了一个奇怪的现象。他的电脑显示，下一个版本应为区块高度 225430 的比特币区块链，在其他电脑上显示，区块链高度为 225431。当他向其他用户指出这一点时，他们也注意到了这一差异，有些电脑显示 225430 区块是下一个区块，而其他电脑则是 225431 区块。对外人来说，这可能看起来并不多，二十万个区块中，就有一个区块是不对的。但这个细小的差别，却是个大问题。事实上，这个问题非常严重，以至于有人认为它威胁到了比特币的存在。为了溯及其背后的缘由，我们需要了解区块链的实际工作方式。[1]

某种程度上而言，区块链是由区块组成的。区块实际上是比特币账本上的条目，可以追踪比特币的发送地点，以及现在谁拥有它们。比特币依靠这个公开的账本——区块链，作为其价值的真正来源；从非常现实的意义上说，它就是货币。区块链是记录整个货币历史的单一文件，是一个独立的区块链，将所有条目连接在一起，一直可以追溯到有史以来创建的第一个区块，这个区块是中本聪第一次运行软件时添加的，它被称为“创世区块”。但区块链的关键在于，它应该是不可改变的。如果它工作正常，应该只有一个版本。反之，若区块链可变，就会变得混乱，比特币所在的记录也可能会失效，比特币也会随之变得毫无价值。这个系统只有在区块链
41 可信的情况下才有价值。刚刚发现的这种网络中的一个差异，也就是所谓的“分叉”，是比特币遇到过的最可怕危机。不知何故，网络已经失去了谁拥有什么比特币的踪迹。

“那么，是意外的硬分叉吗？”一位用户在比特币开发者聊天网站上写道。

“天哪”，另一位用户写道。

“这看起来很糟糕吗？”又一位用户问道。

“看上去把问题糟糕程度淡化了”，一位用户说道。[2]

很快，区块链社区就活跃了起来。数以千计的消息涌入开发者聊天室。一些人担心，有黑客偷偷增加了一个额外的交易区块，并给自己赠送了免费的比特币。还有人认为，有人为了获得对区块链的控制权，对区块链发起了全面的攻击。还有一些人担心，这个问题可能会永久性地破坏比特币作为一种货币和区块链作为一种技术的地位。

在聊天网站上来回转了几个小时后，开发人员很快就找到了问题的根源。这并不像很多人担心的那样，是对区块链的蓄意攻击，也没有黑客故意在链上制造裂痕。相反，问题源于源代码中的一个错误。或者，更准确地说，是源代码中的冲突。

区块链的所有参与者必须使用特殊的软件来访问网络。就像微

软对其 Word 和 PowerPoint 程序发布定期更新一样，这个软件也会定期更新。区块链社区很快发现，该软件的最新版本 0.8 引入了一套与前一版本 0.7 中包含的规则不一致的新规则。0.8 版本将某些区块识别为有效，而 0.7 版本则没有。因此，运行最新软件版本的用户将看到与运行旧版本的用户不同的区块高度。

这就解释了为什么有些用户看到的是区块链的一个记录，而其他用户看到的是另一个记录。他们的比特币软件对系统应该如何工作产生了分歧。但现在问题已经查明，一个更大的问题出现了，就是该如何解决此问题?

比特币的首席开发者加文·安德森（Gavin Andresen）有了一个想法。他认识到，这种小的不正常现象有可能造成区块链的永久性分裂，他也知道最重要的是尽快解决这个问题。在没有修复的情况下，每过一分钟，就意味着又有一分钟的差异会堆积在原有的差异上，进而导致两个记录之间的分歧越来越大。与此同时，他也认识到，真正的解决方案只有一个：区块链社区必须就哪个版本更好达成一致。所以他给比特币开发者社区写了一封信，提出了一个解 42
决方案。

“比特币的第一条规则：多数哈希算力获胜”，安德烈森写道，此处他指的是构成网络基础的计算能力或哈希算力。[3]

安德森的意思是，所有用户都应该同意遵循大多数用户决定的方向，而不管这个方向可能是什么。如果社区认为升级到最新版本 0.8 更好，那么每个人（甚至是那些更喜欢 0.7 的人）都应该这么做。相反，如果社区认为最好降级到旧版本 0.7，那么每个人都应该这样做。哪个版本胜出并不特别重要。重要的是所有用户都必须就一个版本达成一致。对安德森而言，最重要的是多数人的立场赢得了胜利，少数人同意接受这一点。如果没有达成一致，用户继续根据个人喜好使用不同的版本，那么这种分裂可能会是永久性的。安德森最初认为 0.8 版得到了社区的支持，但当其他人开始权衡时，出现了不同的立场。很快，参与者的一致意见是，大家应该降级到老版本，即 0.7 版本。

这一决定并非没有代价。该领域内最大的几家公司已经升级到最新版本。恢复到早期版本意味着他们从最近的交易中获得的部分利润，以及他们在自己的区块链版本中记录的但没有记录在分叉版本中的利润将完全消失。这意味着他们将会有很大的经济损失。据估计，他们恢复到 0.7 版本的成本约为六百个比特币，按当时的汇率，预计约损失 26000 美元。尽管如此，为了更大利益，这些公司愿意作出牺牲，同意恢复到早期版本。当然，尽管他们同意这样做，损失了一些钱，但这并不完全是无私的。他们也有经济利益，维持一个单一的、稳定的比特币网络无疑有助于他们从中赚取利润。在他们看来，承受短期损失远比目睹比特币本身的毁灭要好得多，而在当时，比特币的毁灭是一种真实存在的可能。[4]

因此，区块链技术经受了市场上的第一次重大考验。在遇到问题后，社会各界齐心协力，找出问题的根源，提出解决方案，并最终及时采取行动。去中心化的决策结构或多或少发挥了应有的作用。这是区块链历史上的一个重要时刻，对一些人来说，这无疑是值得庆祝的。

43 但也有人不这么认为。

危机解决后的第二天，一位用户在聊天列表中写下了一个问题。他问道：“如果昨天以太坊无法使用，会发生什么？”他提到的以太坊（历史最为悠久的比特币矿池之一 BTC Guild 的所有者）是已经同意恢复到旧版本的主要矿商之一。

“我们永远不会知道。”另一位用户回答道。

*　　*　　*

现在是时候谈谈区块链的内部运作了。虽然对区块链所有应用的描述超出了本章的范围，但在我们分析其独特的去中心化决策系统之前，了解其基本原理非常重要。由于区块链最初是为推出比特币而设计的，因此本章讨论的大部分内容将集中在比特币本身。但应该认识到，区块链技术本身就是一个可塑性很强的工具，它可以被用于实现各种各样的目的。事实上，在金融、航运和消费品等不同领域，许多行业都对其进行了调整，以满足其特定的目的和需求。

首先，我们先来给比特币下个定义。就其本质而言，比特币是一种由其用户网络维护的、去中心化的虚拟货币。它被设计成不可破解的、匿名的、去中心化的。它没有与之挂钩的实体硬币或纸币；相反，它完全由一个公共的数字文档（称为区块链）上的条目来表示。区块链本身就是比特币所在的不可改变的记录。当新的货币交易发生时，它们会被记录在区块中，并被添加到区块链中，从而更新官方记录。任何人都可以访问和查看这个区块链，从而验证交易是否被准确记录。区块链通过给用户分配“地址”来维护隐私，这些地址不附带姓名或身份。

我们说比特币以及区块链是去中心化的，这是什么意思呢？从技术意义上讲，就是区块链没有一个权威的管理中心，没有银行或政府负责维护比特币所在的官方记录。相反，所有用户都在自己的电脑上维护记录，并有能力对其进行修改。因此，行为者对有关区块链的重要决策都具有影响力。例如，任何人都可以下载软件并开始参与网络的日常运行，验证交易并与其他节点进行沟通。他们不需要向中央管理员注册登记，也不需要在银行设立账户，甚至不需要表明自己的身份，他们可以在没有任何附加条件的情况下，直接
44 参与到该网络的日常运行中。

但是，正如民主或资本主义一样，区块链内部的去中心化程度可能被夸大了。在区块链的运行方式上，并非所有参与者都有平等的发言权。虽然任何计算机确实都可以成为节点，甚至可在系统中挖掘新的区块，但节点的影响力在很大程度上取决于其计算能力。正如下一章将进一步阐述的那样，向区块链添加信息的唯一方法是让你的计算机解决困难的数学问题。随着时间的推移，这些问题会变得越来越困难，以至于今天只有拥有专门硬件的计算机才有现实的机会解决这些问题。普通的苹果电脑甚至没有机会创建一个新的区块，因此，大多数用户，在大多数时候，对区块链的实际治理几乎没有发言权。而且，有些用户的影响力有些过高。这个问题已经变得非常严重，以至于在 2018 年，一家公司一度控制了比特币网络上所有计算能力的 42%，这意味着单个矿商已经非常接近于对虚拟货币的多数控制权。[5] 因此，比特币的去中心化系统并非一成不变。代码中也没有任何内容要求计算能力在用户之间，甚至在计算机之间平均分配，很大程度上这取决于现实世界的情况。

区块链中心化的另一个重要来源是软件本身。为了能够与网络中的其他人进行通信，用户必须下载名为 Bitcoin Core 的比特币软件。该软件可通过 Bitcoin.org 网站免费获得，并且是开源的，这意味着用户可以对其进行修改。该软件的开源性质让系统具有一定程度的分散性，因为任何人都可以访问或修改该软件。但是该软件本

身（可在 Bitcoin.org 上找到）由少数开发人员维护和修订。这些开发人员是唯一有权“更改”在 Bitcoin.org 上找到的软件的人员。外部程序员可以通过名为“比特币改进提案”的方式请求对比特币软件进行更改，但是开发人员对于是否进行这些更改拥有完全的酌情处置权。可以肯定的是，没有什么可以阻止人们创建比特币核心软件的迭代软件，并试图说服他人他们的版本更好。但是，实际上，大多数用户都运行 Bitcoin.org 提供的基本软件。因此，开发人员团队是比特币生态系统内部集中化的关键来源。[6]

因此，比特币旨在提供一种不可破解、匿名和去中心化的货币，以用来代替金钱。但是，为了做到这一点，比特币必须解决三个基本问题。首先，它必须确保其数字货币系统是安全的。我们不 45
希望黑客入侵系统后窃取人们的钱并逃之夭夭。如果一种虚拟货币要获得成功，则其用户必须确信该虚拟货币使用起来相当安全。其次，它必须确保使用它的人可以保持匿名。如果其他人可以轻易识别出比特币用户，那么它对隐私的承诺将会失败。最后，比特币必须以不需要中央授权的方式实现所有这些目标。也就是说，它必须依靠一个分散的系统，该系统允许大量参与者参与治理。毕竟，这样做的好处在于，它将把权力从诸如政府和银行之类的中央机构手中夺走，并让其掌握在许多人的手中。

即便是粗略地看一眼这三个要求（安全、匿名和去中心化），也应该提醒读者注意，比特币系统本身就存在着严重的矛盾。如果我们想要一个完全匿名的系统，那么就很难保证它的绝对安全。如果货币的所有交易都通过计算机进行，而每个使用货币的人都是匿名的，那么欺诈者和犯罪分子可能更容易渗透到系统中去窃取金钱。在现实世界中，抢劫银行变得困难的原因之一是，劫匪有许多可识别的特征——他们的脸可能被摄像头拍下，他们的指纹可能留在柜台上，他们的车牌也可能在国家登记。一个承诺完全匿名的系统旨在隐藏此类信息，因此可能使窃贼更容易隐藏。权力去中心化和匿名之间也存在着矛盾关系。当只有一个中央机构必须知道人们的身份时，对他们的身份保密就相对简单了。银行必须知道银行账户所有者的身份——以便知道在哪里存钱，谁可以取钱，谁可以对账户进行修改等，但其他人却对此不甚了解。如果我们想要的是一个去中心化的系统，许多人合作维护这个系统，那么要对人们的身份保密就会困难得多，这是因为此系统会有很多人参与进来，很多人也就能确定谁拥有什么银行账户。虽然比特币已经设计了一些框架和策略来解决这些问题，但学者和政策制定者们对这些方法能否奏效的看法不一。

为了理解这些不同的元素是如何协同工作的，我们可以通过一个假设的交易来看看其中所涉及的各个步骤。[7] 区块链是一个设计复杂的拼图，每个拼图块都与其他多个块相适应并相互作用。如果我们需要理解拼图的一部分，那么我们也要对拼图的其他部分了如
46 指掌。通过一个假设的交易，我们可以对在其中发挥作用的部分进行了解，进而就可以对整个系统拥有通盘认识。

*　　*　　*

对于假设，我们将使用两个人物霍布斯和洛克（值得注意的是，密码学家更喜欢使用爱丽丝和鲍勃作为举例人物的姓名，但我们不需要和他们一样）进行举例。让我们想象一下，霍布斯和洛克是牛津大学的学生。一天，他们聚在一起喝咖啡。霍布斯碰巧带来了一本他正在写的关于政治哲学的新书，他暂定书名为《利维坦》。

洛克在仔细阅读了前几章之后，决定要从霍布斯那里买下这本书。但洛克身上没有现金，所以他提出用比特币支付这本书的费用。霍布斯同意这一点，他们决定以一个比特币的价格成交。那么，问题来了，洛克该如何支付呢？

首先要知道的是，比特币并没有使用人们的真实姓名，而是给人们以分配一个地址。大多数情况下，这些地址是匿名的。它们由一长串数字和字母组成，与一个人的真实身份没有关系。例如，一个真实的地址是 18BUZZSmW1yZ6g88CYn6wmuUdGnTpjY-6aT。任何想使用比特币的人，只要在网上免费下载比特币软件，然后在电脑上运行，就可以自动生成一个地址。事实上，如果一个人愿意，他可以为自己生成任意多个地址，而没有必要只停留在一个地址上。地址是公开的，每个人都可以看到。他们不仅可以看到地址，还可以看到里面的内容。换句话说，如果霍布斯想查看地址 1-8BUZZSmW1yZ6g88CYn6wmuUdGnTpjY6aT 拥有多少比特币，那也是完全可行的。这就是为什么公共地址是随机的极为重要。如果地址不是随机的，那么其他人就可以识别出比特币地址的真实所有者信息（比如它们是在什么时候创建的，或者在哪里创建的），然后，他们也许就会利用这些信息牟利。因此，公共地址匿名是比特币在网络上维护用户隐私的重要方法。个人只有通过其匿名的公共地址才能为网络上的其他人所知道。

因此，洛克需要将比特币从他的公共地址发送到霍布斯的公共地址。为了做到这一点，他必须知道霍布斯的地址（霍布斯可以告诉他地址，或者也许把地址写在一张纸上），但他还需要证明自己的确是提供的公共地址的主人。毕竟，他的公开地址是完全匿名 47
的；我们可以看到一串数字和字母，但我们不能仅从那串数字和字母就知道洛克是不是拥有这个地址的人。洛克当然可以告诉霍布斯自己拥有一个特定的地址，但霍布斯仅仅通过地址，是无法判断洛克说的是不是实话。因此，从安全的角度来看，公共地址与现实生活中的个人没有可识别的联系，这是一个潜在的问题。劫匪也可能会冒充别人来花钱。而由于公共地址是公开的——每个人都可以看到它们，每个人都可以看到里面的内容——人们就有了真正的动机去寻找富有的地址，并试图用这些地址给自己寄钱。如果洛克不择手段，他可能会很容易查到比特币最多的公共地址，然后告诉霍布斯，他拥有所有这些比特币。但比特币系统不能允许这样的情况出现。相反，洛克需要证明，他的确拥有公网地址中的比特币。

当然，并不是任何认证手段都能奏效。事实上，因为比特币还需要保护人们的隐私，所以它需要洛克证明他在自己的地址里拥有比特币，而不需要以某种方式向外界泄露他的真实身份。从隐私的角度来看，如果每次洛克想要花掉他的比特币，他都要向全世界宣布："嘿，大家好，我拥有公共地址 18BUZZSmW1yZ6g88CYn6wmuUdGnTpjY6aT，这是我的地址，我可以证明这一点。"那这种方式就不是一个很好的方案。相反，洛克需要一种方法来向比特币社区保证，这个账户真的属于他，而不透露自身真实身份。

这就是事情变得棘手的地方。当洛克第一次使用比特币软件生成他的公共地址时，他还生成了一个叫做私钥的东西。这个密钥不同于与之关联的地址，它是私有的——网络上的任何其他人都不知道它。密钥有点像密码，它可以用来获取和使用相关公共地址中包含的比特币。但同样，洛克也不能简单地将他的私钥发送给网络上的其他人——那会使他的账户被盗。这就好比说："嘿，大家好，我拥有公有地址 18BUZZSmW1yZ6g88CYn6wmuUdGnTpjY6aT，这里有密码可以证明。”相反，洛克必须找到一种方法向网络证明他拥有这些硬币，而不让网络上的其他人知道他的密码是什么。或者，用业内的术语来说，洛克需要找到一种方法来“签署”他的交易，让别人承认这个签名是合法的，同时又不暴露自己的私钥。

洛克使用了一种叫做哈希函数的东西来实现。哈希函数是计算机科学中的一个基本概念，它们出现在区块链生态系统中的很多地方，所以我们得花一些时间来熟悉它们。哈希函数是一种将不同长 48
度和大小的输入转化为单一大小的输出的方法。换句话说，它将复杂的信息转化为标准化的简单信息。这对于任何原因都是有用的，从存储信息到查找信息，更重要的是为了我们的目的，即加密信息。例如，我可以有一个哈希函数，将英语句子改变成一个简短的数字格式。该函数可能有这样的规则：任何字母数为偶数的句子都变成 0，任何字母数为奇数的句子都变成 1。利用这个函数，我可以将“The life of man is solitary poor nasty brutish and short”这句话哈希成 0，这个哈希函数可以很好地掩盖句子中包含的原始信息：如果我知道这句话的哈希值是 0，我就很难对原句本身进行逆向解密。密码学哈希函数的这种特性被称为“隐藏性”：哈希函数或哈希函数的输出，有效地隐藏了原始输入的信息，以防被哈希函数的观察者发现。

但是哈希函数不太擅长区分句子。很多不同的句子有偶数的字母，而很多不同的句子有奇数的字母。因此，如果我对两个句子进行哈希变换，它们的输出很有可能是相同的（事实上，这一概率很可能接近 50%，因为只有两种可能的输出，0 或 1）。如果一个公正的观察者知道一个句子的哈希值是 0，但不知道这个句子本身，那么这个人就不可能确定哪个句子被用来进行哈希变换。如果有人来了，说我没有说“The life of man is solitary poor nasty brutish and short”，而是对“The life of man is social rich pleasant noble and long”这句话哈希化了，那就无法知道谁说的是正确的。这两个句子的哈希值都是 0，两个句子都是同样可信的输入（但不要把这话告诉霍布斯！）。从密码学的角度来看，0 或 1 哈希函数的这个特征是个大问题。它让坏人很容易利用哈希输出中的模糊性来制造破坏；他们可能会试图冒充他人，或伪造文件，或从事其他恶意活动。因此，一个好的密码学哈希函数必须让人很难找到两个具有相同哈希值的输入。[8] 这是哈希函数的一个特征，也叫做“抗冲突性”，即不可能找到两个 x 和 y，其中 x ≠ y，而 H（x）=H（y）。

有一个哈希算法既能很好地加密，又能抗强碰撞，这个算法就是 SHA-256（SHA 是安全哈希算法的缩写），而它也是比特币使用
49 的哈希算法。SHA-256 算法是由美国国家安全局（NSA）在 2001 年设计，美国国家标准与技术研究院（NIST）发布的密码哈希函数。[9] 美国国家安全局参与创建这个流行的加密标准导致了一些对其安全性的怀疑，有些人认为美国国家安全局可能插入了一个后门程序，以允许其破解加密，但这种观点并没有被广泛接受。哈希函数 SHA-256 将任何长度的输入转换成由 64 个字母和数字组成的一组字符串的输出，数字从 0 到 9，字母从 A 到 Z，这样的设计让任何人都可以简单地检查一个给定的哈希输出是否真的源自输入。事实上，任何一个在线哈希生成器都可以在几毫秒内免费为你完成这项工作。但是有一点很重要，即如果你只知道哈希值本身，那么几乎不可能从哈希值中反向还原输入值。例如，使用 SHA-256，我可以将我的信息“The life of man is solitary poor nasty brutish and short” 转 换 成：774F25C760FBC93DD398064F38FF0F729F978B-

4E30303BDE864B124A3-F411C72。

从这个哈希值来看，我将无法知道原始输入是什么。哈希值和原始信息之间没有明显的联系。事实上，不仅没有明显的联系，即使是世界上最强大的计算机也几乎不可能从哈希值本身反向计算出原始信息。

SHA-256 哈希函数的这一特性带来的一个重要后果是，它对底层数据的哪怕是微小的变化都非常敏感。比如说，如果我把“The life of man is solitary poor nasty brutish and short”这句话改成“The life of man is solitary poore nasty brutish and short”，在“poor”的末尾加一个“e”，就像霍布斯的《利维坦》原文中的拼写一样，哈希值就会发生巨大的变化。收到的哈希值不会是：774F25C760FBC93-DD398064F38FF0F729F978B4E30303BDE864B124A3-F411C72，而是：6580C437CE6C23F06EB09D3D90CFA6099E90A9AA6611FA475-26CAC599-CDB5306。

同样，这两个输出之间没有任何可对应的联系，尽管用于生成
它们的两个句子非常相似，它们唯一的差异是一个字母。从密码学 50
家的角度来看，这无疑是很有吸引力的，因为这使得外部观察者很难仅仅通过观察其哈希值来确定信息的内容。但是，同样重要的是，一旦外部观察者知道了原始信息，他们可以很容易地检查它是否真的被用来创建哈希值。

回到假设，洛克可以利用哈希算法的这些特性来创建一个数字签名，证明他拥有自身想要花费的比特币。他这样做的方法是通过他的消息，即“从我的公共地址发送 1 个比特币到霍布斯的公共地址”，将该消息与他的私人密钥相结合，并通过哈希函数（以及另一种复杂的算法——简称 ECDSA 的椭圆曲线数字签名算法）运行

它。这些计算后的结果就是数字签名。洛克拿着这个数字签名，用它来签署自己的信息，以此证明他拥有相关的比特币，并且真的把它发给霍布斯。任何收到数字签名的人都可以看到他拥有比特币，但他们不能从数字签名中反向计算出他的私钥是什么。

你可能会问自己，如果不知道私钥到底是什么，怎么会有人检查数字签名是由洛克的私钥生成的。毕竟，为了检查一个哈希值是由一句话生成的，通常第三方必须知道这句话是什么。这个问题的答案涉及一个被称为“公钥密码学”的密码学概念。公钥密码学是非对称密码学的一种，但为了理解非对称密码学的含义，可能最简单的还是从对称密码学开始。对称密码学是一个由单一密钥加密和解密信息的系统。这就是大多数现实世界中加密措施的工作方式：我们有一个装满贵重文件或金钱的保险箱，我们可以用一把且仅有一把钥匙来锁定和解锁它。

但假设你有一个保险箱，有两把不同的钥匙：当一把钥匙用来锁保险箱时，需要另一把钥匙来开锁，反之亦然。在 20 世纪 70 年代，学术界和政府机构的冷战密码破解者群体表明，这不仅仅是一个奇怪的思想实验，而是一个将在不可信的世界中创造宝贵能力的想法。具体来说，它可以实现以下两种机制：（1）不可伪造的签名；（2）一个无法被窥视的“信封”。为了了解不可伪造的签名是如何工作的，假设保险箱的主人把东西放进保险箱，用他的私人钥匙锁住，然后把另一把钥匙存放在一个公众可以看到的架子上。用他的私钥锁保险箱的行为就被当作是主人的签名，是唯一的，只有他才能做到。后来，如果有人想检查保险箱里的东西，他们只需要
51 从架子上取回公钥，用它来打开保险箱的锁。如果新的保险箱能用公钥打开，那么我们就知道是主人放进去的。如果不是，那么保险

箱没有用私钥固定，因此里面的东西应该被认为是可疑的。但是这个系统也可以反过来用。假设有人想给保险柜的主人寄东西（比如说，有价值的文件），并且想确保其他人无法看到文件中的内容。寄件者只需从架子上取回公钥，将文件放入保险箱，然后用公钥锁住保险箱即可。在非对称密码系统中，保险柜就只能用所有者的私钥打开。

这除了是一个有趣的思想实验，甚至是一个很有前途的想法之外，此种非对称锁和钥匙系统的数字形式是使用计算机科学家已知的一些最先进的数学开发的。它的许多开发者包括惠特菲尔德·迪菲（Whitfield Diffie）、马丁·赫尔曼（Martin Hellman）、迈克尔·拉宾（Michael Rabin）、罗纳德·里维斯特（Ronald Rivest）、阿迪·沙米尔（Adi Shamir）和伦纳德·阿德曼（Leonard Adleman），他们都因自身在该领域的卓越工作而获得图灵奖。如今，价值数十亿美元的公司正在运营，它们生成数字密钥，并提供悬挂公共密钥的数字机架。现今，公钥密码学仍被认为是现代世界保护信息和身份的最重要工具之一。[10]

因此，公钥密码学让洛克有能力向全世界证明他拥有相关的公有地址（以及其中的比特币），而不暴露他在现实世界中的身份（他只需用他的私钥签署他的消息，社区可以用他的公钥或地址来确认）。下一步是让洛克将他的消息以及他的数字签名发送给系统的其他成员。要记住，比特币是一个去中心化、由世界各地的电脑用户共同维护的系统。为了让其他用户知道洛克想给霍布斯发一个比特币，他们首先要知道事情的前因后果。因此，洛克需要将信息以消息的方式传播给网络上的其他节点。节点指的是运行比特币软件的电脑，它们作为连接网络其他节点的纽带——它们向其他节点发送和接收比特币交易信息。不过并不是所有的节点都是连接的，所以接收到洛克信息的节点必须再将信息一起传送给其他节点。这些信息从一个节点传输到另一个节点的方法被称为“八卦协议（gossip protocol）”，即信息像超音速八卦一样在全球范围内飞驰。[11]

除了将洛克的交易消息传播到网络的其他部分，节点还执行另一个重要的功能：它们检查以确保交易是一个有效的交易。这里的“有效”有非常特殊的含义。节点并不是在揣摩各方的意图，以确定
52 该交易是否与现实世界的某些协议相一致。他们并不是打电话给洛克询问他是否真的打算给霍布斯发送比特币，或者他是否打算发送一个不同的金额。相反，他们是在检查交易是否符合比特币代码的正式要求。为了做到这一点，他们拿着洛克的公有地址，确认伴随着洛克的消息的数字签名真的是洛克从属于公有地址的私钥中生成的。如果确实如此，那么他们就知道，洛克拥有他要发币的公网地址。毕竟他们不希望被别人愚弄，让他们相信消息是洛克发出的，而这消息真的是来自一个想偷洛克钱的人，节点就会检查，以确保洛克的账号真的有他想花的比特币。就像他们不希望别人花掉洛克的币一样，他们也不希望洛克花掉不属于自己的币，或者他已经花掉的币（这被称为“双重消费”尝试，在虚拟货币中是一个众所周知的棘手问题）。一旦节点进行了这两项检查，结果都没有问题，他们就知道这笔交易是有效的。相反，如果计算结果不匹配（也就是说，洛克用来生成签名的私钥与他声称拥有的公有地址没有关联，或者公有地址不包含他声称包含的比特币），那么交易就会被认为是无效的，节点会拒绝这笔交易。事实上，前面提到的“八卦协议”可以防止节点沿途转发无效的交易。因此，如果一个节点收到了来

自洛克的消息，试图花费不属于自己的比特币，节点将直接忽略这条消息，也不会将其传播给系统中的其他节点。[12]

有人可能会想象一个系统停在这里：洛克已经把他的信息发给了比特币生态系统的其他成员，这些成员也知道他拥有足够的支付能力，并且知道洛克要把比特币发给霍布斯。节点可以简单地跟踪所有这些交易的发生，比特币的交易也类似于货币。但比特币在这个过程中增加了最后一步，正如每个人都要了解交易一样，每个人都有一个所有这些交易的最终版本也是很重要的。毕竟，比特币系统是去中心化的。这意味着没有一个权威的机构来决定谁拥有什么。但如果每个人都能自己决定比特币的归属，那么各个节点之间可能会对系统的状态产生分歧。所以，比特币为这个难题增加了最后一块拼图，即区块链。

洛克交易的下一步是将其记录在区块链上。如前文所述，比特
币的所有交易都被记录在一个被称为区块链的公开账簿上。区块链 53
实际上是一长串地址和交易清单。它记录了每次比特币从一个地址转移到另一个地址的过程。这个列表是公开的，但也是匿名的，个人通过公共地址拥有比特币，这些地址看起来像一串长长的随机字母和数字。但事实上，区块链上的交易并没有被单独列出——这将是漫长而繁琐的。取而代之的是它们被分类成组或“区块”，每个区块都包含多个交易。[13] 将区块链分组为区块，可以让整个分类账本变得更短，也更容易存储——这是一个重要的功能，因为每个节点都必须下载整个区块链，系统才能进行工作。[14]

区块链上的每一个区块都包含两个内容：第一，对链中上一个区块的引用，显示区块链在新交易被添加之前的样子；第二，对新交易本身的引用，显示区块链在新交易被添加之后的样子。每一个

都是使用哈希函数来完成的。对链中前一个区块的引用是前一个区块的哈希值，对新交易的引用是新交易中包含的所有信息的哈希值。这第一个哈希值是区块链成为一条链的原因：它将每个区块与前一个区块连接起来，一直追溯到有史以来创建的第一个区块（“创世区块”，由中本聪于 2009 年 1 月 3 日挖出）。[15]

这是哈希函数的一个巧妙的特点：因为它们可以用来将任何输入转化为固定长度的哈希值，所以它们也可以用来将哈希值本身转化为新的哈希值。所以，我把“The life of man is solitary poor nasty brutish and short.”哈希化后的结果为 774F25C760FBC93DD39806-4F38FF0F729F978B4E30303BDE864B124A3-F411C72，“The life of man is social rich pleasant noble and long”的哈希值为：A09AF95C-A63F8A5F9D39FE8D5A1D621162A84CB5099A909EC4235112685C1154，然后我可以把这两个哈希值合并，并继续哈希，得到：B041E-A2274B61C1BC3CBFA2F865928DA5968F42D68DE7E98693D28E3-F1E3D4FA。

然后我会有一个单一哈希值，它包含了前两个哈希值中的所有信息，而这前两个哈希值又包含了原始句子中的所有信息。我将用
54 一条链子，将前面的步骤连接起来。

我为什么要这样做？答案很简单：它让链子变得非常难被篡改。如果有人想回到区块链中，比如说，让它看起来像他们有更多的比特币，他们不仅要改变这个虚构交易发生区块的哈希值，他们还必须改变之后的每一个其他区块的哈希值。毕竟，每个区块都包含了前一个区块的哈希值，因此任何改变，哪怕是最小的改变，都会对所有其他区块产生连锁反应。因此，想要作恶的参与者必须为添加到区块链中的每个区块计算一个新的哈希值。

如果不是区块链系统的最后一个功能“工作证明”，一个处心积虑的窃贼或许还能做到这一切。中本聪认识到，要想让窃贼放弃对比特币的攻击，就必须要让对比特币发起这类攻击的成本高得令人望而却步。于是他增加了一个新功能，故意在创建区块的过程中引入一定的难度。他不是简单地允许任何节点通过收集新的交易并将它们全部哈希化来创建一个新的区块，而是创建了一个规则，即节点必须先解决困难的数学问题，然后才能接受其提议的区块。换句话说，节点必须证明它们进行了一定量的工作（或者至少计算机执行了一定量的工作），然后它们提出的区块才会被添加。由于难以创建新区块，这种工作证明系统让区块链难以被操纵。

随着我们对哈希函数的了解加深，我们现在可以理解这个工作证明系统是如何工作的。为了创建一个区块，节点必须找到一个数字（称为 nonce），当它与前一个区块和新交易的哈希值相结合时，它能哈希到一个非常特定的输出。特别是，节点必须找到一个输入，它能到达一个低于某个目标值的哈希值。例如，目标值可以是等于或小于以下值的哈希值：0000000000000000010000000000000000000000000000000000000000000。

这是很难做到的。要知道，SHA-256 哈希函数是无法进行逆向演算的：人们无法通过观察哈希值来确定原始信息。这样做的后果是，人们也无法提前知道什么输入会产生一个给定的哈希值，甚至连大概的范围也一无所知。那么节点如何去寻找一个哈希值等于或小于特定值（0000000000000000010000000000000000000000000000000000000000000）的输入呢？ 55

他们必须要猜！穷举式地猜。最终，只要给他们足够的时间和足够的猜测次数，他们应该能随机找到一个有效的输入。因此，寻找有效区块的过程是相当困难的，更重要的是，随着时间的推移，难度会日益增加。中本聪认识到，随着计算机处理速度的提高和新节点进入到网络中，计算机可能会更好地解决工作证明的问题。因此，中本聪将一种随时间增加计算难度的方法硬编码到比特币软件中。其目标是确保随着时间的推移，新的区块将以大致相同的速度被添加，而不管使用多少计算能力（或“哈希”算力）来寻找新的区块。为了实现这一目标，比特币软件会根据矿工寻找新区块的速度，定期调整哈希函数的难度。因此，如果新的计算能力被添加到网络中，并且区块的添加速度突然快了两倍，软件就会改变哈希函数的难度，使区块的创建速度减慢到首选速率。比特币的首选速率是每个区块十分钟，这意味着哈希函数的难度会不断调整，以确保无论投入多少计算能力，计算机都只能每十分钟找到新的区块。

因此，寻找（或“开采”）新区块的过程是艰难的。这一过程所耗费的代价也极其昂贵。为了创建新的区块，矿工必须长期高速运行强大的计算系统。在 2015 年底，为了找到一个有效的区块，计算机平均要运算 2^{68} 次——即约 30000 万亿次的猜测，这是一个令人瞠目结舌的庞大数字。[16] 如果一个人花一秒钟的时间就能做出一个猜测，而你把世界上所有的人都召集起来，让他们除了做出猜测之外什么都不做，那么他们将需要 1000 多年的时间才能做出这么多的猜测。可以想象，在计算机上进行这些计算要快得多，但还是很困难，它还需要大量的电力。一项研究发现，比特币挖矿所消耗的电力大约相当于整个爱尔兰国家所需的电力。[17] 另一项研究得出结论，执行一笔比特币交易所需的能源相当于荷兰一个典型家庭一个月的能耗。[18] 这些专用集成电路芯片（ASIC）的购买和维护成本很高。而且随着难度的不断增加，老版本的专用集成电路芯片很快就会过时，必须换成更新、更快的版本。所有这些都意味着，做矿工的代价是很昂贵的。56

让我们再回到假设。在某种程度上，所有这些工作和努力似乎都毫无意义。洛克只是想寄些钱给霍布斯，这样他就能拿到他的书了。为什么这需要世界上最快的电脑超速运行数天，只是为了解决一个毫无意义的数学公式呢？如果将比特币在现实世界中的使用情况与挖矿世界中应用于比特币的计算能力进行比较，这种批评就更加尖锐了。在 2018 年 3 月，比特币网络每秒处理两至三笔交易。这是一个很小的数字，特别是与信用卡公司每秒处理的交易数量相比，但它仍然是一个相当大的年度交易数量，大约每年 7300 万笔。然而，与此同时，矿工们每秒进行的哈希运算大约有 26 万亿次。这个数字无疑是令人震惊的。为了处理三笔交易，比特币网络要运行 26 万亿次哈希函数。[19] 换言之，这看上去很奇怪。

为什么矿工要经历昂贵的开采新区块的过程，并进行所有这些计算，只是为了处理几笔交易？答案很简单：他们通过一种叫做币基交易的东西来获得报酬。任何创建新区块的矿工都会因其新挖出的比特币而获得奖励。除了矿工需要包含在区块中的所有待定交易外，矿工还可以添加一个额外的交易，称为币基交易（coinbase transaction）。区块中的所有其他交易都必须指定被发送的比特币的来源，而币基交易则没有来源交易。它只是凭空出现，这是因为奖励给矿工的比特币是新创建的——它们没有历史记录，从未被花费过，也不存在于任何人的公共地址中。事实上，币基交易是创造新比特币的唯一途径。最初，创建一个新区块的奖励是 50 个比特币，但随着时间的推移，奖励会自动减少，每四年左右减半。在撰写本书的时候，每一个新的区块发行了 12.5 个比特币。最终，一旦流通中的比特币总数达到2100万枚，新比特币的发行将完全停止。[20]因此，比特币的发行量是有硬性上限的。一旦创造了2100万个比特币，将不再发行新的比特币。这为用户提供了某种确定性，即他们的比特币价值不会被夸大，因为他们知道货币的预期增长率以及货币的最大可能存量。中央政府也不可以干涉新比特币的发行，来偿还债务、资助战争或充实国库，这是因为比特币发行数量是有上
57 限的。

所以，洛克已经同意使用比特币购买霍布斯的书，他已经将这笔交易发布到比特币网络，他用他的加密安全数字签名签署了这一消息，参与的节点已经验证了这一交易的有效性，并通过网络的其他部分进行传播，并且有矿工将他的交易归为一个区块，加入到区块链中。洛克现在知道交易完成了吗？还不完全是。最后一步是由发现区块的矿工将这个区块发布到网络的其他地方。就像洛克必须向比特币生态系统发布他的交易消息一样，矿工也必须向系统发布他的区块消息。就像节点检查以确保洛克的交易在系统规则下是有效的一样，节点也要检查以确保区块在系统规则下是有效的。一旦他们做到这一点，他们就会将其添加到他们的区块链副本中。

一个潜在的问题是，许多矿工都在竞争寻找新的区块。因此，有可能有两个矿工同时找到有效的区块，并同时将其区块发送至网络。事实上，这两个区块可能包含不同的交易；矿工通常可以选择在其区块中包含一些待处理的交易，而区块的大小是有限的。[21]那么问题就变成了哪一个获胜。这个问题特别重要，因为区块可能包含冲突的交易。例如，洛克可能会发送一个交易，告诉网络将他的比特币发送给霍布斯，但他可能会尝试发送一个不同的交易，告诉网络将相同的比特币发送给不同的书商，以购买不同的书。这就是

所谓的双花攻击，即洛克想花两次比特币。因为网络不知道哪一个交易是真正的交易，但它知道洛克只拥有一个比特币，如果霍布斯把他的书交出去，另一个书商也交出去，即他们中只有一个人能收到付款。

节点有两个协议来解决这一问题。第一个是它们总是扩展最长的有效区块链，这意味着拥有最长历史的区块链将获胜，即便矿工为一个稍短的区块链副本找到了一个原本完全有效的区块。此策略有助于确保区块链实际上是不可变的；如果有人试图通过挖掘不同的区块来回溯和反转前一个区块中发生的交易，他们将无法说服其他节点自己的区块链版本是正确的。当面对两个有效的区块时，节点遵循的第二个协议是先到先得，即接受它们先得知的区块。[22] 这 58
个协议并不能完美地解决这个问题，因为有些节点可能先听到了区块 A，而其他节点可能先听到了区块 B（消息在网络中传播需要一些时间）。因此，在区块链中，哪个区块是真正的区块，存在着一定的不确定性。但当下一个区块出现时，这种不确定性会减少。一些矿工首先听说了 A 区块，于是开始尝试寻找一个可以扩展 A 区块的区块；一些矿工首先听说了 B 区块，于是开始尝试寻找一个可以扩展 B 区块的区块，其中一组矿工会先找到一个区块，然后向网络发出他们提出的区块。他们的区块链版本现在会比另一个组正在开采的版本更长，因此节点会切换到更长的版本之上开始开采。丢失的区块被称为“孤立区块”，不会被纳入区块链中。随着时间的推移，人们应该会对区块链的状态形成共识，随着区块不断被添加到之前的区块之上，这种共识会变得越来越强。因此，一旦霍布斯看到洛克的交易已经被添加到区块链上，并且已经有足够的时间在该区块上添加额外的区块，他就可以确定支付是不可逆的了。洛克现在不能再回去重复消费这些比特币了。霍布斯可以把他的《利维坦》交给洛克，他们两个都可以继续他们的生活。

*　　　*　　　*

这就是比特币的工作原理。正如我们所看到的，这是一个复杂的过程，每一步都与其他步骤紧密相连。如果不了解比特币是如何使用的，就不可能理解比特币是如何产生的。如果不了解比特币是如何存储的，就不可能理解比特币是如何使用的。当然，如果不了解比特币是如何产生的，就不可能理解比特币是如何存储的。

但现在，我们已经了解了比特币交易是如何发生的，我们可以退一步，对整个系统进行总结。新的比特币是由矿工挖出的，他们执行验证交易和维护区块链的艰苦工作。比特币的使用是通过向网络发布关于交易细节及其在区块链中的位置的安全信息，而比特币是被存储在区块链上列出的公共地址中的。

所有这些特征都是由区块链独特的去中心化系统所驱动的。如果结构中只有一个权威的决策者，我们就不需要激励矿工维护系统，也不需要向其他节点发布交易，甚至不需要掩盖身份。无论是
59 银行、企业还是政府，中央权威机构都会处理这些事情。但在区块链中，没有一个实体创造新的货币（软件只是有一个规则，即新的比特币被授予向区块链添加区块的矿工）；没有一个实体维护系统（观察和记录交易的节点和矿工执行交易的艰苦工作）；也没有一个实体对区块链的分类账簿本身有权威（维护区块链副本的节点通过共识来执行这项服务）。

或许，这种去中心系统最令人吃惊的特征是，即使是一个人拥有多少比特币，也要经过社区的一致同意。如果有一天比特币网络

认定洛克不拥有他地址中的比特币，那么他将不再拥有这些比特币。如果网络认为不同版本的区块链（其中不同地址拥有所讨论的比特币）更可取，则该不同版本成为最终记录。现在可能已经很清晰了，即区块链的所有权概念与大多数人在考虑拥有银行账户时的想法截然不同。

这一错综复杂的系统核心是区块链。区块链的核心是一种传播知识的方法。它是一个公开的信息记录，通过一个去中心化的对等系统进行存储和维护，并通过复杂的加密算法进行保护。因此，它向所有人开放，以民主方式运行，并受到保护，不受入侵。在许多方面，它是密码学家们多年来所追求目标的顶点。

事实证明，区块链的这些功能不仅仅应用于虚拟货币，其他领域也有相应的应用场景。具言之，区块链的技术可以用来存储任何类型的信息，从运输记录到金融工具，再到合同。这项技术足够灵活，可以用于这些不同应用场景中，而且它承诺其记录能在稳定安全的前提下，对所有人保持可见状态，这已经引起了银行、公司和政府的极大兴趣。和其他技术一样，区块链技术是一种工具。它的使用只受制于用户自身的决定。出于这个原因，如果我们要理解区块链，我们不仅要研究它是如何设计的，还要研究它是如何被使用的。我们将在下一章讨论这个问题。 60

注释

1. 对于当天事件的分析，参见 Arvind Narayanan，Analyzing the 2013 Bitcoin Fork：Centralized Decision-Making Saved the Day，Freedom to Tinker Blog（July 28，2015），https://freedom-to-tinker.com/2015/07/28/analyzing-the-2013-bitcoin-fork-centralized-decision-making-saved-the-day/。

2. Transcript of #bitcoin-dev chat，Mar. 11-12，2013，http://bitcoinstats.com/irc/

bitcoin-dev/logs/2013/03/11.

3. Transcript of #bitcoin-dev chat, Mar. 11-12, 2013, http://bitcoinstats.com/irc/bitcoin-dev/logs/2013/03/11.

4. See Paul Vigna & Michael J. Casey, The Age of Cryptocurrency: How Bitcoin And The Blockchain Are Challenging The Global Economic Order 151（2015）.

5. See Nick Marinoff, Bitmain Nears 51% of Network Hash Rate: Why This Matters and Why It Doesn't, Bitcoin Magazine（June 28, 2018）, https://bitcoinmagazine.com/articles/bitmain-nears-51-network-hash-rate-why-matters-and-why-it-doesnt/.

6. See Arvind Narayanan, Joseph Bonneau, Edward Felten, Andrew Miller & Steven Goldfeder, Bitcoin And Cryptocurrency Technologies: A Comprehensive Introduction 168-189（2016）. See also Angela Walch, In Code（rs）We Trust: Software Developers as Fiduciaries in Public Blockchains, in Regulating Blockchain: Techno-Social And Legal Challenges（Philipp Hacker et al. ed., 2019）.

7. 关于该过程的描述，参见 Narayanan et al., supra note 6, at 168-189。

8. 抗碰撞并不意味着防碰撞。即使是最好的密码学哈希函数也不可避免地会有碰撞点，即两个不同的输入有相同的输出。毕竟，哈希函数是将不同大小和长度的信息变成固定长度的输出。固定长度的输出必然是有限的，而潜在的输入是无限的。因此，哈希函数不仅有一些碰撞点，而且有无限的碰撞点。但密码学家们认为，只要实际上不可能找到碰撞点，从安全的角度来看，这并不是问题。例如，对于一个输出为 256 位的哈希函数，平均来说，你需要尝试 2128 次猜测，才会发现不同的输入具有相同的哈希值。关于哈希函数抗碰撞特性的更多讨论，同上，at 2-5。

9. See Samuel Gibbs, Passwords and Hacking: The Jargon of Hashing, Salting and SHA-2 Explained, Guardian, Dec. 15, 2016.

10. 这是一个比特币交易机制的简化版本。一个特殊情况是，给定公号中的所有比特币都必须在每笔交易中花掉，因此，如果洛克的账户中有一个以上的比特币，他必须指定其他比特币的去向。See Narayanan et al., supra note 6, at 51-55.

11. 同上，at 67。

12. 对于节点，用户会在试图花费比他们更多的比特币时注意到它。但有时他们并没有这样做。在一个臭名昭著的案例中，现在被称为“价值溢出事件”，一个黑客设法绕过这个限制，凭空创造了 1840 亿比特币。他是利用计算机科学中的一个已知问题，即“整数溢出”来实现的。这里的逻辑类似于一个用完空间的里程表，一旦里程表在比如说 9999 英里时达到最大值，它就会翻回零。同样，当比特币第一次被写出来的时候，如果用户发送了一笔交易，声称发送的比特币数量超过了软件的编程处理量，软件就会作出反应，翻回零。因此，在这种情况下，它不会将交易登记认定为无效。2010 年，一名黑客利用这一点，给自己发送了 1840 亿比特币。不用说，当中本聪和其他人不可避免地注意到这一不寻常的交易时，他们发布了一个软件更新来修复这一缺陷，同时也回溯了这一交易。正如比特币开发者弗拉基米尔·范德兰（Wladimir Van Der Laan）所描述的那样，“这是有史以来最糟糕的问题”。See Bruno Skvorc, The Curious Case of 184 Billion Bitcoin, Bitfalls, Jan. 14, 2018.

13. 从技术上讲，没有要求区块包含实际交易。正如我们将在下面看到的那样，矿工们正在竞争解决困难的数学方程，一旦他们这样做，他们就可以在链上添加一个区块。如果发现他们的区块没有包含任何从一个地址到另一个地址的比特币实际转移，这是很好的。如果是这种情况，该区块中唯一的交易将是所谓的币基交易，即创建新的比特币以奖励矿工解决方程的交易。See Pascal Gauthier, Why Do Some Bitcoin Mining Pools Mine Empty Blocks?, Bitcoin Magazine, July 12, 2016.

14. 事实上，并非所有节点都会下载整个区块链。有些节点反而充当“轻量级节点”下载区块链的一部分。这使得充当节点的成本更低，但是，由于这些轻量级节点没有区块链的完整历史记录，它们必须依靠完整节点来检查之前交易的有效性。See Narayanan et al., supra note 6, at 71.

15. 有史以来开采的第一个区块被称为“创世区块”。它是由中本聪在第一次创建系统时创建的，因此该区块是系统上唯一的节点。该区块为中本聪赢得了 50 个比特币，这在当时不值一提，但在 2017 年比特币最鼎盛的时候，价值高达 100 万美元。有趣的是，也许是为了表明自身创造虚拟货币的动机，中本聪在创世区块中提到了《泰晤士报》的头版标题，名为“The Times 03/Jan/2009 Chancellor on brink of second bailout for banks”（2009 年 1 月 3 日，财政大臣正处于实施第二轮银行紧急援助的边缘）。 See Vigna & Casey, supra note 4, at 63.

16. See Narayanan et al., supra note 6, at 106-107.

17. See Alex de Vries, Bitcoin's Growing Energy Problem, 2 JOULE 801, 801 (2018).

18. See Press Release, Digiconomist, New Academic Paper: Bitcoin's Growing Energy Problem (May 16, 2018), https://digiconomist.net/bitcoins-growing-energy-problem.

19. See de Vries, supra note 17.

20. 一旦所有潜在的比特币被发行，矿工将需要找到新的收入来源，以执行维护区块链的工作。这个来源很可能来自交易费，这实际上是用户可以在交易中包含的比特币，以激励矿工将这些交易纳入下一个区块。到目前为止，这些交易费相对较小，在 2018 年 7 月 24 日，单枚比特币的交易费平均为 0.92 美元。但如果它们成为补偿矿工的主要方法，它们很可能会增加。See Bitcoin Avg.Transaction Fee Historical Chart, Bitinfocharts.com, https://bitinfocharts.com/comparison/bitcoin-

transactionfees.html.

21. 目前区块最大是一兆字节，这是中本聪在 2010 年为比特币区块设定的大小。区块大小的限制是区块链社区内重要的讨论问题，因为它们对网络的速度有重要影响。更大的区块意味着每个区块中可以包含更多的交易，而这又意味着每秒可以处理更多的交易。许多支持增加最大区块大小的人认为，如果比特币要成为真正的全球虚拟货币，就要扩大单个区块的规模，并加快其处理时间。然而，批评者指出，增加区块链中区块的大小将使运行验证这些区块节点的成本变得更加高昂，那些有能力和资金支持大量固定成本的大型中心化的矿工无疑将获得更大的优势。See Nathaniel Popper，Bitcoin Expansion Is off the Table，N.Y. TIMES，Nov. 8，2017.

22. See Narayanan et al.，supra note 6，at 35-36.

第三章　世界区块链

问题在于要寻找到一个集体：在这个集体中，人们能够齐心协力地去保护和守卫集体利益，而同时每个个体在为集体奉献的同时也享有个人应有的自由；最终，在完全将自己奉献给集体之后，他也将彻底归于自由。

——卢梭，《社会契约论》

2016年，克里斯托夫·詹茨（Christoph Jentzsch）有了一个激进的想法。如果比特币可以彻底改变货币，那么它能重塑企业吗？按理说，如果货币发行的权力可以去中心化，那么企业的权力架构理应也可以。一个去中心化的公司可以由其真正的利益相关者即所有者本身直接管理，而不是将公司的决策权交到富有的高管和董事会手中，因为他们经常利用自己的权力牟取私利并以牺牲股东的利益为代价。区块链可能会带来自股份制公司出现以来资本主义的最大变化。[1]

詹茨是一位三十四岁的德国人，有理论物理学背景，他很快就开始着手具象化自己的想法，充实相关细节。他意识到，关键是要找到一种方法，将公司治理规则编程到区块链中。换言之，正如比特币对所有者有权向他人发送比特币的方式和时间有一定的规定一样，一个去中心化的公司可能会有规则，就公司采取行动的方式和时间作出具体规定，例如购买资产、分配股息和投资研究。具体而言，去中心化公司的数字代币持有者有权对公司采取的行动进行投票，就像股东有权对一些（但不是全部）公司决策进行投票一样。但与现实公司不同的是，现实公司受制于公司法体系，对股东的权力进行了硬性限制，而区块链公司将拥有无限的灵活性，可以按照股东的意愿来进行自我建构。[2]

比特币软件本身并不具备引入这类复杂规则所需的灵活性，但
61 另一个名为以太坊的区块链程序却做到了。以太坊是由 19 岁的俄罗斯奇才维塔利克·布特林（Vitalik Buterin）在 2013 年创建的，它是专门为了允许任何类型的脚本程序被包含在区块链上而构建的。熟悉以太坊的詹茨确信，他可以利用这个程序，尤其是它的智能合约功能，创建一个没有高管、没有董事会、没有员工的公司，这无疑将是世界上第一个虚拟公司。

詹茨很快就取得了进展。2016 年 3 月，他发表了一份白皮书，其中包含了他所谓的去中心化自治组织——DAO 的细节。[3]4 月，他向投资人开放了 DAO 的首次公开募股，并向投资人承诺，如果他们购买了 DAO 的股份或代币，他们将对 DAO 的运营方式有发言权。DAO 的网站提出了它的使命：DAO 将“为其成员的利益开辟一条新的商业组织之路，它无处不在，并仅以不可阻挡的代码的坚定的钢铁意志来运作”。[4] 投资纷纷涌入。到 5 月，DAO 已经收到了超过 1.5 亿美元的资金，对于一个两个月前才想出公司形式的公司而言，这是一个了不起的数字。[5]

詹茨本人也对 DAO 的成功感到震惊。即使在他最乐观的预测中，他也从未想过 DAO 能筹集到超过几百万美元的资金，更不用说 1.5 亿美元了。[6]“这比我们或任何人的预期都要高一个数量级”，他说。虽然这次风险投资的非凡成功本可以成为庆祝的理由，但詹

茨却怀着恐惧的心情迎接它。他事后写道："DAO 的代码被刻意写得非常简单，而非更复杂的治理模式……也没有为了简单而被纳入其中。"但是，"在合同里面有那么多的以太，现在 DAO 的治理模式太简单了"。[7]

换句话说，DAO 非常成功，以至于因为资金充裕而成为黑客们的目标。更糟糕的是，因为它是一个无中心的、去中心化的、分散的数字组织，其规则被写进了不可更改的代码中，也没有处理潜在危机的预案，因而就像一只鸭子一样只能坐以待毙。

没过多久，人们就开始发现 DAO 代码中的漏洞。5 月 26 日，在 DAO 甚至还没有完成筹款之前，康奈尔大学的计算机科学家、全球区块链技术的权威专家之一的埃明·古恩·塞勒（Emin Gun Sierr）发表了一篇文章，呼吁 DAO 停止运营。他发现了 DAO 结构中的严重缺陷（准确地说，有九处缺陷），他认为这些缺陷足以让 DAO 作出"暂停运行"的决定，直到可以进行安全升级来修复它们。[8] 然后，在 6 月 5 日，一位以太坊的开发人员发现了一个漏洞，该漏洞允许用户无休止地从 DAO 中抽取资金。[9] 詹茨和 DAO 团队的其他成员匆忙部署修补程序来修复问题，但修复速度很慢。他们也来不及了。 62

6 月 17 日，也就是在 DAO 运营三周后，一个黑客对该组织发起了攻击。黑客在代码中发现了一个漏洞，但没有一个补丁程序修复这个漏洞。这是一个非常严重的问题：它会让 DAO 变成黑客的个人借记卡，允许黑客一次又一次地取款，直到 DAO 的整个银行账户被榨干。黑客很快就利用了这个漏洞，创建一个与 DAO 进行交互的合约，迫使 DAO 以每三分钟约 4000 美元的速度向他汇款。于是在 6 月 17 日凌晨，DAO 账户里的钱开始消失。

DAO 正在亏损的首批警报之一来自在线讨论网站 Reddit（区块链关注者聚集和讨论当日新闻的热门场所）的一个帖子。

“我认为 DAO 正在被黑客榨干，”一位 ID 名为 ledgerwatch 的用户在 6 月 17 日写道，“不幸的是，我正在火车上，所以无法进行查验。”[10]

很快，布特林（以太坊的创建者）回信，要求提供更多细节，并请求其他用户的帮助。鉴于 DAO 的银行账户迅速被榨干，阻止黑客进一步作恶的竞赛已经开始，并且迫在眉睫。

除了知晓内情的人之外，几乎不可能有人能发现这个重大漏洞的缺陷。问题出在 DAO 代码的第 666 行，这段代码是“splitDAO 函数”的一部分，这是 DAO 的一个功能，允许投资者从该组织提取资金。这是 DAO 的一个重要组成部分，因为它确保人们在想离开企业时不会被迫留在企业中。除此以外，人们认为，splitDAO 的功能在于防止多数投资者剥削少数投资者：如果多数投资者做了少数投资者不喜欢的事情，少数投资者就可以离开组织。通过赋予每个人退出企业的权利，splitDAO 功能不仅可以让代币持有者在一群代币持有者控制企业的情况下有能力保护自己，还可以促使控股的代币持有者考虑到其他人的利益。这种对保护少数投资者的关注是公司法不可分割的一部分，而 splitDAO 功能在某种程度上就是试图将这些法律概念写入编程语言。

但代码却不会考虑这么多情况。在 DAO 的案例中，splitDAO 的代码实现得很差。由于函数的编写顺序，投资者可以要求 DAO 给他汇款，然后，在 DAO 的记录更新显示投资者的账户现在是空
63 的之前，他可以要求 DAO 继续向其汇款。这就好比一个客户可以去自动取款机把他的银行账户全部提现，然后，在自动取款机把交

易记录送去处理之前，他可以再次提现。更重要的是，这个漏洞是可递归的：他可以一次又一次地这样做。[11]

这种对 DAO 的生存威胁是由最简单的错误造成的。“如果代码第 666 行中的大写‘T’是一个小写‘t’，那就能防止黑客攻击，”詹茨后来解释道，[12]“主要问题在于，检查代码的人不知道该注意什么。我们的团队和社区都知道诸如调用栈深度攻击（Call Stack Depth attack）、非绑定循环以及许多其他特定载体的手段，但重入漏洞（reentry exploit）根本是 DAO 框架编写时无人知晓的东西。”[13]

当詹茨发现代码的问题时，已经来不及修复了；黑客攻击已经开始了。现在，DAO 社区必须找到另一种方法来阻止黑客的攻击，而这样做要比将大写字母“T”改为小写字母“t”复杂得多。

区块链中的交易应该是不可更改的。这意味着，一旦一条记录被添加到区块链中，以后就不可能再去篡改它。当你的首要任务是挫败机会主义黑客时，这是一件好事；区块链不能被改变，因此我们可以合理地相信，网络窃贼不能进入以前的区块并从中窃取资金。但是，当你主要关注的是惩罚过去的行为时，不可更改性可能是一件坏事。就像区块链不能被黑客改变以窃取资金一般，区块链也不能为监控者所改变，以惩罚某人偷取人们的钱。只有在非常有限的情况下，区块链中的交易才可以被改变。

社区内认为，对 DAO 黑客事件的应对主要分为两个层面。第一层面的应对是试图挽回 DAO 的剩余资金。有趣的是，这样做需要好人做坏人正在做的事情，即他们需要尽快抽走 DAO 的资金。毕竟，如果他们能在黑客之前将 DAO 的资金取出来，那么黑客能否继续攻击也就无所谓了，黑客们眼中看似无底洞的 ATM 机就会突然干涸。因此，应对措施的第一步就是，让一群程序员着手将DAO的资金转移到一个单独且安全的地址。[14]

第二层面的应对措施则更为激烈。鉴于黑客已经窃取了DAO的大部分资金，只要其在区块链上的记录仍然有效，这些资金就无法收回，这让以太坊社区思考是否是时候重新审视区块链的不可更改性。如果他们不接受盗窃是既成事实，而是回过头来拒绝不正当
64 的交易呢？每个人都可以看到钱的去向，因为区块链的所有记录都是公开的。那么为什么不回到黑客攻击发生之前的状态呢？

这是一个更为激进的策略。正如我们之前所看到的一般，改变区块链需要“硬分叉”，即存在两个版本的区块链。区块链社区普遍认为“硬分叉”是有问题的，因为它们破坏了区块链提出共识观点的核心假设。如果区块链没有明确的版本，那么用户就无法确定他们的交易是有效的，或者他们的记录是安全的。正如比特币基金会成员布鲁斯·芬顿当时在一篇题为《宁可失去你的投资，也不能失去你的区块链》的文章中所言：“区块链技术的优势在于，它是一个账本，一个真实的陈述。这个账本的好坏取决于它对审查、改变、要求或攻击的抵抗力。”[15] 对一些观察者来说，为了阻止一次盗窃而改变区块链的核心原则，就是把婴儿和洗澡水一起倒掉：为了短期利益，这样做将永久性地损害区块链。

但对于以太坊区块链而言，这是一个危急时刻。它在一年前刚刚推出，如果第一次大规模使用以太坊就导致如此大规模的资金窃取（黑客拿走了大约400万以太，约占DAO资金的三分之一，当时价值5500万美元），那么刚刚起步的虚拟货币就会受到不可逆转的损害。[16] 事实上，DAO包含了大约16%的流动以太，以太坊区块链也可能因此永远无法恢复。在遭到攻击的消息传出的那天，以

太坊货币的价值下降了33%。[17] 许多人认为，如果有时间让实用主义战胜原则，那现在就是最好的时机。

该货币的创造者维塔利克·布特林领导了这次变革，支持使用“硬分叉”。他建立了一个网站，允许以太的所有持有者投票决定是否启动一个硬分叉回到受攻击前的状态。其原则是“一以太一票”，而不是“一人一票”。因此，持有多数以太的持有者比少数以太的持有者拥有更多的话语权。然而，结果是压倒性地赞成使用硬分叉：拥有87%以太的人投了赞成票，只有13%的人投了反对票。[18] 因此，在黑客攻击开始仅仅三天后的7月20日，以太坊区块链进行了修改，允许DAO投资者拿回资金。以太坊矿商开始在新的19.2万块的顶部开采，从而锁定了变化。

并不是所有的社区都接受“硬分叉”。大约15%的以太坊矿商继续将旧的区块链视为有效的区块链，因此在其基础上继续构建。[19] 这意味着现在存在两个版本的以太坊区块链——一个版本曾发生了资金窃取事件，另一个版本则没有。这是一个非常奇怪的情况，在现实世界中没有真正的平行货币。这就好像一个强盗抢劫了一家银 65
行和政府，作为回应，为了防止强盗从他的不义之财中获利，政府宣布目前流通的所有货币无效，并发行了一种全新的货币。更重要的是，在这种情况发生之后，一部分社会继续使用旧货币，而另一部分社会则采用新货币。在法定货币的现实世界中，一个正常运作的政府绝不会让一个竞争货币在其眼皮底下生长和繁荣。但在区块链中，由于没有中央政府能够惩罚违法者，甚至没有中央政府能够确定什么是违法行为，这种奇怪的情况完全有可能发生。事实上，一些人甚至认为DAO黑客行为本身是合法的；由于DAO代码中规定的规则允许DAO黑客行为，因此用户利用DAO黑客行为没有任何问题。即使程序员不打算让代码以这种方式工作，但如果代码允许的话，这就不是一次黑客攻击。代码完整地说明了什么是合法的，什么是不合法的。也就是说，代码就如同法律一般。[20]

实际上，“硬分叉”违背了区块链“不能修改”的技术本质，采用了人为手段“强制回滚”，因而在部分区块链信仰者（强硬派）看来，“硬分叉”是对区块链的背叛，他们为原链继续贡献算力。他们认为代码即法律，宁可影响收益，也不愿意违背自己的信仰。随着时间的流逝，这些原始主义者为他们的以太坊区块链版本命名为“以太坊经典”。以太坊区块链是使用最广泛的版本，2019 年 6 月的市值约为 260 亿美元，而以太坊经典的市值仅为 9.09 亿美元。[21] 但是，“以太坊经典”这一原链仍被很多区块链信仰者力挺。

然而，我们对黑客本人的了解却并不多。尽管调查人员发现了他使用的一个公共地址，但他在现实世界中从未被确认身份。他的地址是 0xF35e2cC8E6523d683eD44870f5B7cC785051a77D。[22] 这个地址看上去是不是很熟悉？这是一个在区块链上使用的公共地址，但它不是位于比特币区块链上，而是位于以太坊区块链上。尽管以太坊社区作出了巨大的努力，尽可能降低被窃取比特币的价值，但黑客仍然获得了一部分极具有实质价值的资产。在区块链的另一个版本“以太坊经典”中，他从 DAO 中偷来的以太币仍然为他所拥有。截至 2019 年 6 月 11 日，每个以太坊经典币的价值约为 8.18 美元，因而他的赃物价值合计约 3000 万美元。

*　　*　　*

古典主义大师摩西·芬利（Moses Finley）曾写道：“思想史绝
66 不仅仅是思想史，它也是制度史，更是社会史。”[23] 同样，区块链的历史不仅仅是关于代码本身如何在全世界传播的历史，它还涉及个人、公司以及围绕它兴起的社区。区块链的核心是一个工具，它让我们可以把我们一直认为需要中心化的事情去中心化。但是，仅仅发明一个工具，并不足以确保它被使用，或是按照预期方式使用。更重要的是，即使一项技术被设计成去中心化，但就像区块链技术一样，它也只能面向决定使用它的人去中心化。如果只有一个人在运行它，那我们是否有允许集体决策的代码将不再重要。因此在具体意义上，区块链的历史就是一部由投资者、程序员、企业家和其他人共同努力让更广泛的世界相信其价值的历史。

在中本聪首次宣布建立一种名为比特币的去中心化虚拟货币的计划时，世界正处于自大萧条以来最严重的金融危机之中。[24]他的比特币白皮书发布于2008年10月31日。当时，金融危机正处于高峰期。就在一个多月前，华尔街银行雷曼兄弟（Lehman Brothers）已经申请破产，房利美和房地美这两家抵押贷款融资公司也刚刚被美国财政部接管。联邦政府的救助计划“问题资产救助计划”也已经全面实施，而世界各地的货币危机也正日益升温。[25]

对于刚刚诞生的虚拟货币而言，这两种情况都有可能发生。一方面，市场的动荡很容易让人们从高风险的新事业中退缩，而比特币无疑就是这样的高风险事业。另一方面，危机本身似乎也证明了区块链背后的核心理论之一。毕竟，这场危机是由大型银行玩忽职守、动用他人资金造成的，而各国政府正在使用纳税人的钱包来为银行纾困。比特币承诺给人们提供一个摆脱这个看似被操纵系统的方法。

但是，除非人们开始使用比特币，否则比特币自身无法做到这一点，因此中本聪和其他早期采矿者花了很多时间来说服其他人，使他们相信这项投资是值得的。在一定程度上，这是一个要让其他人相信比特币的前景是广阔的。密码学领域的神级人物哈尔·芬尼对中本聪的白皮书很感兴趣，也是除中本聪之外的第一个真正下载软件并开始挖掘新比特币的人。在给密码学邮件列表（原密码朋克
67 邮件列表的后续版本，当时已经解散）的留言中，他写道：

> 我们可以做一个有趣的猜想，想象一下如果比特币能成功，并最终成为全球的主要支付系统，那么比特币的总价值就应该等于世界上所有财富的总和。我估计目前全球家庭财富总额在 100 万亿美元到 300 万亿美元之间。比特币有 2100 万枚，那么每枚比特币的价值约为 1000 万美元。因此，现在用廉价的计算机算力挖出比特币是一个不错的赌注，回报大约是 1 亿倍！[26]

在比特币推出的早期，仅需一台普通的计算机就能挖矿。在当时，只要你一直开着电脑，就能得到一些“毫无价值”的比特币，在当时，这听起来并不诱人。然而，哈尔·芬尼确实提出了一个很好的论点。而那些在 2009 年就开始挖币的人已经获得了非常可观的回报。

每每阅读 Bitcointalk.org 主办的比特币论坛上的早期帖子，我们就会感觉有点像坐上了时光机，仿佛我们能从前排看到创始人最初的想法。对话时而平淡无奇，时而颇具启发性。有时候，中本聪表现得像一位啦啦队队长一般。例如，在回应一篇质疑人们是否会发现比特币有什么用处的帖子时，中本聪写道：

> 在比特币流行起来的情况下，买一些可能是有意义的。如果有足够多的人以同样的方式思考，那将成为一个自我实现的预言。一旦它得到支持，那么就会有很多应用场景，比如你就能像在自动售货机里投币一样，毫不费力地向网站支付几美分。[27]

在其他时候，他用大量的篇幅解释了区块链技术的工作原理及其历史背景。在与社区互动方面，他很投入，也经常回应发帖人提出的问题。很明显，他希望其他人像他自己一样热切地相信比特币的未来。

没过多久，人们就认识到了区块链及其安全和共识的去中心化系统的新颖性。对许多人来说，将中心权威从网络系统中移除将为他们带来更大的保护，使其免受政府或贪婪的公司的影响，这是最直接的意义。最初的密码朋克组织之一的成员詹姆斯·唐纳德写道："回想一下尼禄的愿望，罗马有一个他可以切断的喉咙。如果我们为他们提供这样的喉咙，那么它就会被割断。"[28] 也就是说，去中心化的区块链为解决过去困扰虚拟货币的问题提供了一个可行的答案，这也让比特币论坛大火。2009 年，新用户蜂拥到举办比特币讨论会的论坛，每个月都有几十个新成员参加比特币论坛，下载比特币软件到自己电脑上的人数同样也在飞速增长。[29] 经常光顾 68
密码学邮件列表和主持比特币讨论的在线论坛的人，也是最有可能接收其信息的人。如果不是密码朋克组织本身，他们与那些黑客、自由主义者、无政府主义者和网络空间乌托邦主义者有着直接的密切关系，这些人率先开始探索互联网对隐私的影响。但对比特币的真正考验将在于，它是否能在现实世界中获得更多人的认同。

让人们在现实世界中使用比特币，比单纯的让人们下载免费的比特币软件，或者开采免费的比特币要困难得多。这些都是免费的，所以做起来没有什么坏处。但让人们在现实世界中使用比特币来交易商品和服务是完全不同的事情，这意味着要说服人们为虚拟货币牺牲真实的金钱。而拉斯洛·汉耶克（Laszlo Hanyec）作为一名早期的比特币矿工，他的电脑每天都能够挖出数以千计的比特币，于是他萌生了一个念头，“在网上寻找一个愿意跟他用比特币交换食物的小伙伴。”2010 年 5 月 18 日，汉耶克首次在比特币讨论论坛（BitTalk）上发出了交易请求，“我愿意花一万枚比特币买两个披萨。我可以今天吃一个，留一个到明天再吃。你可以自己做或者将外卖订单的收货地址设置为我家。我的目标只是用比特币换取食物而已”。[30] 有几个评论者回信问他住在哪里，如果他们住在国外，他们该如何为他买披萨，因此没有人去真正购买披萨。三天后，他又写道，“所以没有人愿意给我买披萨？我提供的比特币金额是不是太低了？”[31] 关于比特币的价值，这个问题很复杂。还没有人用比特币购买过实物，所以很难抽象地定义它的价值。而任何愿意购买现实世界中的披萨并获得比特币作为回报的人，都是在承担着他们收到的比特币将变成一文不值的风险。尽管如此，在汉耶克更多的催促下，还是有一个愿意交易的人站了出来。19 岁的英国学生杰里米·斯特迪万特（Jeremy Sturdivant）化名“杰科斯”，他主动提出给汉耶克买两个棒约翰的披萨，他在网上下单，用自己的信用卡支付货款。[32] 事毕，汉耶克在论坛上自豪地宣布，“我只想说，我成功地用一万枚比特币换到了披萨。”[33] 他还贴出了披萨的照片，让大家看到。这是比特币在现实世界的第一笔交易，这个披萨将成为有史以来最昂贵的披萨饼。按照比特币截至 2018 年 8

月的汇率计算，这两个披萨饼的价格为 7000 万美元。[34]

披萨的噱头吸引了人们的注意，但另外两件事对比特币的发展起到了更为重要的作用。首先是比特币交易所的建立，人们可以用信用卡和银行账户购买比特币。中本聪的软件虽然很出色，但并不是特别方便用户使用。如果你想得到比特币，你必须使用自己的计算机挖掘新的区块，而这对新加入者的计算机算力要求会越来越高，所需的成本也会变得越来越昂贵。你也可以尝试找到愿意给你 69
发送新比特币的人，但这需要你潜伏在留言板或聊天论坛上寻找有意向的卖家。或许更令人胆怯的是，比特币用户必须存储和记录他们的公共地址、私钥和持有量。如果丢失了这些信息，他们所拥有的比特币将变得一文不值；他们将因无法证明自己拥有比特币，而丧失了比特币的使用权。用户丢失了笔记本电脑，或者搞错存储私钥的位置，继而永远失去比特币的例子比比皆是。威尔士的一个可怜用户不小心扔掉了一台笔记本电脑，里面有 7500 个比特币钱包的私钥，在比特币最鼎盛的时候价值约 1.5 亿美元（他试图在垃圾填埋场找到自己的笔记本电脑，但没有成功）。[35] 所有这些都让对虚拟货币感兴趣的人很难进入这个市场。比特币交易所承诺消除所有这些障碍，它旨在提供一个中心场所，让感兴趣的投资者可以买入和卖出比特币，以换取如美元和欧元这样的现实货币。他们将提供一个流动性的市场，将实时显示比特币的当前价值，而且他们还会帮助用户管理账户和私钥。Mt. Gox 是世界上最大的比特币交易商，最初由麦克莱布在 2010 年 7 月建立。[36] 虽然它现在因仅运营四年就灰飞烟灭而闻名，但它让虚拟货币迎来了一个延伸增长期。比特币论坛一直以每月几十名会员的速度增长，突然间开始增加数千名会员。2011 年 2 月，当 Mt. Gox 任命马克 · 卡普勒斯为 CEO

时，该论坛新增了超过 14000 名新会员。[37]

有助于推动比特币发展的第二个重大事件是比特币在线商店的开设。正如让用户轻松获得比特币很重要，让用户轻松消费比特币也很重要。如果每次有人想使用比特币，都要在网上发布交易邀约，然后等待愿意买家的到来，就像汉耶克对他的披萨所做的那样，比特币就不会是一种很有用的货币。人们希望，在线商店将为卖家提供所需的稳定性，使他们能够以公开的价格列出他们的商品和服务，并接受比特币付款。就像交易所一样，他们承诺让比特币的使用变得更加便捷。这些网站中最早，也是最重要的一个，是一个名为“丝绸之路”的网站。[38]

2011 年 2 月上线的“丝绸之路”将自己标榜为一个匿名市场，
70 在暗网上运行，只能通过一个名为 Tor 的加密浏览器访问。该网站由一个自称为“恐怖海盗罗伯茨”的人运营，他的名字来源于电影《公主新娘》中的角色。丝绸之路很快就因其独特的商品而在比特币世界内外获得了巨大的关注：与亚马逊网站不同，亚马逊使用起来明显更方便，商品的选择范围更广，但不会为用户提供匿名服务，“丝绸之路”专门经营非法商品，主要是毒品。正如该网站的简介那样：

> “丝绸之路”是一个匿名的在线市场。目前提供的产品包括大麻、哈希（大麻的浓缩制品）、毒蘑菇、致幻剂、摇头丸、对苯二甲酸二甲酯、三甲氧苯乙胺等。该网站使用 Tor 匿名网络，对所有进出网站的网民都进行匿名化处理，因此没有人可以查到你是谁，也没有人可以查到是谁在经营丝绸之路。至于支付手段，本网站使用比特币——一种匿名数字货币。[39]

一位曾在2013年访问过“丝绸之路”的记者对他在那里发现的物品进行了分类：该网站有2件烟花爆竹、54件珠宝和8670件毒品，其中包括大麻、解离剂、摇头丸、阿片、致幻剂和其他单独的毒品子类。在该网站上，七十美元可以买到十支致幻剂。[40] 大量的违法交易在该网站上大行其道，“丝绸之路”也逐渐演变成了充斥毒品、儿童色情甚至买凶杀人的黑暗世界。

“丝绸之路”引起了主流媒体的广泛关注。2011年6月，Gawker网站发表了一篇题为《可以买到任何你能想象到的毒品的地下网站》的文章。[41] 该文章甚至指导读者如何开始使用该网站：

> 要想在丝绸之路上购买东西，你首先需要使用Mt. Gox比特币交易所等服务购买一些比特币。然后，在丝绸之路上创建一个账户，存入一些比特币，然后开始购买毒品。一个比特币的价值大约是8.67美元，不过汇率每天都会有很大的波动。现在你可以在丝绸之路上用7.63个比特币购买1/8克的大麻。这可能比你从街头毒贩那购买的价格要高，但大多数丝绸之路的用户似乎很乐意为此支付溢价。[42]

这个故事被传播开来，很快其他报纸也报道了暗网，以及让这一切成为现实的虚拟货币比特币。政客和执法部门迅速谴责这种服务以及货币。就在Gawker文章发表四天后，参议员查尔斯·舒默召开新闻发布会，他呼吁联邦当局关闭该网站。在提到该网站上使用比特币时，他说：“比特币是一种在线洗钱的形式，用来掩盖资金来源，掩盖谁在买卖毒品。”[43] 很快，FBI对该网站展开了调查，

71 并开始密切关注比特币的使用。经过两年多的时间，他们最终成功地关闭了“丝绸之路”网站，并逮捕了“恐怖海盗罗伯茨”。结果发现，他来自得克萨斯州奥斯汀，绰号 Eagle Scout（下文我们会再次提及他）。

与此同时，“丝绸之路”推动了比特币使用量的上升。据统计，超过 100 万人在该网站上拥有账户。在成立期间，该网站的销售收入约为 950 万枚比特币，按 2018 年 8 月比特币的价格计算，约为 580 亿美元，年收入约为 290 亿美元，超过了当时财富 500 强企业的平均水平。从 2011 年 2 月到 2013 年 7 月，该网站一共处理了约 120 万笔交易。[44]

中本聪很清楚，比特币可以被用来规避法律，虽然他从未直接谴责过这一点，但他确实对这种可能性表示过担忧。2010 年，在银行因维基解密传播机密文件而切断了对其的捐款后，比特币社区的一些成员认为，人们应该开始用比特币进行捐款。毕竟，比特币允许世界各地的个人以完全匿名的方式向网站捐款，任何银行或政府都无法阻止他们。一位用户在比特币论坛上写道：“快让我们鼓励维基解密使用比特币吧！我愿意承担此一行为带来的一切风险或后果。”中本聪表示坚决反对，认为比特币还在摇篮中，经不起冲突和争议：

> 不，别把它放在维基解密上！这个项目需要渐渐地成长，这样软件才能一路上保持强劲。我在此呼吁维基解密不要使用比特币！比特币还只是一个处于婴儿时期的小规模社区实验。你用它顶多就是个小额支付，你们带来的热度可能会在这个阶段毁了我们。[45]

在针对 PC World 一篇评论维基解密使用比特币来规避其金融封锁的文章里，[46] 中本聪曾写道："在任何其他情况下引起人们的关注都是好事。维基解密捅了马蜂窝，蜂群正朝我们飞来。"[47]

比特币不美好的一面让许多主流金融机构不敢进入这个新生市场。摩根大通银行首席执行官杰米·戴蒙此前发表言论抨击比特币，称比特币是一种欺诈行为，泡沫将破裂。[48] 高盛在报告中认为，加密货币是区块链技术的第一场试验，也是一个经典的投机性泡沫。[49] 华尔街对比特币的怀疑态度也给寻求进入加密货币行业的公司带来了困难。在比特币诞生的最初几年，专注于比特币的公司 72
努力说服银行允许他们在银行开设账户。但这很难做到，原因在于大多数发达国家的银行都有严格的了解客户和反洗钱规则，这就要求银行知晓用户的身份和背景，并可以跟踪他们的资金去向。这对于比特币而言，无疑是很难做到的。所以很多银行干脆拒绝与比特币公司合作。2014 年 1 月，查理·史莱姆——著名的比特币交易所 BitInstant 的首席执行官，在纽约因涉嫌为丝绸之路用户洗钱而被捕。[50]

尽管出现了一些不祥的迹象，但还是有一些勇敢的投资者开始涉足比特币这一领域。卡梅隆·文克莱沃斯和泰勒·文克莱沃斯是一对双胞胎兄弟，他们曾在哈佛大学学习。2004 年，文克莱沃斯兄弟起诉脸书创始人马克·扎克伯格，称他窃取了 ConnectU 的创意，创建了这个受欢迎的社交网站，最终获得了 6500 万美元。与此同时，该双胞胎兄弟也是比特币的早期投资者。2013 年 4 月，比特币遭遇熊市，于是文克莱沃斯兄弟经过商议后决定拿出 1100 万美元购入比特币，在短短的几个月的时间里，兄弟二人就买下了

12 万比特币，在当时持有比特币占总量的 1%。而这一决定，也让文克莱沃斯兄弟成为比特币世界中（除却中本聪外）已知持有比特币数量最多的人。他们还向美国证监会（SEC）提交了文克莱沃斯比特币信托基金（Winklevoss Bitcoin Trust）的证券上市注册登记文件，计划募集 2000 万美元资金，成立一个追踪数字资产价值的交易所交易基金（ETF）。[51] 硅谷的投资者也同样开始涉足比特币。从 2013 年开始，网景联合创始人、硅谷著名风险投资人马克·安德森就陆续在比特币上投资了数百万美元。[52]2014 年，他在《纽约时报》开设了专栏，并使用了一个大胆的标题“比特币为何重要”。他将比特币的发明与互联网及个人电脑的发明相提并论：与这些技术一样，比特币的影响将变得深远；以后，很多人会想，为什么它的强大前景从一开始就表现得不那么明显。[53] 对于安德森而言，比特币的巨大价值在于，它可以为一些繁琐的业务带来可喜程度的创新和效率，从国际汇款，到为“无银行账户”服务，再到内容分发和垃圾邮件过滤的小额支付。使用比特币的人越多，对于每个使用比特币的人来说，比特币就越有价值，下一个用户使用这项技术的动力就会越强。[54]

另一位不得不提的人是文塞斯·卡萨雷斯（Wences Casares）。卡萨雷斯 1974 年出生于阿根廷，在巴塔哥尼亚的一个牧羊场长大。他后来告诉采访者，他对年轻时重创阿根廷经济的恶性通货膨胀记忆犹新。他后来成了一位连续的科技企业家，在 30 多岁时就创办并出售了多家公司，其中包括一家在线金融服务公司，在 2000 年以 7.5 亿美元的价格出售。然而，在这期间，他从未开过阿根廷银
73 行账户——他对阿根廷岌岌可危的金融体系过于不信任。“我认为我比大多数人更了解经济学，因为我在阿根廷长大，”他说，“这

是街头智慧的经济学。而不是复杂的博士经济学。”[55]所以2011年第一次听说比特币时，他就很感兴趣。对卡萨雷斯来说，比特币是那些生活在不稳定政权下、遭受货币动荡带来的金融和个人后果的人民的避风港。他说：“一个比特币成功的世界，就是比特币成了两样东西，即它既是一个全球性的非政治性价值标准，也是一个全球性的非政治性结算标准。”[56]在大概了解了比特币以后，文塞斯·卡萨雷斯对比特币的安全性有点半信半疑，便花了10万美元，请了两个黑客让他们全力破解比特币的代码，试试看能不能伪造出比特币或者把别人钱包里的钱拿出来用。黑客研究了很长一段时间，最后两手一摊，表示比特币的代码坚不可摧，不可能攻破。直到这时，文塞斯·卡萨雷斯才相信他朋友的那句话，比特币可以更快、更安全地往阿根廷汇钱。他在此之后也开始大力推动比特币的科普和推广。[57]

无论是媒体圈还是投资圈都对比特币关注颇多，这也让比特币的价值随之水涨船高。2010年5月，当拉斯洛·汉耶克用1万个比特币买了两个披萨时，一个比特币的价值略低于半便士。[58]2011年2月，当“丝绸之路”开张营业时，它的单价约为1美元。2012年4月，它的单价已经变为100美元。而到了2013年11月，已超过1000美元。[59]当然，比特币价格并非没有下跌过。在这期间，比特币的价值经历过大幅波动——一天之内下跌10%、20%乃至更多的情形并不罕见——但大方向是明确的，即单个比特币的价值在升高。[60]

比特币价值的增加又给区块链生态系统带来了另一个重要的变化，这一变化在很多方面都将对比特币这一行业重新定义。这是比特币挖矿领域军备竞赛的开始，记住，创造比特币的唯一方法是挖掘新的区块——这一过程需要计算机进行复杂的哈希方程计算。在一开始，这个过程相对简单；一个普通人使用一台功能合理的个人电脑就可以完成，比如哈尔·芬尼在 2009 年使用一台 IBM ThinkCentre 基础版就挖出了一些区块。[61] 但随着越来越多的人开始挖矿，进行哈希运算的难度增加了。中本聪已经认识到，比特币的发行速度必须加快，这既是为了避免通货膨胀，也是为了确保个人仍然有动力去挖矿。为了保持比特币发行速度的一致性，中本聪
74 在比特币软件中加入了定期修改哈希方程难度的指令。因此，随着新的算力上线，新区块的开采速度也在加快，他们必须求解的方程难度也成比例地增加，比特币的发行速度也周期性重置为理想的速度了。

这也给矿工们制造了一些麻烦。随着比特币价格的上涨，开采新区块的奖励价值也随之增加。这也激励矿工购买运算能力更强的电脑，以获得更多的区块奖励。但每当他们把新的计算能力带到线上时，赢得新区块的难度就会上升，从而使每个矿工都回到了竞争的原点。想要赢得奖励的唯一办法是，计算能力比其他矿工更有比较优势，如果一个矿工能够更快地进行哈希方程的运算，而其他矿工保持不变，那么该矿工就能获得开采新区块的奖励，同时也不会因哈希方程难度的重置而影响自己的开采优势。但是，每个矿工都是这么想的，因此，矿工在搭建、购买或发明更高性能处理器上的竞争不断加剧。

军备竞赛的第一步是从个人电脑转向 GPU。曾用比特币买过披萨的程序员拉斯洛·汉耶克推断，GPU 可以比 CPU 单次完成更多的计算，可以更快更好地计算区块哈希，因此非常适合用来挖矿。2010 年，汉耶克首次将 GPU 挖矿引入比特币中，其性能比

CPU 的哈希计算速度增加了十倍，这也让他的挖矿能力得到了巨大的提升。仅在 5 月 17 日一天，他就挖出了 28 个区块，为他赢得了 1400 个新发行的比特币。[62] 但不久之后，其他人就听说了汉耶克在 GPU 上的突破。[63] 很快，其他许多人开始装配自己的 GPU 来开采新的区块。这无疑让汉耶克的优势不复存在，同时由于比特币内置的重新校准机制，也大大增加了比特币挖掘的难度。这反过来又促使矿工们寻找更新、甚至更快的挖矿设备。中本聪从推出比特币时就开始担心军备竞赛。2009 年 12 月，他写道：

> 为了网络的利益，我们应该达成一个君子协议，尽可能地推迟 GPU 挖矿竞赛开始的时间。如果不需要担心 GPU 驱动程序和兼容性，那么让新用户跟上速度就容易多了。现在任何一个有 CPU 的人都可以公平竞争，很好。[64] 75

尽管中本聪对此作出了警告，但有关算力的军备竞赛仍在继续，甚至还加速了。比特币采矿的又一个重大创新是矿工们开始制造只开采比特币的全新机器。2013 年，一家位于中国的计算机硬件制造商迦南创意（Canaan Creative）发布了第一套用于比特币挖掘的专用集成电路（ASIC）。这些设备与 CPU、GPU 和 FPGA 不同，它们一开始就设计用于挖掘比特币。这意味着这些 ASIC 设备的所有硬件和软件组件均经过预先设计和优化，以严格计算创建新比特币块所需的那些计算。[65] 例如，2018 年，一台尖端 ASIC 每秒可以执行 13 万亿次哈希运算。[66] 这些 ASIC 的计算速度和能力也让比特币网络的整体计算能力急剧增强。2013 年 1 月 1 日，比特币网络的总哈希功率为每秒 23 万亿次，这意味着所有矿工加起来每秒执行23万亿次哈希运算。仅仅六个月后，比特币的发行速度就增长了10倍，即比特币网络每秒可执行250万亿次运算。截至2020年年底，比特币的哈希功率已飙升至11389万亿次/秒。[67]不得不说，ASIC彻底改变了比特币网络的计算速度和能力。

挖矿能力的军备竞赛让挖矿变成了一门大生意。仅凭爱好下载比特币软件，就可以在家里的电脑上挖矿的日子已经一去不复返了。新ASIC芯片的成本正在不断上升，即使是最快的ASIC也不足以保证矿工能赢取比特币。公司开始建立挖矿“农场”——巨大的工厂里装满了ASIC，所有的ASIC都会被连在一起，并由巨大的风扇冷却。这也意味着农场的能源消耗也极其巨大。[68]因而很多公司开始将其采矿场设在电力成本较低的地方，以获得竞争优势，故越来越多的大型采矿业务被转移到蒙古、冰岛（有地热发电厂）和西伯利亚（天气寒冷，能源过剩）等地。

没过多久，一些挖矿巨头就获得了该领域的主导地位。凭借设计和制造最新最快的矿机的能力，以及雇用工程师不断维持其技术优势，比特大陆和巴比特等公司占据了比特币挖矿行业的大部分市场。在2018年，比特大陆一度控制了比特币网络上约42%的哈希算力，因此从中赚取了丰厚的利润。[69]根据对75%的毛利率和65%的经营利润率的保守估计，分析师计算，比特大陆在2017年的营业利润为30亿美元（约合190亿元）至40亿美元（约合253亿元）。[70]这将让它的利润仅比高盛（2017年盈利43亿美元）[71]
76 略低，而比亚马逊（2017年盈利30亿美元）要高不少。[72]

当专业挖矿公司出现的时候，普通人在电脑上挖比特币的日子已经结束了（如果他们是为了赚钱的话）。他们根本无法与这些公司所拥有的巨大算力竞争。相反，许多人开始抱团取暖，即将许多不同电脑的计算能力聚集在一起，以确保用户仍可赢得新比特币的竞争，然后他们会分享由此产生的比特币奖励。当然，这些池子由集中管理者管理，他们负责在到期时发放奖励。这也标志着，比特币的生态系统开始集中化了。[73]

* * *

同时，比特币的成功，或者说比特币投资者的成功，导致了人们的争相模仿，越来越多的人也想加入到加密货币的游戏中来。很多程序员看到比特币价格飙升，相信自己可以做得更好，于是利用从比特币结构中获得的见解，创造了自己的虚拟货币。针对比特币存在的问题，很多虚拟货币进行了优化和解决。例如，加密货币门罗币（Monero，以世界语中的“硬币”一词命名）旨在提供一种完全匿名的加密货币，而鉴于其公共地址系统有可能被追溯到个人，比特币也未能做到这一点。另一种加密货币达世币（Dash）旨在改善比特币备受诟病的缓慢交易速度。比特币区块以每十分钟一个的速度增加，对系统每秒能处理的最大交易数量进行了硬性限制，而达世币区块则以每两分半钟一个的速度增加，从而提高了网络的整体速度。[74]莱特币（Litecoin）则旨在消除比特币采矿算力为大型矿工所垄断的现象，它通过采用一种新的哈希算法来实现这一目标，这种算法被认为可以让普通计算机更容易挖取新区块，从而吸引到更多的普通用户。这种对 ASIC 说“不”的加密货币也吸引了很多具有民主平等思想的投资者，他们试图维持一种真正的去中心化虚拟货币。此外，稳定币（Tether）成立之际，有一个明确简单的目标：用一个拥有 100% 储备的银行账号做背书，让流通中的每一枚稳定币都等于 1 美元，并且会时常审核这个账号。

比特币最早的模仿者之一是狗币（Dogecoin）。这款拿日本柴犬当作主题的虚拟币，诞生于2013年12月8日，基于Scrypt算法，是国际上用户数仅次于比特币的第二大虚拟货币。狗币系统上线后，由于美国版贴吧Reddit的助力（这网站上面的Doge内容泛滥得可怕），流量呈现爆发式发展，不过两周的时间，狗币已经成为各大博客和论坛热议的话题。由此，这种虚拟货币在新兴的加密货币世界中也获得了大量的追随者，其市值甚至一度超过20亿美元。
77 就连该虚拟币的创造者杰克逊·帕尔默（Jackson Palmer），也对它的成功感到非常震惊，他在Motherboard网站上写了一篇文章，题为《我用来搞笑的加密货币，市值都有20亿美元了，但有些事情是非常错误的》。在文章中，他解释说，他曾希望借助像狗币这样的项目，去帮助推动区块链技术的进一步创新和应用。但是，他非常遗憾地了解到，“一群充满激情的人们挥舞着金钱，就像水里的血一样，引来了那些像鲨鱼一样的骗子和投机主义者”。[75]

随着时间的推移、各种竞争性虚拟货币的推出和成功，越来越多的程序员被鼓励以自己的产品进入市场。虚拟货币数量的增长表明了投资者对该领域的看好程度。2013年4月，当CoinMarketCap网站首次推出时，该网站追踪了7种虚拟货币。[76]而到2014年1月时，该网站已经追踪了67种虚拟货币。[77]到2015年1月，虚拟货币的数量已经超过了世界各国货币的总数：该网站追踪了491种货币。[78]随后，增长速度稍有放缓（2016年1月，它追踪的货币数量为551种[79]；2017年1月，为617种[80]），然后在2018年大幅飙升（到2018年1月，CoinMarketCap追踪的虚拟货币数量为1355种[81]）。

虚拟货币世界的快速发展，催生了一个新名词——“首次代币公开发行”（ICO）。首次代币公开发行是指虚拟货币首次向公众出售。这个名字很容易让人联想到IPO，即公司首次公开募股，但实际上它与IPO有很大不同。许多向公众提供虚拟货币的公司采取的立场是，这些货币不是真正的“证券”，因此不需要遵守首次公开募股中关于股票销售的广泛披露和责任义务。相反，首次公开发行货币时，通常会附带一份简短的白皮书，概述货币的特点，然后是密集的社交媒体活动，以提高投资者的兴趣。一般而言，该币的创始人会向早期买家提供“折扣价”，以此来鼓动投资者进行投资。召集名人来推广虚拟货币的情况也并不少见，例如，当承诺提供“区块链第一营销云”的虚拟代币LydianCoin于2017年推出时，富有的酒店继承人和社交名媛帕丽斯·希尔顿（Paris Hilton）在推特上宣布，她期待着“参与新的@LydianCoinLtd项目！”演员史蒂文·西格尔（Steven Seagal）被称为Bitcoiin2Gen的加密货币品牌大使。著名拳王弗洛伊德·梅威瑟（Floyd Mayweather）则为包括Centra在内的几个ICO站台，但尴尬的是，他和一位歌手因在Centra的ICO中担任代言人而被美国证券交易委员会（SEC）指控欺诈。[82] 78

2017年和2018年，ICO呈爆发式增长。2017年，虚拟货币公司通过ICO共筹集到55亿美元。而到了2018年5月，ICO总筹金额已经是这一数额的两倍多，达到了118亿美元。[83]迄今为止，有史以来最大的ICO发生在2018年，当时Block.one公司为其EOS代币筹集了40亿美元，这是一个基于区块链的平台，承诺实现几乎任何类型的去中心化计划。[84]

但是，由于急于利用投资者对这些新的、更具异国情调的虚拟货币的胃口，导致了很多拙劣的、在某些情况下的欺诈行为出现。

许多ICO白皮书厚颜无耻地抄袭了其他ICO白皮书的文字和措辞：《华尔街日报》的一项研究发现，在1450份代币白皮书中，有111份存在抄袭。[85]还有一些ICO项目在他们的文件中明显地违背了法律，比如有文件声称放弃了虚拟货币的任何价值。例如，EOS代币规定，它“不具有任何明示或暗示的权利、用途、目的、属性、功能或特征”。[86]

正如人们所预料的那样，这些新的虚拟货币中有很多都失败了，让投资者损失了真金白银。一个名为deadcoins.com的网站应运而生，追踪失效货币的数量，到2018年9月，该网站已经列出了911个这样的币种。事实上，这个数字似乎还低估了新虚拟货币的失败率。Bitcoin.com进行的一项研究发现，2017年推出的902种基于众筹的虚拟货币中，到2018年2月有46%的虚拟货币失败了。[87]不管涉及的确切数字是多少，很明显，对于对区块链感兴趣的公司来说，ICO代表了一个巨大的新市场，而对于考虑这些项目的投资者来说，ICO则是一个有巨大风险的项目。

最后一种虚拟货币也应该被提及，既是因为它的独特性质，也是因为它受到了大量的关注。这种虚拟货币就是天秤币（Libra）。当脸书宣布将在2019年推出一种数字货币（它希望这种货币将成为新的全球金融体系的支柱）时，立即引发了外界一连串的严厉批评。对于一些人而言，世界上最大的社交媒体公司为了自己的目的合作区块链（一种为隐私和分散化而构建的技术）的想法是对加密社区所代表的一切的背叛。对于其他人来说，脸书的影响力可能意味着Libra与许多其他虚拟货币不同，最终将对国家货币的霸主地位构成真正的威胁，而这正是全世界的央行和政府都担心的事情。在其宣布后的几周内，美国国会就此事举行了听证会；负责加密货

币 Libra 项目的脸书高管马库斯就 Libra 事宜，接受了美国众议院
金融服务委员会长达 4 个小时的质询。委员会成员裁定，Libra 是 79
“毒贩和逃税者的天赐良机”，将“产生巨大的经济力量，可能会破坏政府的稳定”。一群立法者提出立法草案，禁止大型科技公司发行数字货币（该措施被称为“不让科技巨头进入金融领域”）。需要指出的是，这一切都发生在关于加密货币的真正细节被披露之前。脸书发布了一份白皮书，并宣布将与其他机构合作开展这项计划（包括万事达卡、贝宝和优步），但关于加密货币将如何运作的细节却很少。事实上，脸书的合作伙伴也表示，他们不知道 Libra 将如何工作，也不知道他们自己在运行中的角色是什么。在撰写本书时，Libra 的未来还不确定，而且变化很快。但它的创立本身就给区块链世界带来了冲击，并显示出这个世界的发展是多么迅速。

*　　*　　*

2018 年，IBM 刊登了一则广告，宣传其最新的服务。

“这是一个西红柿，你可以从农场跟踪到罐子，再从罐子到餐桌，最后到食用的过程。”广告开始时，出现了一系列风格化（和时尚）的个人，代表一个农民、一个厨师、一个杂货店的货员，以及一个父亲为他的儿子提供意大利面条，同时递上了一个西红柿。

“这是一颗钻石，你可以从矿井跟踪到手指，相信它从来没有落入错误的人手中。”广告继续说道，现在展示的是一个矿工将一颗未加工的钻石递给一个切割者，切割者将其放入一个盒子中，从那里被一个狂热的求婚者带走，他用它向他的爱人求婚（他成功了）。

“这是一批货物被转移了两百次，从一个港口到另一个港口的

追踪路径。”广告最后说，随着地球仪的图像在背景中转动，各种人物相互传递一个包裹。

“这就是 IBM 区块链，为更智能的商业而生。”

世界上最大科技公司之一的 IBM 推出了一个完全专注于区块链的广告活动，这一决定无论出于何种原因都令人震惊。首先，也是最明显的原因，它表明该公司相信区块链技术是有市场的。如果 IBM 不相信人们会为 IBM 的区块链服务付费，大概他们就不会做广告了。但更重要的是，IBM 的广告显示，区块链的落地是完全可行的。广告的标题是，IBM 现在有一款区块链产品。而 IBM 相信，这款产品可以为食品服务、采矿和航运等不同行业带来好处。因此，IBM 的一群营销人员认为，“这就是 IBM 区块链”是一个朗朗
80 上口的口号，可以吸引消费者的兴趣。

IBM 的区块链商业落地也意味着，区块链自身的生态系统正进行着更广泛的变革。一旦比特币和区块链成为家喻户晓的名字，知名企业及机构就会认识到它们的创新功能，人们就开始在虚拟货币的世界之外寻找新的使用方式。毕竟，比特币只是使用区块链的一种方式。然而，区块链技术本身，却有着几乎无限的潜能。从本质上讲，它是一种以去中心化存储信息的方式，也就是说，用户不需要通过受信任的管理员来访问信息。虚拟货币是可以存储在区块链上的一种信息形式，但其他种类的信息也可以存储在区块链上。

本章开头提到的区块链平台以太坊（Ethereum）是最早将区块链用于虚拟货币以外目的的尝试。正如我们已经看到的那样，以太坊是由一位 19 岁的俄罗斯裔加拿大人维塔利克 · 布特林创立的，布特林也有着“预言家”[88]“年轻的加密圈巨人”[89]和“螳螂”[90]等称号，他也是区块链世界的深度洞见者之一。布特林很早就是比

特币的粉丝（他在18岁时就创办了《比特币杂志》，并且担任首席撰稿人），但他很快就得出结论，比特币真正的创新并不在货币本身，而是在它的底层技术。[91] 对布特林来说，比特币的软件显得笨拙而僵硬，它的设计只有一个目的——创造一种虚拟的货币形式——它并不适合做其他的事情。但是布特林认识到，区块链的应用能扩散至每个领域，它可以被用来书写可执行的合同或金融交易工具，甚至还可以创建虚拟公司。

不过，为了做到这一切，布特林需要放弃比特币本身。于是，就像中本聪第一次推出比特币时一样，布特林也写了一份白皮书。这篇发布于2013年11月的白皮书描述了一种无比特币的区块链，他称之为以太坊（Ethereum）。在白皮书中，布特林写道，以太坊将是一个“下一代智能合约和去中心化应用平台”。[92]

> 中本聪在2009年开发的比特币经常被认为过于激进，这一创造是数字资产的第一个例子，它没有支持或内在价值，也没有中心化的发行者或控制者。然而，人们的注意力正迅速开始转移到比特币的另一个方面，即作为分布式共识工具的底层
> 区块链技术。以太坊打算提供的是一个内置完全成熟的图灵完 81
> 备编程语言的区块链，它可以用来创建“合约”，用于对任意状态转换函数进行编码，允许用户创建上述任何一个系统（包括智能合约、数字资产、金融工具、智能财产和虚拟公司），以及许多我们尚未想象到的系统，只需用几行代码写好逻辑即可。[93]

布特林的想法，本质上是为合约创建一个区块链。这些合约将

存在于以太坊区块链上，这是一个公开可用的、分布式的、加密安全的数据库。这些合约可以规定任何种类的规则，就像现实世界的合约一样。但是，与传统合约不同的是，以太坊的合约都是自动执行的。所有的规则都将包含在合约本身的代码中。例如，一个智能合约可以规定，如果霍布斯将《利维坦》上传到区块链上，洛克将向霍布斯发送10美元。合约代码会检查霍布斯是否上传了《利维坦》，一旦确认了这一点，就会把钱（很可能是以以太坊的原生虚拟货币以太币的形式）发送到霍布斯控制的账户。所有这些交易都将被记录并维护在以太坊区块链上。从以太（ether）这个命名上就可以窥见布特林对于用区块链改变世界的远大期望。布特林说，这个词不仅念起来响亮好听，而且其意义为充满宇宙、让光线行进却不可见的物质。[94]

2014年7月24日起，以太坊进行了为期42天的以太币预售，以用于生态系统的创建和维护。有趣的是，想要购买以太币的投资者必须使用比特币——这是两个竞争区块链之间联系的标志，此种联系现今仍在继续。以太坊预售共募集了约2.9万多个比特币，在当时价值约为1450万美元，这对于一个新企业而言，无疑是一个可观的数目。[95]

以太坊的可塑性让其在比特币遭遇冷眼的领域——大公司和金融机构的世界——获得了成功。而比特币只能作为一种货币使用，以太坊还可以用来改善企业的内部运作。以太坊还可以降低成本，加快交易速度。因此，它可以使商业运作更加顺畅平稳地运行。或者至少，以太坊承诺会这样做，虽然它最终能否实现这一承诺还尚无定论，但它的创新性足以引起商业和金融领域主要参与者的注意。

虽然银行对于比特币一直以来都是持嗤之以鼻的态度，但是却很快接纳了以太坊。金融交易通常涉及大量的文书工作，众多的中间商和长臂管辖的各方会面临一个繁琐而昂贵的管理问题。因此， 82
对于这些大型银行来说，一种能够将所有这些信息自动编码到一个可验证的数据库中，并以一种既安全又不可破解的方式自动在各方之间进行实时结算的智能合约的想法是很有吸引力的。2015 年，包括摩根大通、瑞士信贷和巴克莱在内的 9 家大型银行组成的财团联手创建在金融服务中使用区块链的共享标准。[96] 摩根大通后来设计了自己的区块链程序，称为 Quorum，以加快其衍生品和支付业务的发展速度。[97] 另一个行业联盟“企业以太坊联盟”吸引了 500 多家公司加入。[98] 虽然这些努力迟迟未能发展成为真正的业务，并获得可持续的收入，但它们表明金融部门对于区块链技术的接纳。

首先，在金融领域，两个切实的区块链成就为未来的事情提供了一个预演。2017 年，法国保险巨头安盛保险（AXA）开始使用一款名为“Fizzy”的新区块链保险产品。Fizzy 是一个基于区块链的智能合约，为飞机乘客投保，防止航班延误。该智能合约写进了公有以太坊区块链，如果乘客的飞机延误超过两个小时，就会自动向乘客发送赔偿。截至 2018 年 8 月，Fizzy 已经记录了 1.1 万笔交易。[99]Fizzy 有一些限制：它最初只适用于巴黎戴高乐机场和美国之间的直飞航班；智能合约是以代码的形式存在的，因此普通消费者很难解释和理解；实际支付的款项通常也会受到银行延迟方面的影响。[100] 但它的创始人劳伦特·班尼楚（Laurent Benichou）认为 Fizzy 将很快流行起来。“通过 Fizzy，这种独立的智能合约，而不是保险商来触发消费者赔偿。我认为这是一种新的保险架构，将会成为未来产品的主流。Fizzy 最初的应用已经真的很积极，旅客很喜欢这款产品的简单性以及这种自动化赔偿。”[101]但 Fizzy 似乎已经成为过去。一位分析师审查了 Fizzy 在区块链上的公开信息后发现，2018 年 8 月至 2019 年 1 月期间，该公司每月处理的保险合同不到三十份。[102]

其次，2018 年 8 月，世界银行发行了世界上第一只全球区块链债券。这次发行为世界银行的发展工作筹集了 8000 万美元，整个过程都是在区块链上处理的。使用区块链进行债务发行的吸引力在于，它可以极大地简化寻找买家、登记购买和结算交易的过程。通常来说，这一过程需要数周时间，但如果使用基于区块链的债券，发行可以是即时的，买家的权益在基于以太坊区块链网络上登
83 记。这些债券由世界银行与澳大利亚联邦银行合作发行。[103]该债券被称为区块链操作的新债务工具（Blockchain Operated New Debt Instrument），或者说是悉尼邦迪海滩（Bondi Beach）的召回债券。

区块链还进入了其他领域，特别是在有昂贵的记录保存要求和多个交易方的领域。例如，航运业迅速拥抱区块链，将其作为一种潜在的成本削减解决方案。事实上，很容易理解为什么区块链会对航运业有这么大的吸引力。该行业本身已经有大量的去中心化，通常涉及将一组货物从一个国家的原产地运到另一个国家的目的地，还有令人瞠目结舌的各方，从港口当局到海洋承运人到货运代理到海关官员。每一方都需要一套不同的文件和批准，其中许多文件和批准可能与另一方所需的文件和批准有关，但略有不同，而且其中许多文件和批准必须由本人亲自签署。同样重要的是，这些当事人中的每一方都可能不完全信任另一方，原因可能是以前缺乏互动、利益分歧或其他一些不确定因素。根据一项估计，从肯尼亚到荷兰的牛油果的简单运输，会涉及 30 家不同的公司和 200 多份文件

交换。但是，如果所有相关信息，如原产地证书、货物来源地、发票、货物检验、费用支付、货物装船运输和在最终目的地交付货物等，都能记录在一个可信且不可伪造的单一数据库中，那么就可以消除许多重叠文件和重复工作的成本。[104]

2018 年，全球最大的航运公司马士基（Maersk）与 IBM 成立
了一家合资企业，创建一个基于区块链的航运平台，将整个航运过
程置于一个去中心化的网络上。这项努力的最终成果 TradeLens 称
自己为“转型平台”。该平台承诺实现“跨供应链的真正信息共享
和协作，从而增加行业创新，减少贸易摩擦，并最终促进更多的全
球贸易”。[105] 在 TradeLens 平台上，所有文件都将存储在一个分布
式的分类账本中，但是这样的方式只能让需要查看这些文件的人
看到。TradeLens 区块链的一个重要组成部分是它是“需要经过允
许的”，这意味着它不能被任何决定加入网络的计算机看到，而只
能被那些有权加入网络的个人看到。同样，只有授权的个人才有能
力对许可的区块链进行更改。在许多相关信息都是敏感的业务环境
中，这一点很重要。例如，苹果公司可能不想向全世界表明它正在
向美国发货的 iPhone 数量，或者这些发货的内容是什么。这可能 84
会让苹果公司的竞争对手洞察其商业行为，并可能首先劝阻苹果使
用基于区块链的发货供应商。为了进一步向竞争对手保证自己不会
为了利益而操纵平台，马士基决定将公司拆分，进行独立运营。然
而，迄今为止，这些努力还不足以说服竞争对手加入 TradeLens。
截至 2019 年 3 月，一些小型航运公司已同意使用 TradeLens 平台，
但马士基的主要竞争对手均未签约。TradeLens 的负责人说：“我在
这里不会含糊其辞，我们确实需要让其他运营商使用 TradeLens。
如果没有这个网络，我们就无法运行。”[106]

创建“许可区块链”对于说服企业采用区块链技术至关重要，但这也要求技术本身发生重大变化。比特币和许多其他虚拟货币一样，前提是创建一个对所有人开放的系统。而许可区块链的前提则与之相反，首先假设区块链包含不应与更广泛的世界共享的有价值信息。然后将区块链的许多技术创新（如其密码学、链接哈希函数和分组信息系统）纳入一个更中心化的系统中，以便更好地响应企业界的需求。

*　　　*　　　*

但在区块链领域，最激进的实验尝试并非发生在企业，而是发生在政府。这些努力的根源是一个区块链选举的想法。近年来，人们越来越担心选举会让我们失望，造成这种情绪的原因是多种多样的（从党派选区划分到金钱政治，再到社交媒体平台的偏见效应，其中一些可能为试图影响选举结果的外国势力所操纵的），但它们都可以追溯到选举理论中的两个普遍问题：准确性和全面性。这两个概念简单易懂，但在实践中却困难重重。第一，选举必须准确，即选票应该被正确地计算出来——我们不希望出现公民选票丢失或被不正确计算的制度。第二，选举必须全面，即最终的选举结果要反映整个社会的偏好，我们不希望出现只有富人或权贵等群体有投票权的制度。然而，这些看似基本的选举理论概念，在目前的选举
85 过程中却遇到了重大问题。

从准确性的角度来看，选举官员长期以来一直在努力确保计票过程顺利进行，但人们只记住了 2000 年总统竞选中乔治·布什和戈尔的选票争议。在那场激烈的选举中，布什最初赢得了 271 张选举人票，其中包括了佛罗里达州的 25 张选举人票，而他的民主党

对手戈尔则赢得了 266 张选举人票。但在佛罗里达州，小布什取得的票数优势却不可思议，可以说是低得微乎其微。选举当晚，在总共近 600 万张选票中，布什被发现领先 1734 张选票（不到 0.03% 的选票）。因此，哪怕是一个小小的计票错误，都可能让佛罗里达州的选举人票从布什手中转到戈尔手中，并让戈尔成为总统。在随后的法律斗争中，为了检查选票的准确性，既使用了计票机器，也使用了人工的计票方式，对选票进行了重新计算。大多数的重新计票结果都不一样，这也让整个选举过程中的计票缺陷进一步放大。还有一个问题是，选票因县而异。例如，棕榈滩县使用了一种被称为“蝴蝶选票”的机制，即该选票分左右两列，各党候选人按数字顺序，以“左右左右”的方式分列两侧。按规定，选民要在被选人的名字旁打孔。但两列候选人呈交错分布，这样的设计很容易让人分不清自己究竟把票投给了谁。民主党人对此大为不满，认为蝴蝶选票对他们不利，更糟糕的是，“布什”的名字放在了左侧，可它的右侧却不是“戈尔”，而是美国小党派改革党候选人“布坎南”。结果就是，很多想选戈尔的选民误把选票投给了布坎南。[107] 此外，很多选民先是在“布坎南”名字旁打孔，发现错误后又在“戈尔”名字旁打一个更大的孔。这种选票就会因为“打两个孔”被视为废票。这一问题在美国全国范围内也引发了很大的关注。2000 年 12 月 12 日是各州确定选举人的最后期限，联邦最高法院以 5∶4 的结果作出裁决，保守派以 1 票之差压倒自由派，认为佛罗里达州重新计票将违反平等保护条款，小布什因此胜出。[108] 后来，一家报业集团审查了被否决的选票，得出结论，如果法院下令对所有被否决的选票进行全州范围的重新计票，戈尔将赢得大选。[109]

“小布什诉戈尔案”让美国开始致力于提高选举过程的准确

性，其中包括各州开始广泛使用电子投票器，但这些措施也饱受争议。[110] 比如，在 2016 年美国总统大选“投票日”前，网络黑客曾对美国各地 100 多名地方选举官员和 1 家投票软件公司发动网络袭击。一些专家因此站出来表示，他们认为投票器容易受到恶意行为者的攻击。正如非营利组织 OSET 研究所所长格雷戈里・米勒（Gregory Miller）所言：

> 人们普遍认为，不连接互联网是一种安全措施。但是，这
> 86 些计票器并非选举计票专用。其中很多机器还可用来颁发捕鱼证和建筑许可证。如果有人用 USB 拇指驱动器入侵计票器，只需要半秒钟。[111]

在 2017 年 7 月举行的一场名为 Defcon 的黑客大会上，哥本哈根信息技术大学的一名副教授仅用了一个半小时就攻破了 Advanced Voting Solutions 公司的一台电子投票器。另一个黑客组织则发现，他们只要插上鼠标和键盘，点击“control-alt-delete”按键，就能入侵投票器。[112] 事实上，黑客们成功入侵了会议上的每一台投票器。因此，不足为奇的是，布伦南司法中心等著名智库纷纷发布报告，对投票系统的脆弱性发出警告。[113]

人们还对选举进程的全面性感到关切。即使选举制度找到了正确计票的方法，但同样重要的是，选举结果必须要反映社会的真实偏好，这就要求公民在选举日要到投票站真正地进行投票。如果某些群体被有意或无意地排除在选举之外，那么选举将无法反映大多数人的意愿。近年来的低投票率让人担心，这引起了人们的担忧。在 2016 年的总统选举中，只有 61% 的美国成年公民到场投票。[114]

这意味着大约五分之二的公民没有在国家最具影响力的选举中表达自己的偏好。在不涉及总统选举的中期选举中，真实投票率更差。例如，在 2018 年的中期选举中，只有 49% 的人投了票。[115] 如果我们不认为真正到场投票的人就代表了整个国家的意愿，那么这些数字可能不会那么令人不安。但我们知道事实并非如此。白人公民比非白人公民投票的可能性要大得多，[116] 女性公民比男性公民投票的可能性要大得多，[117] 而年长的公民比年轻的公民投票的可能性要大得多。[118] 这些数据也表明，社会中某些群体的偏好比其他群体更有分量。

准确度和全面性等问题正是区块链要解决的问题。由于区块链本质上是一个共享的信息记录，以一种不易篡改的方式存储，因而它的特点使其成为一种有吸引力的选举工具。区块链技术让任何有机会使用计算机的人都可以参加选举，从而减少投票障碍，有可能提高选举的全面性。它还可能使选举更加安全，因为从理论上讲，87
选民可以回去检查他们的投票是否在区块链上正确登记，在选举中又是否被计算在内，所有这一切还不需要向世界其他地方公开他们的身份。在目前的选举制度下，选民无法做到这一点。

区块链在改善选举方面极具理论潜力，在现实世界的实践中亦是如此。虽然很多现实中的实践不是那么尽如人意，例如，2018 年 3 月，有报道称，塞拉利昂在最近的总统选举中应用了区块链技术。故事开始于区块链初创公司 Agora 发布的一份新闻稿，标题为“总部位于瑞士的 Agora 为塞拉利昂的全球首次区块链选举提供技术支持”。[119] Agora 的首席运营官贾伦 · 卢卡西维奇（Jaron Lukasiewicz）表示：“人们很难想象来自非洲的塞拉利昂会是第一个使用区块链技术进行选举的国家，能够帮助他们利用区块链技术进行投票让我们感到非常兴奋，这也会对未来产生重大影响。”值得一提的是，这似乎是一个很有意思的故事。塞拉利昂是世界上最贫穷的国家之一，曾经历了 11 年内战，2014 年至 2016 年遭遇埃博拉疫情，近年来恐怖主义势力日趋活跃，但现在该国却是首个在总统选举中利用了区块链技术的国家。这无疑是媒体津津乐道的故事。但是，这个故事却不是真的。塞拉利昂政府否认了这一消息：其选举委员会发布了一份声明，称“在误导性的媒体宣传之后，没有任何区块链被正式用于选举中”。[120] 为了回应“故意误导公众，让公众误解他们在选举中体现的重要作用”的指控，Agora 在 3 月 19 日发布了一份官方声明。该声明解释称，他们作为国际观察员，是选举中的合法角色，且再次强调了他们之前的声明——他们从未在试验区块选举测试中计算正式的选举结果。作为一名观察员，Agora 只是在自己的专有区块链上记录了政府官员宣布的投票结果。然而，投票结束后，塞拉利昂政府宣布，正式拒绝利用区块链技术统计的国家选举委员会（the National Electoral Commission，NEC）的选举结果。Agora 后来对这一过程的描述也表明，其在选举中的用处是多么的有限。根据 Agora 的说法：

> 投票记录如下：选民将纸质选票折叠后放入箱内。选票箱装满后，塞拉利昂全国选举委员会（NEC）投票站工作人员当着观察员的面，将选票箱拆封并倒在地上。选票箱被清空后，重新装上同样的选票，共进行了五次，以进行各种形式的选举计数。全国选举委员会投票站工作人员向国际观察员展示每张选票，并大声宣布每张书面选票。Agora 对结果进行统计，并使用数字设备手动记录到自身的区块链上。我们对选票的记录

> 与塞拉利昂全国选举委员会投票站工作人员的记录不同：当选票被视为无效而被丢弃时，Agora 仍然记录了这些选票。投票箱随后被送到全国选举委员会的计票中心，由全国选举委员会进行区域计票，而这也不属于 Agora 参与选举的范围。[121] 88

因此，塞拉利昂的“区块链选举”只不过是一种营销策略罢了。

在 2018 年，西弗吉尼亚州的努力更为雄心勃勃。在当年的初选中，该州测试了一款新的手机应用程序，允许选民在公共区块链上登记投票。测试仅限于两个县，并且只对州外的选民开放，主要受众目标为驻扎在海外的军人。合格的选民将他们的身份证照片以及他们的面部视频上传到应用程序中，以证明他们是自己声称的那个人。一旦他们这样做了，他们就可以投票，这些投票是匿名的，然后记录在一个区块链上。因为并未在投票结果的审计中发现问题，故西弗吉尼亚州官员很快宣布，他们将在即将举行的大选中使用这个平台。同样，大选区块链投票将仅限于海外选民，各县将可选择退出该系统，但这项工作比之前的任何一次都要先进得多。结果却并不如人意，只有 144 名西弗吉尼亚人投票使用这项技术。后来，在被问及西弗吉尼亚州是否会在选举中扩大区块链的使用时，西弗吉尼亚州务卿办公室主任回应说，该州务卿“从未也永远不会鼓吹这是主流的投票解决方案”。[122]

这些努力并未受到选举专家的一致欢迎。例如，智库“民主与技术中心”的首席技术专家约瑟夫·霍尔（Joseph Hall）谴责了西弗吉尼亚州的努力，认为“利用移动手机应用程序投票是一个可怕的想法”。在霍尔看来，移动投票为已经存在缺陷的程序增加了额外的安全隐患。这是在可怕的安全设备上进行的互联网投票，通过我们可怕的网络，到服务器上投票，如果没有投票的物理纸质记录，就很难保证安全。非营利倡导组织“验证投票”（Verified Voting）的主席玛丽安·施耐德（Marian Schneider）也表达了类似的担忧。当美国有线电视新闻网（CNN）问她是否认为移动投票是个好主意时，她回答说：“当然不是。”[123]

区块链固然有改善选举的潜力，但人们的忧虑依旧存在。虽然区块链可以解决现代选举制度中的一些问题，但它也创造了新的问题。区块链解决方案在选举过程中的实施充满了局限性。鉴于大多数公民没有技术素养，无法独自驾驭复杂的区块链世界，区块链选举就将需要中间商的积极参与，例如开发和维护移动投票应用程序的公司。但是，虽然这些应用程序让选民更加容易了解投票过程，但它们也造成了一定程度的中心化，比如每个人都必须使用同
89 一个应用程序进行投票。而这种中心化又不可避免地增加了被黑客入侵的风险，因为想要破坏选举的黑客自然会针对这些应用程序寻找漏洞。链中的任何步骤（从应用程序软件的开发，到用户下载的应用程序版本、用户向应用程序提供的信息，再到应用程序在区块链上的注册信息）都可能受到损害。所有这些都发生在信息被纳入区块链本身之前。从某种意义上说，区块链本身的安全性是一个附带问题，因为任何早期步骤中的缺陷都可能导致不正确的信息被包含在官方区块链中。当区块链接收到不好的信息时，它将像存储好的信息一样肯定地存储这些信息。而要想解决这些问题，其实并不容易。

*　　*　　*

本章对区块链在现实世界的应用进行了介绍。首先简要介绍了比特币的历史，比特币是最初的虚拟货币，掀起了区块链的热潮。然后，转而介绍了其他虚拟货币，如以太坊，如何将区块链技术为己所用，从而形成了具有不同特点的新的区块链系统。本章还研究了区块链的一些更具创新性的应用，例如企业利用区块链记录产品供应链和制订自我执行的合同。最后，本章还探讨了区块链在政治方面的潜在用途，如维护政府记录或举行选举。正如这些故事所呈现的一样，区块链已经发展成为一种多方面的技术，而富有进取心的技术专家们已经在任何问题上进行了尝试。然而，同样清楚的是，区块链在现实世界的部署普遍低于预期。可以肯定的是，区块链已经像野火一样在商业、金融和政府的世界中蔓延，几乎每天都有试点项目和产品推出。由此，区块链俘获了个人和企业的想象力和钱包。但是，在经历了探索的兴奋之后，很多努力都以失望和放弃告终。更有甚者，在区块链传播的过程中，发生了一件奇怪的事情。最初被设想为一种去中心化的技术，后来却越来越多地转向中心化结构。早期的采矿者将区块链视为一种让世界更加民主的方式，而后来的加入者则将其视为一种赚钱的方式，或者更简单地说，是一种改进（而不是取代）原有权力集中的方式。行业的权力慢慢从个人转移到大公司和政府。本章的故事已经暗示了这种转变的一些原因，从规模经济的好处，到参与式决策的低效率，又到对失去控制权的恐惧，再到对欺诈和欺骗的担忧。下一部分我们将直接讨论这些问题。 90

注释

1. 关于此建议的更多信息，参见 Christoph Jentzsch，Decentralized Autonomous

Organization to Automate Governance (White Paper), https://download.slock.it/public/DAO/WhitePaper.pdf。

2. See Nathaniel Popper, A Venture Fund with Plenty of Virtual Capital, But No Capitalist, N.Y. TIMES, May 21, 2016.

3. Jentzsch, supra note 1.

4. The DAO Frontpage, http://web.archive.org/web/20160622212302/https://daohub.org.

5. See U.S. Sec. & Exch. Comm'n, Report of Investigation Pursuant to Section 21 (a) of the Securities Exchange Act of 1934: The DAO (July 25, 2017), https://www.sec.gov/litigation/investreport/34-81207.pdf.

6. See Matthew Leising, The Ether Thief, BLOOMBERG, June 13, 2017.

7. Christoph Jentzsch, The History of the DAO and Lessons Learned, Aug.24, 2016, https://blog.slock.it/the-history-of-the-dao-and-lessons-learnedd06740f8cfa5.

8. Dino Mark, Vlad Zamfir & Emin Gün Sirer, A Call for a Temporary Moratorium on "The DAO" (Working Paper, May 26, 2016, rev. May 30, 2016), https://docs.google.com/document/d/10kTyCmGPhvZy94F7VWySdQ4lsBacR2dUgGTtV98C40/.

9. Jentzsch, supra note 1.

10. Ledgerwatch, I Think the DAO is getting drained right now, REDDIT (June 17, 2016), https://www.reddit.com/r/ethereum/comments/4oi2ta/i_think_thedao_is_getting_drained_right_now/.

11. 关于DAO代码中的缺陷，参见Emin Gün Sirer, Thoughts on the DAO Hack, Hacking, Distributed (June 17, 2016), http://hackingdistributed.com/2016/06/17/thoughts-on-the-dao-hack/。

12. See Leising, supra note 6.

13. Jentzsch, supra note 1.

14. 同上。

15. Bruce Fenton, It is Better to Lose Your Investment Than Lose Your lockchain, MEDIUM (June 17, 2016), https://medium.com/@brucefenton/its-better-to-lose-your-investment-than-lose-your-blockchain-2907a59d5a40.

16. 同上。

17. See Nathaniel Popper, A Hacking of More than $50 Million Dashes Hopes in the World of Virtual Currency, N.Y. TIMES, June 17, 2016.

18. See Vote: The DAO Hard Fork, CARBONVOTE, http://v1.carbonvote.com/.

19. See Vitalik Buterin, Hard Fork Completed, ETHEREUM BLOG, (July 20, 2016), https://blog.ethereum.org/2016/07/20/hard-fork-completed/.

20. 埃明·古恩·塞勒在一篇文章中写道："首先，我甚至不确定这算不算是黑客行为，要给某件事情贴上黑客、bug 或不想要的行为的标签，我们需要有一个想要的行为的规范。我们对 The DAO 没有这样的规范。对于 The DAO 应该实现什么，亦没有独立的规范，在 The DAO 代码中几乎没有任何注释记录了开发者在写代码时的想法。正如人们所说，'代码是自己的文档'。它是自身的最好说明，而黑客比大多数人都更能读懂这些细小的文字，甚至比开发者自己更清楚。" Sirer, supra note 11.

21. As of June 11, 2019. Compare https://coinmarketcap.com/currencies/ethereum/, with https://coinmarketcap.com/currencies/ethereum-classic/.

22. See Leising, supra note 6.

23. M.I. Finley, Democracy: Ancient and Modern 11 (1985).

24. 正如欧洲央行的执委伯努瓦·科伊尔（Benoit Coeure）所言："从多个方面来看，比特币是金融危机的邪恶产物。" See Josiah Wilmoth, Bitcoin is the "Evil Spawn of the Financial Crisis": European Central Bank Board Member, CCN (Nov. 15, 2018), https://www.ccn.com/bitcoin-is-the-evil-spawn-of-the-financial-crisis-european-central-bank-board-member/.

25. See Eric Pfanner, Meltdown of Iceland's Financial System Quickens, N.Y.TIMES, Oct. 8, 2008.

26. http://www.metzdowd.com/pipermail/cryptography/2009-January/015004.html.

27. Satoshi Nakamoto, Message to Cryptography Mailing List, dated Jan. 16, 2018, http://www.metzdowd.com/pipermail/cryptography/2009-January/015014.html.

28. http://www.metzdowd.com/pipermail/cryptography/2008-November/014865.html.

29. See Paul Vigna & Michael J. Casey, the Age of Cryptocurrency: How Bitcoin and the Blockchain are Challenging the Global Economic Order 77 (2015).

30. https://bitcointalk.org/index.php ?topic=137.0.

31. 同上。

32. See Vigna & Casey, supra note 29, at 79.

33. https://bitcointalk.org/index.php ?topic=137.0.

34. 披萨在比特币的传说中已经达到了近乎神话的地位。甚至还有一个 Twitter 页面 @bitcoin_pizza，每天都会追踪单枚比特币的价格（以披萨为计量单位）。

35. See Mark Molloy, The Unlucky Man Who Accidentally Threw Away Bitcoin Worth $100 Million, TELEGRAPH, Dec. 3, 2018.

36. See VIGNA & CASEY, supra note 29, at 83—85.

37. 同上，at 83。

38. 有两本关于"丝绸之路"历史的书籍。第一本是艾琳·奥森比（Eileen Orsmby）所著的《丝绸之路》，通过广泛的研究，包括作者本人对网站的参与，追踪了这一网站的历史。See Eileen Ormsby, Silk Road (2014). 第二部是尼克·比尔顿(Nick Bilton)的《美国王牌》(*American Kingpin*),探讨了参与该网站及其最终倒闭的众多人物,包括丝绸之路臭名昭著的老板罗斯·乌尔布利特。Nick Bilton, American Kingpin: The Epic Hunt for the Criminal Mastermind Behind the Silk Road (2017).

39. See Archived Silk Road Website, http://web.archive.org/web/20110304201806/http://silkroadmarket.org/.

40. See Dylan Love, Take a Tour of Silk Road, the Online Drug Marketplace the Feds Shut Down Today, BUSINESS INSIDER (Oct. 2, 2013), https://www.businessinsider.com/silk-road-walkthrough-2013-10.

41. Adrian Chen, The Underground Website Where You Can Buy Any Drug Imaginable, GAWKER (June 1, 2011), http://gawker.com/the-undergroundwebsite-where-you-can-buy-any-drug-imag-30818160.

42. 同上。

43. See Associated Press, Schumer Pushes to Shut Down Online Drug Marketplace (June 5, 2011), https://www.nbcnewyork.com/news/local/Schumer-Calls-on-Feds-to-Shut-Down-Online-Drug-Marketplace-123187958.html.

44. Sealed Complaint, United States v. Ross William Ulbricht, https://www.scribd.com/doc/172773561/Criminal-Complaint-Against-Silk-RoadandDread-Pirate-Roberts.

45. Satoshi Nakamoto, Post to BitcoinTalk.org, dated Dec. 5, 2010, https://bitcointalk.org/index.php ?topic=1735.msg26999#msg26999.

46. See Keir Thomas, Could the Wikileaks Scandal Lead to New Virtual Currency?, PCWORLD, Dec. 10, 2010.

47. Satoshi Nakamoto, Post to BitcoinTalk.org, dated Dec. 11, 2010, https://bitcointalk.org/index.php?topic=2216.msg29280#msg29280.

48. See Laura Noonan, J.P. Morgan's Jamie Dimon Calls Bitcoin "A Fraud," "Worse Than Tulip Bulbs," FINANCIAL TIMES, Sept. 12, 2017.

49. See Kate Rooney, Goldman Sachs Sees More Price Pain Ahead for Bitcoin, CNBC (Aug. 3, 2018), https://www.cnbc.com/2018/08/03/goldman-sachssees-more-price-pain-ahead-for-bitcoin.html.

50. See Jessica Roy, BitInstant CEO Charlie Shrem Arrested for Alleged Money Laundering, TIME, Jan. 27, 2014.

51. An excellent account of the Winklevoss brothers' dealings with bitcoin can be found in Ben Mezrich, Bitcoin Billionaires: a true story of genius, betrayal, and redemption (2019).

52. See Sissi Cao, These Two Venture Capital Firms Are Responsible for the

Success of Bitcoin, OBSERVER (Dec. 1, 2017), http://observer.com/2017/12/these-two-venture-capitalists-are-responsible-for-bitcoins-success/.

53. See Marc Andreessen, Why Bitcoin Matters, N.Y. TIMES (Jan. 21, 2014), https://dealbook.nytimes.com/2014/01/21/why-bitcoin-matters/.

54. 同上。

55. See Nathaniel Popper, Can Bitcoin Conquer Argentina?, N.Y. TIMES, Apr.29, 2015.

56. See Samantha Chang, Bitcoin's "Patient Zero": Crypto Is an Intellectual xperiment That May Fail (But Probably Won't), CCN (Oct. 30, 2018), https: //www.ccn.com/bitcoins-patient-zero-crypto-is-an-intellectual-experiment-that-may-fail-but-probably-wont.

57. See Nathaniel Popper, Digital Gold: Bitcoin and the Inside Story of the Misfits and Millionaires Trying to Reinvent Money 154 (2015).

58. See Vigna & Casey, supra note 29, at 79.

59. For historical data on bitcoin's exchange rate, see Historical Data for itcoin, COINMARKETCAP, https://coinmarketcap.com/currencies/bitcoin/historical-data/.

60. 将比特币的波动性与股市的波动性进行比较，无疑更具有启发性。到2018年11月，当年度标普500指数只有3大跌幅超过3%，而比特币则有7天跌幅超过10%。同期，标普500指数的最大跌幅为4%；比特币则为16%。See Klint Finley, Why Bitcoin is Plunging (This Time), WIRED (Nov. 21, 2018), https://www.wired.com/story/why-bitcoin-is-plunging-this-time/. 杜克大学的金融学教授坎贝尔·哈维解释说，比特币的波动是由于对其可行性存在分歧的结果。"对于比特币，一些人从根本上认为它的价值为零。而另一些人，则认为单个币的价值可达100万美元。所以它（比特币）的价值充满了极大的不确定性，其价格极端的波动性也就成为常态。" See James Doubek, Bitcoin Is Bouncing Around Again. Here Are Some Possible Causes, National Public Radio (Nov. 28, 2018), https://www.npr.org/2018/11/28/671133977/bitcoin-is-bouncing-around-again-here-are-some-possiblecauses.

61. 哈尔·芬尼后来这样评价自己挖比特币的经历。几天后，比特币的运行非常稳定，所以我让我的电脑继续运行。那是难度为1的日子，你可以用CPU找到区块。在接下来的日子里，我挖了几个区块。但我把它关掉了，因为它让我的电脑运行得很热，风扇的噪音让我很烦。现在回想起来，我希望自己能继续挖矿。但另一方面，我异常幸运，很早就开始挖矿了。我上次听说比特币是在2010年年底，当时我惊讶地发现，比特币不仅还在发展，而且比特币真的有货币价值。我翻了翻我的旧账户，发现我的比特币还在，我松了一口气。当价格攀升到真金白银的时候，我把这些币转到了一个线下账户里，希望它们能对我的继承人有价值。Hal

Finney, Post to Bitcoin Forum, dated Mar. 19, 2013, https://bitcointalk.org/index.php?topic=155054.0. See also POPPER, supra note 57, at 4.

62. See Popper, supra note 57, at 42.

63. See Vigna & Casey, supra note 29, at 138.

64. Satoshi Nakamoto, Post to BitcoinTalk.org, dated Dec. 12, 2009, https://bitcointalk.org/index.php?topic=12.

65. Vigna & Casey, supra note 29, at 140.

66. See Nate Drake, Best Asic Devices for Bitcoin Mining in 2018, Bitcoin Magazine (July 11, 2018), https://www.techradar.com/news/best-asic-devices-for-bitcoin-mining-in-2018.

67. Historical data on bitcoin's hash rate can be found at https://www.blockchain.com/en/charts/hash-rate.

68. See David Hamilton, The Top 5 Largest Mining Operations in the World, Coincentral (May 4, 2018), https://coincentral.com/the-top-5-largest-mining-operations-in-the-world/.

69. See Nick Marinoff, Bitmain Nears 51% of Network Hash Rate: Why This Matters and Why It Doesn't, Bitcoin Magazine (June 28, 2018), https://bitcoinmagazine.com/articles/bitmain-nears-51-network-hash-rate-why-matters-and-why-it-doesnt/.

70. See David Z. Morris, Chinese Bitcoin Mining Firm Bitmain Made $3 to $4 Billion in Profits Last Year, Says Analyst, FORTUNE (Feb. 24, 2018), http://fortune.com/2018/02/24/bitcoin-mining-bitmain-profits/.

71. The Goldman Sachs Group 10-K, 2017, https://www.goldmansachs.com/investor-relations/financials/current/10k/2017-10-k.pdf.

72. Amazon 10-K, 2017, http://services.corporate-ir.net/SEC.Enhanced/SecCapsule.aspx?c=97664&fid=15414896.

73. 关于矿池的更多信息，参见 Narayanan et al., Bitcoin and Cryptocurrency Technologies: a Comprehensive Introduction 125 (2016)。

74. See Features, Dash, https://docs.dash.org/en/stable/introduction/features.html.

75. See Jackson Palmer, My Joke Cryptocurrency Hit $2 Billion and Something Is Very Wrong, Motherboard (Jan. 11, 2018), https://motherboard.vice.com/en_us/article/9kng57/dogecoin-my-joke-cryptocurrencyhit-2-billion-jackson-palmer-opinion.

76. 按市值大小，它们依次是：bitcoin、litecoin、peercoin、namecoin、terracoin、devcoin 和 novacoin。See Historical Snapshot of April 28, 2013, Coinmarketcap, https://coinmarketcap.com/historical/20130428/.

77. See Historical Snapshot of January 5, 2014, Coinmarketcap, https://

coinmarketcap.com/historical/20140105/.

78. See Historical Snapshot of January 4, 2015, Coinmarketcap, https://coinmarketcap.com/historical/20150104/.

79. See Historical Snapshot of January 3, 2016, Coinmarketcap, https://coinmarketcap.com/historical/20160103/.

80. See Historical Snapshot of January 1, 2017, Coinmarketcap, https://coinmarketcap.com/historical/20170101/.

81. See Historical Snapshot of January 7, 2018, Coinmarketcap, https://coinmarketcap.com/historical/20180107/.

82. See Shannon Liao, Here's What Happened to the Cryptocurrencies That Celebrities Vouched for, Verge (July 22, 2018), https://www.theverge.com/tldr/2018/7/22/17510130/cryptocurrencies-celebrities-scam-paris-hilton-steven-seagal-akon-mayweather.

83. See Paul Vigna, Shane Stifflett & Caitlin Ostroff, What Crypto Downturn ? ICO Fundraising Surges in 2018, WALL ST. J., July 1, 2018.

84. See Paul Vigna, Inside the Chaotic Launch of a $4 Billion Crypto Project, WALL ST. J., June 12, 2018.

85. Shane Shifflett & Coulter Jones, Buyer Beware: Hundreds of Bitcoin Wannabes Show Hallmarks of Fraud, WALL ST. J., May 17, 2018.

86. 这一声明出现在销售合同第 1 章第 4 节，被称为"EOS 代币购买协议"。合同第 7 章第 1 节重复了这一警告，规定"EOS 代币没有任何明示或暗示的权利、用途、目的、属性、功能或特征"。EOS Token Purchase Agreement, dated Sept. 4, 2017, https://eos.io/documents/block.one%20-%20EOS%20Token%20Purchase%20Agreement%20-%20September%204, %202017.pdf.

87. See Kai Sedgwick, 46% of Last Year's ICOs Have Failed Already, Bitcoin.com (Feb. 23, 2018), https://news.bitcoin.com/46-last-years-icos-failedalready/.

88. See Claire Brownell, Vitalik Buterin: The Cryptocurrency Prophet, Financial Post (June 27, 2017), https://business.financialpost.com/feature/the-cryptocurrency-prophet.

89. See Stefan Stankovic, Who Is Vitalik Buterin, the Mastermind Behind Ethereum?, Unblock (May 2, 2018), https://unblock.net/who-is-vitalik-buterin/.

90. See Morgan Peck, The Uncanny Mind That Built Ethereum, WIRED (June 13, 2016), https://www.wired.com/2016/06/the-uncanny-mind-thatbuilt-ethereum/.

91. See Brownell, supra note 88.

92. See Vitalik Buterin, A Next-Generation Smart Contract and Decentralized Application Platform (White Paper), https://github.com/ethereum/wiki/wiki/White-

Paper.

93. 同上。

94. See Vitalik Buterin, So Where Did the Name Ethereum Come From?, Ethereum cmty. Forum, https://forum.ethereum.org/discussion/comment/3389/#Comment_3389.

95. See Vigna & Casey, supra note 29, at 232.

96. See Paul Vigna, Wall Street, City Banks Join Blockchain-Focused Consortium, WALL ST. J., Sept. 15, 2015.

97. See Robert Hackett, Why J.P. Morgan Chase Is Building a Blockchain on Ethereum, FORTUNE, Oct. 4, 2016.

98. See Ian Allison, Enterprise Ethereum Alliance Is Back—And It's Got a Roadmap to Prove It, Coindesk, May 3, 2018.

99. See Avi Salzman, Blockchain Is Starting to Show Real Promise amid the Hype, BARRON, Aug. 17, 2018.

100. For more information on the Fizzy project, see AXA's website devoted to the project at https://fizzy.axa/en-gb/faq.

101. See Salzman, supra note 99.

102. See Maxime Biais, Analyzing Smart Contract Public Data (Jan. 22, 2019), https://bia.is/2019/01/22/fizzy-analysis/.

103. See Joseph Young, 7 Investors Back World's First Blockchain Demand from Institutions, CCN (Aug. 26, 2018), https://www.ccn.com/7-investors-back-worlds-first-blockchain-bond-demand-from-institutions/.

104. See Laura Shin, Industries, Looking for Efficiency, Turn to Blockchains, N.Y. TIMES, June 27, 2018.

105. See Solution Brief, Tradelens, https://tradelens.com/solution/.

106. See Ian Allison, IBM and Maersk Struggle to Sign Partners to Shipping Blockchain, CCN (Oct. 26, 2018), https://www.coindesk.com/ibm-blockchain-maersk-shipping-struggling.

107. See Butterfly Ballot, BBC NEWS (Nov. 23, 2000), http://news.bbc.co.uk/2/hi/in_depth/americas/2000/us_elections/glossary/a-b/1037172.stm.

108. Bush v. Gore, 531 U.S. 98 (2000).

109. See Ford Fessenden & John M. Broder, Examining the Vote: The Overview, N.Y. TIMES, Aug. 29, 2001.

110. 事实上，其中许多努力是由布什总统亲自带头的。2002年，布什签署了《帮助美国投票法》(HAVA)，使之成为法律，为各州更新和升级其投票系统提供资金。有关HAVA的内容，see Leonard M. Shambon, Implementing the Help America Vote Act, 3 Election L.J. 424 (2004)。

111. See Michael Harriott, On Conspiracy Theories and Election Hacking, Root (Aug. 1, 2018), https://www.theroot.com/evidence-shows-hackerschanged-votes-in-the-2016-electi-1827871206.

112. See Hackers Break into Voting Machines Within 2 Hours at Defcon, CBS NEWS (July 30, 2017), https://www.cbsnews.com/amp/news/hackers-break-into-voting-machines-defcon-las-vegas/?__twitter_impression=true.

113. See Lawrence Norden & Christopher Famighetti, America's Voting Machines at risk (Brennan Center for Justice 2015).

114. See Jens Manuel Krogstad & Mark Hugo Lopez, Black Voter Turnout Fell in 2016, Even as a Record Number of Americans Cast Ballots, PEW RES. CTR., May 12, 2017.

115. See Domenico Montanaro, Rachel Wellford & Simone Pathe, 2014 Midterm Election Turnout Lowest in 70 Years, PBS NEWSHOUR (Nov.10, 2014), https://www.pbs.org/newshour/politics/2014-midterm-election-turnout-lowest-in-70-years.

116. 在2016年的总统选举中，符合条件的白人公民投票率为65%。相比之下，黑人公民的数字为60%。亚裔和西班牙裔公民的数字则更低，分别为49%和48%。See Krogstad & Lopez, supra note 114.

117. 同上。在2016年的总统选举中，约有63%的女性选民进行了投票，男性则为59%。

118. 同上，在2016年的总统大选中，49%的千禧一代（年龄在十八岁到三十五岁之间的人）投了票，而70%的沉默/最伟大的一代（七十一岁以上的人）投了票。

119. Agora后来发布了一份修订版的新闻稿，题为"总部位于瑞士的Agora作为塞拉利昂的认可观察员，在区块链上记录了第一次政府选举"。See Agora, Swiss-Based Agora Records First Government Election on Blockchain as Accredited Observer in Sierra Leone, Medium (Mar. 9, 2018), https://medium.com/agorablockchain/swiss-based-agora-powers-worlds-first-ever-blockchain-elections-in-sierra-leone-984dd07a58ee.

120. See National Electoral Commission of Sierra Leone, Twitter post of Mar.19, 2018, https://twitter.com/NECsalone/status/975773726703804419/.

121. Agora, Agora Official Statement Regarding Sierra Leone Election, MEDIUM (Mar. 20, 2018), https://medium.com/agorablockchain/agoraofficial-statement-regarding-sierra-leone-election-7730d2d9de4e.

122. See Donie O'Sullivan, West Virginia to Introduce Mobile Phone Voting for Midterm Elections, CNN (Aug. 6, 2018), https://money.cnn.com/2018/08/06/technology/mobile-voting-west-virginia-voatz/index.html; Benjamin Freed, West

Virginia Says 144 People Voted Using Mobile Blockchain App, STATESCOOP (Nov. 7, 2018), https://statescoop.com/west-virginia-says-144-people-voted-using-mobile-blockchainapp/; Brian Fung, West Virginians Abroad in 29 Countries Have Voted by Mobile Device, in the Biggest Blockchain-Based Voting Test Ever, WASHINGTON POST, Nov. 6, 2018.

123. See O'Sullivan, supra note 122.

第二部分

区块链目前存在哪些问题？

第四章　加密犯罪

在每一笔没有明显来源的巨额财富的底部，总有一种罪恶——因体面地实施而被忽视的犯罪。

——巴尔扎克，《人间喜剧》

2017 年 7 月 25 日凌晨，希腊执法人员突袭希腊北部一家海滨小酒店。他们的目标是一个叫亚历山大·温尼克（Alexander Vinnik）的人。自 2011 年 6 月起，这名时年 37 岁的俄国人就开始运营一家名为 BTC-e 的数字货币交易所。早在 2017 年 1 月 17 日，美国司法部就向联邦法院提起了针对 BTC-e 和温尼克的诉讼。起诉书指控 BTC-e 是全球犯罪分子所使用的交易所，该交易所为黑客使用勒索软件勒索的赃款、税收欺诈和赌品交易的黑钱提供洗钱渠道。事实上，联邦调查局探员已经追踪温尼克一年多了，但他们知道俄罗斯当局不太可能同意美国引渡自己国籍公民的要求。现在他们终于找到机会了，温尼克不在母国俄罗斯的保护范围之内了。

根据美国司法部提供的信息，希腊当局瞄准了希腊东北部度假胜地乌拉诺波利（Ouranoupoli）的一家酒店。乌拉诺波利深受俄罗斯游客的欢迎，希腊当局认为温尼克和家人在那里度假。事实也证明，他们的猜测是正确的。当他们突袭旅馆时，发现温尼克和他的家人在那里。一名警察发现温尼克在用手机，就设法转移了他的注意力，以让另一名警察可以在温尼克锁定手机之前抢到手机。警察搜查了他的房间，发现了一部手机、笔记本电脑和平板电脑。他们迅速逮捕了温尼克，并将他带到塞萨洛尼基（希腊北部某城市）的监狱。当时的照片显示，他被带到法庭，双手被铐在身后，身穿一件紧身的黑色拉夫劳伦牌的衬衫，上面印有拳击手套的图案和“在布朗克斯受训”的字样，脖子上挂着一条金项链。

温尼克是美国司法部的高优先级目标。司法部官员将他与一些
93 与比特币相关的犯罪联系在一起。在他们看来，关闭他的交易所BTC-e，将对那些在BTC-e使用比特币的罪犯造成重大打击。根据联邦法院对温尼克的起诉，BTC-e为罪犯提供了一站式服务，诸如网络罪犯、黑客、勒索软件创造者、毒贩、腐败的政府官员等，都对该交易所情有独钟。值得注意的是，该交易所异常活跃，其用户甚至还包括了以“ISIS”“Cocaine Cowboys”和“hacker4hire”为名的账户。据美国司法部估计，成立六年来，温尼克的交易所已经处理了超过90亿美元的比特币交易，这甚至还不包括交易所处理的其他加密货币交易，比如Litecoin。或许最具爆炸性效应的是，美国当局认为，温尼克很大可能是比特币最大的抢劫案——Mt. Gox遭黑客攻击——的幕后策划者，或是参与这项阴谋的积极分子。原因在于，黑客将从日本Mt. Gox交易所盗取的30万枚比特币（价值7.65亿美元）存入了BTC-e的账户，并兑换成法定货币将资金转移至拉脱维亚和塞浦路斯的银行账户，BTC-e从中获得了大量收益。用起诉书中的话说，温尼克的公司是“全球网络罪犯的交易所，是用来洗钱和清算数字货币犯罪收益的主要实体之一”。[1]

除了隐藏别人的虚拟货币，BTC-e还隐藏了自己的业务，在不知名的地方利用离岸公司来进行比特币交易。BTC-e的网站称，该公司位于保加利亚，但受塞浦路斯法律管辖。事实上，BTC-e的名

称所有者 Canton Business Corporation 的总部设在塞舌尔，但联系方式却是一个俄罗斯电话号码。与此同时，BTC-e 的网络域名则是由位于新加坡、英属维尔京群岛和新西兰等地的离案公司所注册。[2]

但是，针对温尼克及其公司的指控中，最引人注目的可能是，温尼克被指控的许多违法行为其实是比特币生态系统本身不可避免的部分。例如，检察官指控温尼克违反了反洗钱和了解客户的规则，没有验证他的客户身份。正如起诉书所解释的那样，只需要一个用户名和电子邮件地址，用户就可以创建一个 BTC-e 账户，这通常与实际用户的身份没有关系。因此，账户很容易匿名开立。[3]但同时，温尼克交易所的这些特征（其对个人身份的保护和拒绝查询货币转移的来源和目的地）也是比特币自身的特征。故司法部门对于 BTC-e 的指控，不仅是对温尼克及其不正当商业行为的起诉，也是对整个加密货币世界的挑战。 94

温尼克的被捕开启了美俄之间又一场旷日持久的外交战。美国要求希腊将温尼克引渡到美国受审。法国也进行了司法干预，认为自己也拥有管辖权。俄罗斯政府反对这两项诉求，并要求将温尼克引渡回国。温尼克则表示，他与 BTC-e 的管理没有任何关系，同时，他也致力于打击美国对全球金融体系的主导地位。

司法程序纷繁复杂，每隔几周希腊法院都会作出前后互相矛盾的裁决。2017 年 10 月，一家希腊法院裁定，应将温尼克引渡到美国。几周后，另一家希腊法院裁定，他应该被引渡到俄罗斯。2017 年 12 月，希腊最高法院又驳回了温尼克被引渡到俄罗斯的上诉，支持了之前引渡到美国的诉求，似乎解决了此事。但在法国的干预下，另一组希腊法官裁定，温尼克应被引渡至法国。这一裁决，也恰好与希腊政府驱逐俄罗斯外交官的决定不谋而合，这也引起了俄罗斯政府的强烈抨击。“在作出驱逐俄罗斯外交官和拒绝几名俄罗斯公民入境的不友好决定后，（希腊）通过了将俄罗斯公民亚历山大·温尼克引渡到法国的裁决”，俄罗斯外交部在一份公开声明中说到。[4] 很明显，俄罗斯不能对这些行动不闻不问。这个几乎不加掩饰的威胁是有效的。两周后，希腊法官再次更改裁决结果，裁定将温尼克引渡到俄罗斯。随后，在 2018 年 9 月，希腊最高法院最终解决了这个问题，裁定他应该被引渡到俄罗斯。但截至 2019 年 8 月，他仍被关押在希腊的监狱中。与此同时，俄罗斯方面的消息人士称，希腊警方破获了犯罪分子在狱中毒杀温尼克的阴谋。这名不愿透露姓名的消息人士指出，温尼克中毒未遂案与 2018 年早些时候俄罗斯前间谍谢尔盖·斯卡里帕尔在英国被毒死一事没有任何联系。[5]

与此同时，温尼克公司的犯罪网络也随着调查进程的深入而日渐水落石出。调查结果发现，BTC-e 的两个客户是卡尔·马克·福斯（Carl Mark Force）和肖恩·布里奇斯（Shaun Bridges），这两个不光彩的联邦探员曾在“丝绸之路”（Silk Road）的专案组工作过，该专案组扳倒了“丝绸之路”这一非法商品的在线市场，福斯是专
95 案组的主要卧底，而布里奇斯则是电脑取证专家。在工作过程中，他们碰巧认识了“丝绸之路”中一个名为柯蒂斯·格林（Curtis Green）的管理员，他们指认并逮捕了该人。在审讯格林的过程中，特勤局的布里奇斯学会了如何访问“丝绸之路”的用户账户。布里奇斯得到这些信息后，在没有通知他的团队的情况下，秘密登录“丝绸之路”，将用户锁定在网站之外，并抽空他们的比特币账户，将比特币发送到他自己在其他交易所的账户中。他总共盗取了价值约 80 万美元的比特币。布里奇斯利用格林的管理员账户完成了这

次无耻的盗窃，这让“丝绸之路”的老板罗斯·乌尔布希特（又名“可怕的海盗”罗伯茨）怀疑格林把钱弄走了。作为报复，他决定“秀出自己的肌肉”。

对格林而言，幸运的是，乌尔布希特的“肌肉”是一个名为Nob的用户，Nob自称是卡特尔特工，实际上是美国缉毒局的卡尔·马克·福斯。福斯很快收到乌尔布希特的一条信息，说他有一个“问题”需要处理，并附上了格林驾照的照片。

“你想怎么办？”Nob回信说。

“我想揍他，然后强迫他把比特币还回来。”乌尔布希特回复道。

为了维持他地下特工的身份，福斯一直在使用武力。在征得格林的同意后，他和工作组的其他成员一起，上演了一场精心策划的酷刑审讯，他的团队多次将格林推入浴缸。整个过程被拍摄成视频，然后送到乌尔布希特手中。在收到视频后，乌尔布希特改变了主意。

“好吧，那你能杀了他（格林）吗？”他写道。

“他知道不少内情，我担心他会说出不该说的东西。”

福斯再次配合，这次安排了格林躺在地上，身上沾满了坎贝尔鸡汤，做出格林被Nob杀死的假象。在Nob将照片寄给乌尔布希特，作为其谋杀格林的“证据”后，乌尔布希特向福斯支付了8万美元的酬劳。当Nob问乌尔布希特现在情况如何时，乌尔布希特回答说，自己“很生气，不得不杀了他”。

在随后的几个月里，专案组继续寻找“丝绸之路”的主人。但福斯和之前的布里奇斯一样，无法抵挡在这个过程中敛财的诱惑。福斯利用多重掩护身份，开始向乌尔布希特勒索钱财，威胁说如果

不给他寄比特币，就会戳穿乌尔布希特的身份。同时，他又以另一种方式，将专案组的机密信息卖给了乌尔布利特，从而威胁专案组
96 的生存环境。具有讽刺意味的是，Nob 声称，他的机密信息是从一个在“丝绸之路”专案组工作的腐败特工那里获得的。无论如何，福斯从所有这些邪恶的活动中获利颇丰，他偿还了房屋抵押贷款，在股票和房地产上投资数万美元，还将 23.5 万美元存入了巴拿马的一个离岸银行账户。据估计，福斯从他的交易中赚取了 800 多万美元。其中许多交易是通过温尼克的公司 BTC-e 进行洗钱的。

最终，联邦当局发现了福斯和布里奇斯的腐败行为，并逮捕了他们。在布里奇斯被判入狱之前，他进行了最后一次转账。他利用美国政府控制的一个比特币钱包的私钥，将 1600 个比特币转到他在 BTC-e 控制的其他数字钱包中，其价值约数十万美元。这么做是因为，他知道 BTC-e 不会询问他的身份和资金来源。[6]

温尼克故事还有一点值得一提。据说在 2016 年美国总统大选之后，在担心影响大选的情况下，特别检察官罗伯特·穆勒（Robert Mueller）领导了一项针对干预美国总统大选的调查。调查结论表明，一个精英黑客组织参与了影响选举的行动，使得大选结果有利于最终的赢家唐纳德·特朗普。其中，穆勒指责该黑客组织以“Fancy Bear”为名，入侵民主党官员的邮箱，然后发布令人尴尬的邮件。调查还发现，该黑客组织使用比特币为其运营提供资金——它通过比特币交易支付网站费用、注册域名、购买电脑服务器和其他一些款项。该集团还开采了自己的比特币，以为其秘密活动获得更多资金。根据起诉书，比特币“让阴谋者避免了与传统金融机构的直接关系，使他们能够逃避对其身份和资金来源的更严格审查”。加密货币公司 Elliptic 后来的分析发现，Fancy Bear 的许多

比特币交易都是通过 BTC-e 进行的。[7]

* * *

在大众的想象中，加密货币勾勒了“狂野西部”一般的互联网环境。具言之，很多人会在网络空间为所欲为，并且不受任何惩罚。而像比特币这样的加密货币，事实上确实提供了各种“恶意” 97
的特性（比如匿名性、不可逆转性和不可追踪性），这些特性让其对非法操作的坏人而言更具有吸引力。一些批评者也因此抨击区块链和虚拟货币，认为它们是必须被铲除的危险技术。比尔·盖茨称比特币是“以相当直接的方式造成死亡的罕见技术”。[8] 杰米·戴蒙称比特币是一种“欺诈”，[9] 而沃伦·巴菲特称其为“老鼠药的平方”。[10]

然而，很多人则持相反观点，即区块链上的犯罪只是极少数一部分，并不是主流。他们指出，绝大多数区块链应用都是完全合法的，一些广为人知的盗窃行为不公平地玷污了一项新技术的声誉。他们还提出，区块链的所谓恶意功能其实是相当有益的。事实上，这些特征对社会的运转非常重要。比如，匿名性可能是犯罪分子向政府官员隐藏身份的好工具，但它也可以保护消费者隐私。不可逆性可能会阻碍追回赃款，但它也能防止当事人违背合同规定的义务。因此，当人们谴责区块链是滋生犯罪分子的温床时，他们实际上是在对隐私和确定性的重要性进行价值判断，而不是对技术本身进行评判。

但不管他们的观点如何，整体而言，区块链这一技术目前弊大于利。几乎所有专家都同意，如果有一些简单的设计可以阻止区块链上的犯罪，而不会在其他地方造成不应有的损失，那么我们就应该直接去照做。一旦我们把注意力转移到这个问题上——也就是说，从对区块链的可取性进行整体分析，转向解决更有针对性的问题，即如何将区块链上的犯罪降到最低——这个问题就变得简单多了。当然，“更简单”并不意味着真正的简单。正如我们未来能看到的一般，区块链技术的去中心化特性使其对传统形式的犯罪预防特别有抵抗力。但与此同时，如果没有一个能够监督和执行规则的中央权威机构，我们只能寻找更多的创新工具来保护公民免受坏人的侵害。简而言之，去中心化对于犯罪有着重要影响。

对于区块链是犯罪温床的指责并非完全没有根据。一项研究表明，约有四分之一的比特币用户参与了某种非法活动，约有一半的比特币交易与犯罪行为有着直接联系。[11] 但这些数字甚至还可能低估了问题的严重性，考虑到比特币以外的加密货币承诺了更大的匿名性和不可追踪性，因此对于寻求隐藏现金流动的犯罪分子来说，比特币交易是个更安全的途径。另一项研究则发现，在 2018 年通过比特币交易交换的 8120 亿美元中，有 24 亿美元流向了经商支付的商户服务提供商，6.04 亿美元流向了暗网网站（如毒品和被盗信用卡等），8.57 亿美元流向了赌博网站，其余的则是纯粹的投
98 机（即看好比特币会升值）。[12] 还有一项研究估计，在当时流通的 1700 万枚比特币中，有 400 万枚丢失，200 万枚被盗。[13]2017 年，加密货币交易所的安全漏洞导致价值约 2.66 亿美元的虚拟货币被盗。2018 年，黑客从交易所窃取了 8.65 亿美元。[14]

但是，席卷区块链世界的犯罪浪潮掩盖了一个事实，即当我们谈论区块链犯罪时，实际上有两件事正在发生。其中一件只是花园式的盗窃，即人们互相偷窃虚拟货币。事实上，它是虚拟货币，而不是真实的货币，在某种意义上，这些只是偶发事件。犯罪分子不

是在抢劫银行，而是在抢劫虚拟货币账户。Mt. Gox 的黑客事件就是一个很好的例子：黑客只是访问了 Mt. Gox 的比特币，并将其发送到了他们控制的账户中。但同类型的案件还在不断发生：2018 年 1 月，黑客从日本交易所 Coincheck 盗取了价值约 5.35 亿美元的加密货币；2 月，黑客从意大利交易所 BitGrail 盗取了 1.7 亿美元；6 月，黑客从韩国交易所 Coinrail 盗取了 4000 万美元；7 月，黑客从以色列—瑞士交易所 Bancor 盗取了 2400 万美元。自 2011 年以来，合计价值超过 17 亿美元的加密货币被公开报道被盗。[15] 加密货币交易所往往是这些盗窃的目标，因为它们控制着大量用户的虚拟货币钱包，但个别盗窃案也时有发生。

第二件事，也是引起政策界更大关注的一个现象，这一现象与其说是区块链上的犯罪，不如说是区块链引发的犯罪。问题之一在于，犯罪组织正在获取不义之财，并将其储存在比特币或其他形式的虚拟货币中。另外，人们在出售非法商品和服务，如毒品和枪支以及性服务时，开始接受比特币或虚拟货币作为报酬。再者，黑客组织在对公司发起勒索软件攻击后，要求比特币作为解密受感染计算机的赎金。例如，朝鲜黑客组织 Lazarus 在 2017 年 5 月发动了 WannaCry 网络攻击，攻击了全球数千台电脑，其中包括日产、雷诺和英国国家卫生局等拥有的电脑，他们要求受感染的用户向他们发送 300 美元的比特币作为解锁电脑的回报。受影响的用户最终向黑客发送了 14 万美元的比特币作为赎金。[16] 犯罪分子使用虚拟货币购买、出售和储存资产的做法之所以问题重重，原因之一是它消
除了追踪罪犯的最有效机制之一——使用银行系统。检察官之所以 99
经常采取“追随金钱”的策略，原因在于，追踪从一家银行到另一家银行的资金流动，比监视罪犯的日常活动要简单得多。但是，如

果犯罪分子永远不需要使用银行，他们就永远不会以其他人可以追踪的方式“接触”金融系统。

所以，当人们说区块链存在犯罪问题时，一般都是在说下面两种情况：区块链是犯罪分子的目标，即区块链正在被犯罪分子盗取；区块链是犯罪分子的货币，即区块链为犯罪分子所使用。值得注意的是，区块链犯罪的这两个层面是完全不同的，可能需要不同的规制解决方案。但现实是，阻止一种犯罪要素的有效方法可能对抑制另一种犯罪要素无效。具体来说，防止黑客访问比特币地址的干预措施可能不会特别有效地阻止犯罪组织通过比特币洗钱。而防止犯罪组织以比特币获得报酬的干预措施在阻止黑客盗取比特币方面可能也不是特别有效。

*　　*　　*

为什么区块链的犯罪率这么高？是这项技术的必然特征吗？是否有办法减少甚至消除区块链上的犯罪？这些问题对该技术的未来发展至关重要，行业参与者和执法机构都在努力工作，试图解决这些问题。他们找到的答案可能最终决定了区块链是否能够作为一项改变世界的技术出现，还是只是科学发展史上的一粒尘埃。虽然区块链上的犯罪肯定有其独特的形式和变体，但问题本身并不新鲜。几个世纪以来，犯罪学家、社会学家和心理学家一直在研究犯罪的原因，以及如何预防犯罪。他们的许多经验教训与区块链直接相关，并阐明了我们应该如何在去中心化技术中去破除犯罪。他们还提出了这些方法的一些固有局限性。

试想，如果你是约翰·洛克，你迫切希望拥有一本霍布斯的《利维坦》，但你根本买不起。霍布斯给这本书上的定价（以比特币计算）已经超出了你的经济承受能力。但进一步想象，你知道你的隔壁邻居有一个装满硬币的比特币地址。他把这个地址的私钥写在床头柜上的一张纸条上。他这个周末要出城，而你知道他从不锁门。你可以趁他不在的时候溜进他家，拿着他的私钥，把比特币发到你自己的地址。然后你终于可以拥有你一直想要的《利维坦》了。

那么，问题是，你会这么干吗？ 100

这个问题涉及刑法中一个非常基本的问题，即人为什么会犯罪？当然，这会有很多原因，比如贪婪、嫉妒、欲望、愤怒等。所有这些恶都是犯罪的原因，但柏拉图的《理想国》中有一个特别有影响力的理论，这一理论在犯罪哲学史上也是最著名的思想实验，它就是“盖吉兹之戒”。在这个故事中，吕底亚人的祖先盖吉兹（Gyges）是一个牧羊人，有一天外出照看羊群时发现了一枚金戒指，他意外地扭动了戒指上的套筒，发现它能让自己隐身，扭动两次，他又变得可见。经过几次测试，盖吉兹发现真的没人能够看见他。于是，盖吉兹便利用这枚戒指干了很多坏事，直至最后他利用这枚戒指引诱王后，谋杀了国王，窃取了王位。

传说到此结束，但正是柏拉图对传说的理解让“盖吉兹之戒”成为真正的经典。格劳孔在与苏格拉底讨论正义的本质时，也援引了盖吉兹之戒来佐证自己的观点：

> 假设有两只这样的戒指，正义的人和不正义的人各戴一只，在这种情况下，可以想象，没有一个人能坚定不移，继续做正义的事，也不会有一个人能克制住不拿别人的财物的欲望。如果他能在市场里不用害怕，要什么就随便拿什么，能随

> 意穿门越户，能随意调戏妇女，能随意杀人劫狱，总之能像全能的神一样，随心所欲行动的话，到这时候，两个人的行为就会一模一样。因此我们可以说，这是一个有力的证据，证明没有人把正义当成是对自己的好事，心甘情愿去实行，做正义之事是勉强的。在任何场合之下，一个人只要能干坏事，他总会去干的。大家一目了然，从不正义那里比从正义那里个人能得到更多的利益。每个相信这点的人却能振振有词，说出一大套道理来。如果谁有了权而不为非作歹、不夺人钱财，那他就要被人当成天下第一号的傻瓜，虽然当着他的面人家还是称赞他——人们因为怕吃亏，老是这么互相欺骗着。[17]

格劳孔在这里提出的是一种犯罪理论。根据格劳孔的观点，如果每个人都认为自己可以逃脱罪责，就会犯罪。换句话说，在完全匿名的情况下，每个人都是罪犯。对于格劳孔来说，即使是最强烈的道德感也无法抵御像“盖吉兹之戒”这样工具的力量。只有傻子才会在知道可以免费得到的情况下，不拿自己想要的东西。

因此，“盖吉兹之戒”代表了这样一个观点：阻止犯罪的不是
101 道德或心理，而是侦查和惩罚。为了打击犯罪，我们需要确保犯罪不会得逞。格劳孔对潜伏在我们每个人内心的罪犯的恶念，与更广泛的刑法功利主义理论一脉相承。[18] 这些理论都认为，罪犯和其他个人一样，只是一个理性的行为者，只有在犯罪符合他的利益时，他才会犯罪。因此，犯罪是理性计算的结果。或者，正如经济学家加里·贝克尔（Gary Becker）所言：“如果一个人的预期效用超过了他利用时间和其他资源从事其他活动所能获得的效用，他就会犯罪。因此，有些人成为‘罪犯’，并不是因为他们的基本动机与其

他人的动机不同，而是因为他们的收益和成本不同。”[19] 这种计算的结果取决于三个关键因素：从犯罪中获得的收益，被发现的可能性，以及被发现后的惩罚力度。

因此，功利主义者有一个明确的打击犯罪的范式。假设我们不能改变犯罪的收益，那么我们需要在犯罪侦查或惩罚上下功夫。减少犯罪的一个方法就是增加发现犯罪的机会。例如，我们可以在街道上部署更多的警察，或者让他们延长工作时间，以便在犯罪发生时抓住罪犯。我们可以提高调查人员追查罪犯的能力，或者我们可以在街角安装摄像机来记录可疑的活动。不过，以侦查为导向的犯罪方法问题在于，该方法的成本可能会很昂贵。如果要让警察昼夜不停地工作，或者雇用新的调查员，或者在全国各地安装摄像机，对社会而言都需要耗费巨资。所以，很多功利主义的刑法理论认为，更好、更有效率的解决方案，是注重于对犯罪的惩罚，即我们不需要去抓更多的罪犯，只需要对抓到的罪犯进行非常严厉的惩罚就可以了。如果罪犯真的是理性的，那么惩罚若足够严厉，他们应该就不会那么愿意犯罪了。毕竟，即使我在空荡荡的大街上乱穿马路被人抓到的可能性很小，但如果惩罚是终身监禁，我可能还是不会这么做，因为不值得冒这个险。耶鲁大学的法学教授丹·卡汉（Dan Kahan）曾写道：“以严厉代替确定性的效率，通常被认为是（犯罪）标准经济概念的基础性见解。”[20] 以惩罚为导向的犯罪方法的优点在于，它们所需要的成本往往更为低廉。与其花费大量资金增加执法活动的频率和数量，不如干脆加大对抓获的少数罪犯的惩处力度，效果应该是一样的。看上去，这似乎是一个双赢的局面。

但是，增加犯罪惩罚的严厉程度也会导致一些新问题。首先，
在某一时刻，加重惩罚可能会显得不公平。许多人有一种本能，即 102

认为惩罚应该与罪行的严重程度相称，比如用终身监禁来惩罚乱穿马路、用百万美元的罚款来惩罚偷窃者似乎都不公平。即使我们知道大多数乱穿马路者或偷窃者都没有被抓到，而且这些惩罚对于阻止不受欢迎的行为是必要的，但在对个别违法者实施这些惩罚之前，我们仍然会犹豫不决。所以，以惩罚为导向的犯罪威慑方法会遭到以公平为导向的批判。但与此同时，同样重要的是，不清楚潜在的犯罪者在决定是否实施犯罪时，是否真的会权衡犯罪的潜在惩罚。他们很可能甚至不知道惩罚的范围是什么，比如美国联邦量刑指南是出了名的复杂，很多罪犯在犯罪之前可能并不知晓其刑罚后果。但即使他们知道，也有充分的证据表明，他们关心的是被发现的可能性，而不是惩罚的严重程度。毕竟，如果我认为自己可以逍遥法外，我可能不会太在意犯罪的惩罚是多少年。

最近的一些心理学研究为格劳孔和功利主义者提供了支持。一个受到特别关注的研究领域是学术环境中的作弊行为。在 2010 年北卡罗来纳大学教堂山分校进行的一项研究中，研究人员将参与者分成两组，将一组放在光线充足的房间，另一组放在光线昏暗的房间。然后给参与者一张工作表，要求他们解决简单的数学问题。他们每解决一道题，就会得到 0.5 美元的奖励。然而，重要的是，参与者需要报告他们自己的结果。与此同时，研究人员似乎没有办法仔细检查他们是否诚实地报告了他们的结果。他们的工作表似乎是匿名的，参与者拿取自己的奖励（从一个塞满美元的信封里）。这样一来，参与者就有了多报他们解决了多少问题的经济动机。但参与者并不知道，他们的工作表实际上是可以识别的，这让研究人员能够确定谁作弊了、谁没有作弊。结果很清楚，也很有说服力。虽然两组都多报了他们解决的数学问题的数量，但放置在昏暗的房间里的参与者的作弊率明显更高。研究人员将结果解释为，当人们觉得自己的身份被隐藏时，他们更愿意做出不道德的行为。换句话说，房间里的黑暗让参与者的自律性降低。[21]

因此，对格劳孔和功利主义者而言，犯罪是一种基于对犯罪成本和收益计算的理性行为。为了减少犯罪，我们需要提高破案率，也要加大处罚力度。故在环境中引入更多的匿名性，必然会导致犯 103
罪数量的增多。

我们知道，区块链生态系统内的犯罪率很高：加密货币交易所经常被黑客攻击；犯罪分子利用比特币和其他虚拟货币来洗钱；勒索软件攻击使用比特币作为他们的首选支付方式。这些现象有一个共同的原因：比特币（以及其他加密货币）向其用户承诺匿名性。这使得基于区块链的加密货币对那些更愿意为自己的交易保密的用户更具吸引力。长期以来，比特币等加密货币一直将匿名性作为其技术的基础。在中本聪最初关于比特币和区块链的白皮书中，曾写道，网络隐私的关键在于保持公共地址的匿名性。虽然外界有可能观察到交易，即可以看到比特币从哪里来到哪里去，但由于公共地址与现实世界中的物理地址并没有任何关联，所以系统内的匿名性很高。其他虚拟货币在隐私上增加了更多的层次，因此可宣称更大程度地保证匿名性。但同样重要的是，区块链交易是在互联网上进行的。一个人完全有可能通过互联网向一个陌生人发送比特币，而不需要和他面对面。所以，即使比特币等加密货币并不是完全匿名的（它们可能会泄露比特币所有者的一些信息，比如行为模式或资金来源），但仍有着许多我们知道的可以影响个人行为的匿名伪装。所有这些都表明，现实世界场景中存在的犯罪壁垒在区块链的虚拟世界中被削弱了。

但事实证明，比特币并不像人们想象的那样具有匿名性，而且还有一些机制可以降低其匿名性。可以肯定的是，至少乍一看，它是匿名的。外人看区块链时，只会看到一个由一串随机的数字和字母组成的公共地址列表，这些地址将与该地址储存的若干比特币相关联。下面是一个公共地址：18BUZZSmW1yZ6g88CYn6wmuUdGnTpjY6aT。该地址与其主人的现实世界身份没有任何联系，因此，应该提供一定程度的隐私保护。但问题是，地址本身是公开的。即使我们不知道地址所有者在现实世界的身份，我们仍然可以通过查
104 看该地址进行的交易来了解所有者的一些情况。例如，如果一个黑客说，他只有在你向某个地址发送比特币时才会解锁你的电脑，我们可能会怀疑这个黑客拥有这个地址。如果一个公共地址在从钱包中盗取了1000万美元的比特币后，立即收到了1000万美元的比特币，那么我们可能会怀疑这个盗贼拥有这个地址。虽然这并不能让我们确定所有者的身份，但它确实给我们提供了一些信息。在现实中，这个过程更复杂一些，因为人们可以创建多个公共地址，并在它们之间或向新创建的地址汇款。他们可以使用类似“翻滚器”和“混合器”的方式，来让人们更难判断哪些比特币去了哪里。所有这些策略都会使公共地址与现实身份的关联变得更加困难，但研究人员已经找到了解决或至少可以减轻许多这些问题的方法。这就是为什么学者们将比特币称为假名而非匿名虚拟货币的原因。人们在比特币网络中通过使用假名来进行互动，但他们无法完全不使用名字。

但是，如果政府不能确定比特币的真实持有者，他们又怎么能知道被盗比特币在哪里呢？他们也不能向中央管理员发出法院命令，命令归还这笔钱。因为区块链没有中央管理员，所以这笔钱看

上去像是无法收回的。好吧，事实证明，有很多方法可以将假名公共地址与现实世界的身份联系起来。

一方面，比特币持有者可能只是透露他拥有一个特定的地址。这种情况比人们想象的还要常见。例如，2013 年 12 月，彭博社的电视主播马特·米勒（Matt Miller）给他的两位合作主持人送了一份价值 20 美元的比特币圣诞礼物，但在送礼物的过程中，他短暂地将包含地址和摄像机私钥的纸条翻了过来。这笔钱很快就被一个名叫 milkywaymasta 的 reddit 用户偷走了。这也是研究人员得知温尼克身份的途径之一。从 Mt. Gox 被盗的一些硬币曾流向一个与 WME 这个名字相关的账户。使用 WME 这个名字的人还曾在博客上发帖称，他在莫斯科经营虚拟货币兑换业务。后来，在 Bitcointalk.org 上的帖子中，一位名为 WME 的用户声称自己被一家比特币交易所骗了。WME 还贴出了他与骗子的对话截图，对话内容显示他化名为 Aleksandr，被要求向 KBME 银行（一家坦桑尼亚银行，后来被美国政府认定参与恐怖主义融资、有组织犯罪和逃避制裁等）转账，钱最终转到了温尼克拥有的一家银行。没多久，调查人员就把这些线索联系起来了。[22] 105

另一方面，比特币去匿名化的另一途径与将比特币兑换成更传统货币的过程有关。比特币毕竟是一个封闭的生态系统：人们可以互相发送比特币，但没有办法通过比特币软件本身将比特币兑换成美元、欧元或日元等传统货币。如果有人想把自己的比特币兑换成传统货币，就必须通过交易所。近年来，使用加密货币交易所的人数成倍增长，其中一个热门平台 Coinbase 就拥有 2500 万用户，而这些交易所需要用户的身份信息。[23] 因此，任何时候，个人使用交易所来获取现实意义的货币，都会失去比特币技术本身提供的一些匿名性。事实上，这一直都是监管机构用来打击不法分子的主要方法之一。例如，2016 年，为了打击加密货币世界的逃税行为，美国国税局命令 Coinbase 交出 2013 年至 2015 年期间所有购买虚拟货币的客户记录。因此，监管机构在行业执法中起到了至关重要的作用。

也因此，比特币并不像一些评论家说的那样匿名，而且在某些方面，它甚至不如传统货币那样匿名。毕竟，区块链将货币的所有交易记录在一个不可更改的数据库上，这个数据库是所有人都可以访问的。如果有人知道某个地址的主人，他们也可以追溯到这个地址曾经进行的所有交易，甚至可以追溯到比特币的产生。这就好比你只要手中有一元纸币，就可以追踪到它曾经去过的任何地方。因此，比特币和其他加密货币并不是匿名的，而且在某些方面比传统货币能够提供的隐私保护更少。

另外，网络犯罪的受惩罚率往往很低。2013 年，执法人员发现并追回了 21% 的银行抢劫案中的赃款。[24] 相比之下，受到惩罚的网络犯罪非常少。2010 年，受害者向警局报告了 304000 起网络犯罪。[25] 识别、跟踪和起诉网络犯罪的难度很大，而由于互联网犯罪可以跨越国别的界限，因而困难只会进一步增加。具言之，从国外发动网络攻击比在国内发动网络攻击更容易。此外，外国执法机构可能不太愿意协助起诉本国公民在国外对个人犯下的罪行。

对行业内的大型行为者（如加密货币交易所）进行监管，可能是提高检测率的方法之一。毕竟，即便区块链本身是去中心化和点对点性质的，也有几家大公司控制着比特币日常交易的很大一部
106 分。但问题是，正如 BTC-e 案例所充分证明的那样，这些大型行为者往往位于离岸司法管辖区，至少在某些情况下，它们是通过暗

中和模糊的结构来运作的，其目的在于隐藏真正的所有者。

更重要的是，即使它们不在离岸区，这些机构也经常抵制监管部门对它们日常运营的频繁干涉。其中一个例子是 ShapeShift AG，这是一家在科罗拉多州丹佛市经营的瑞士加密货币交易所。ShapeShift 的既定目标是成为“最快、最私密、最方便的数字货币交换方式”。[26] 实现这一目标的方式之一是允许用户用一种加密货币（如比特币）交换另一种货币（如门罗币），而该公司不登记用户的身份。碰巧的是，门罗币是一种基于区块链的加密货币，比比特币匿名性要更好，因此为寻求隐藏资产的犯罪分子提供了一个有用的渠道。ShapeShift 由区块链世界的一位名人——三十四岁的埃里克·沃里斯（Erik Voorhees）经营。他是比特币的早期采矿者，并创立了比特币公司中最著名也是最成功的一家公司，即一家名为 Satoshi Dice 的网站，允许人们使用比特币进行赌博。但沃里斯一直在批评监管部门减少或消除区块链中以隐私为导向的保护措施的努力。“我不认为人们应该把自己的身份记录下来，以便抓到一个偶然的罪犯。”他告诉一位采访者。在 2014 年，沃里斯以拜恩·冈蒂埃（Beorn Gonthier）(这是指约翰·罗纳德·瑞尔·托尔金的《霍比特人》中的一个角色，他可以变身为一只熊）的假名创立了 ShapeShift。《华尔街日报》对该公司的一项调查发现，有近 900 万美元的赃款通过该网站进行了洗钱，而其中还包括了来自朝鲜黑客和庞氏骗局经营者的钱。《华尔街日报》的分析还认为，在通过 ShapeShift 和其他交易所洗钱的 8900 万美元中，只有不到 200 万美元为执法部门所没收。[27] 因此，只有 2% 的通过加密货币进行的洗钱活动被发现，数额少得可怜。因此，即使大型行为者位于一个司法管辖区内，监管机构也可能很难对其进行制约。事实上，这种针对行业内大型行为者的努力在范围和效果上都很有限。

所有这些都表明，通过纯法律方法遏制区块链犯罪的努力都将遇到实质性障碍。比特币提供的虚幻匿名和其他加密货币提供的更丰富的匿名形式，让虚拟货币成为对犯罪分子有吸引力的价值形
107 式，也可能助长那些在现实世界中没有犯罪的个人的不良行为。低犯罪率的侦查可能会让犯罪分子更加胆大妄为。而区块链的去中心化性质使得监管者难以对该行业实施更好的约束：没有一个单一的行为体可以对其实施监管要求。

* * *

但是，如果说格劳孔和功利主义者认为“如果人们认为自己不会被抓住，就会犯罪”，那么刑法理论的另一个重要流派则认为，真正阻止人们犯罪的是“人们认为这样做是错误的”。[28] 在犯罪规范理论支持者看来，人们有各种机会在日常生活中犯罪，但很少犯罪。阻止他们的并不是他们害怕被警察抓住，而是他们这样做违背了自己对“什么是对的、好的，人们应该做什么”的想法。另一种说法是，功利主义的犯罪理论倾向于关注理性——个人根据特定行为的成本和收益作出理性选择的能力，犯罪规范理论则关注规范，那些对适当行为的非正式理解，可能有助于社区的秩序和文明。规范理论者认为，社会和道德标准比法律更能有效地规范个人的行为。功利主义理论家会认为这是无稽之谈。他们认为，没有制裁支持的行为规范并不能约束个人的决策。只要犯罪能获利，犯罪分子就会存在。功利主义者认为，我们需要关注的是激励机制，而不是信仰相关的内容。但对于相信规范效力的人而言，物质激励只是决定人们行为的一部分。价值观、信仰和社区也同样重要。因此，如

果想制止犯罪，我们就需要找到办法，确保个人相信法律是合法的，法律的规定是值得服从的。

犯罪规范理论已经确定了社会环境影响个人信念和行为的若干方式。其中一个结论是，个人深受其同龄人的信仰和行为的影响。“如果一个人为那些在道德上（或看起来）反对犯罪的人所包围，她很可能会和他们一样厌恶犯罪，”丹·卡汉写道，“如果他们发现（或似乎发现）犯罪行为是无害的，甚至是可取的，她很可能也会有同样的感觉。”[29] 这一见解也引出了许多解决犯罪问题的潜在途径。

一种是简单地将其他人的实际行动和信仰告知社会。这种类型的干预，即所谓的社会证明，在社区大多数人守法并认为犯罪可耻的情况下，可以很好地发挥作用。例如，它已经被用于减少大学校园里的酗酒现象。事实证明，大学生往往认为同龄人比他们更能接 108
受酗酒，而这种错误的观念又导致他们自己更愿意酗酒。为了纠正这种对社会规范的不正确认识，一组研究人员干脆给学生提供了关于其他学生对校园饮酒舒适度的系统性误解的信息，而这样做的结果是这些学生的饮酒量明显减少。[30]

但犯罪规范理论，也凸显了一些试图规范社会法则的危险性。毕竟，法律会影响社会价值。如果它以有害社会的方式规定，最终可能会达到与其意图完全相反的效果。用卡汉的话说：“它惩罚什么（藏毒、鸡奸）可以告诉我们，社会认为什么样的生活是良性的；它如何惩罚（监禁、体罚、罚款）可以告诉我们，它认为什么样的苦难形式适合于惩罚不法分子；它如何惩罚（对杀害白人的凶手判处死刑，对杀害黑人的凶手判处无期徒刑）可以告诉我们，它重视谁的利益以及具体的重视程度。”[31] 如果这些信息与社会上主流的观点不一致，或者如果惩罚被认为是过度严厉，它们就很可能破坏法律在公民眼中的合法性。

这方面的著名例子是毒品的量刑。1986年，为了响应公众对该国流行的毒品问题的日益关注，美国国会通过了《禁毒法案》，对一长串毒品犯罪处以严厉的强制性徒刑。但该法也有一个明显的不同之处，即如果发现罪犯持有快克可卡因，只要身上只有50克毒品，就会被强制判处10年徒刑；但如果发现罪犯持有粉末可卡因，只有身上有5000克毒品，才会被判处10年徒刑。换句话说，根据法律的量刑，快克可卡因和可卡因粉末之间存在100比1的差异。如果在差异方面还没有强烈的种族影响，那么单独的差异就不会成为问题。一项针对联邦起诉的研究发现，91%的快克可卡因犯罪嫌疑人是非裔美国人，只有3%是白人。相反，32%的粉末可卡因被告是白人，27%是非裔美国人。这种差异的结果是，黑人被告常常适用于快克可卡因的严厉量刑要求，而白人被告仅面临适用于粉末可卡因的（相对）宽松的量刑要求。尽管已经为这种差异提供了许多解释（药物的不同药理作用、成瘾性、与犯罪的关联等），
109 但这种差异的总体影响却难以忽视。它对非裔美国人的危害是压倒性的。这也对社区的法律观产生了严重的影响。正如美国公民自由联盟的劳拉·墨菲（Laura Murphy）所言：

> 这既不公平，也不切实际，更没有道理可言。你怎么能去一个市中心的家庭，并告诉他们，他们的儿子被判处20年，而郊区那些大量使用可卡因粉的人却可以获得90天的缓刑？当人们了解这些法律的实施方式的真相、没有任何威慑力的事实以及这些起诉的种族性质时，我认为社会会因此陷入动荡。[32]

换言之，若对一些罪行的惩罚过于严厉，将会导致人们对法律本身的公平性和合法性提出异议。最终，国会被迫通过了一项新的法律，即《公平判决法》，缩小了快克可卡因和粉状可卡因在判决制度上的差异。[33]

因此，犯罪的规范理论认为，犯罪取决于信念，即既要相信什么是德行和善行，也要相信别人知道什么是德行和善行。如果我们想要遏制犯罪，那么我们就必须要关注犯罪发生的社会环境。我们不仅需要改变相关社区的非正式社会和道德信仰，还需要呼吁公平和平等的理念。那我们该用什么样的规范方法限制区块链犯罪行为呢？如果法律制裁无法有效遏制区块链犯罪行为，那么基于规范的干预措施或许可以介入来填补空白。区块链用户经常将网络称为“社区”，即个人用户对“社区”系统的管理方式有发言权，故他们吹捧区块链的民主性质及其开源方式。因此，至少在语言层面，区块链内的社会规范具有强大的行为效应这一主张似乎得到了一些支持。这也表明，在监管问题行为方面，社会制裁有可能是法律制裁方式的有效替代。

当然，在区块链上似乎确实存在着以社区为导向的共同利益合作的案例。最为知名的例子包括 2013 年社区为解决比特币网络中因发布新版本软件而产生的无意“硬分叉”，以及 2016 年以太坊社区内部为解决 DAO 企业被黑客攻击而产生“硬分叉”的努力。在这些场景中，每一个大型行为体都进行合作，以防止其他用户的利益受到损害，即便所有的努力可能对他们自己而言没有直接的受益之处（当然他们通过防止可能危及虚拟货币存在的灾难性后果而间接受益）。在聊天室里，很多好心人在其他用户的比特币被盗或账

110 户被黑后，也积极给予帮助。

但是，对社会制裁在抑制区块链犯罪行为的范围和效果，我们有理由持怀疑态度。首先，作为一个纯粹的经验问题，到目前为止，他们似乎并没有在这方面做得特别好。在比特币和其他加密货币中，洗钱、盗窃和黑客等现象猖獗。仅在 2018 年，就有价值约 17 亿美元的加密货币从交易所被盗或从投资者那里被骗。[34] 据著名网络安全组织卡巴斯基实验室推测，仅在 2017 年和 2018 年，就有 1811937 名用户受到勒索软件的威胁，其中很多用户还被迫支付比特币或其他虚拟货币以重新获得计算机的访问权限。[35] 其他的犯罪行为也层出不穷，比如“恶意加密挖矿”，即黑客控制用户的电脑，并利用计算能力为自己的账户开采加密货币。[36] 正如卡巴斯基实验室在最近的一份报告中写道的那般：“加密货币为恶意活动的货币化开辟了新的且前所未有的途径。”[37] 所以，至少在目前，社会规范并没有能够有效地遏制区块链上的犯罪行为。

当然，社会规范的形成需要时间。“规范”的真正含义，来自社区中正常或通常的行为形式。在人们相互交流、观察他人的行为达到一定时间之前，这些关于社区中正常和合适的观念是无法形成的。博弈理论家大卫·阿克塞尔罗德（David Axelrod）认为，规范需要反复的互动，否则，整个社会的规范就无法形成。[38] 因此，随着区块链行业的发展，更多合作形式的行为将成为一种社会规范，而犯罪行为也将因此而减少。

但是，区块链中的合作性社会规范要想奏效还要解决其他问题。对社会制裁的有效性持怀疑态度的另一个原因在于，即便这些制裁能够遏制相当一部分犯罪，但少数未被成功制止的犯罪行为仍会造成严重的伤害。即使我们能够说服绝大多数用户不利用区块链犯罪或洗钱，但仍有一部分犯罪分子会将其视为趁机牟利的机会。更糟糕的是，仅仅几次黑客攻击就有可能给用户带来巨大的损失。

这涉及一个重要问题。当社区规模较小且紧密结合时，社会制裁是最有效的方式。但对于区块链来说，却并不是这样。毕竟，区块链社区是庞大的、非人格化的社区：其成员由世界各地成千上万的匿名计算机组成，现实世界的互动很少甚至都不存在。在对世界社会规范发展的关键性研究中，阿克塞尔罗德发现，在那些规模小且关系密切的社区内，稳定的有益规范形式更有可能发展起来，因
为在这些社区里，成员之间会进行多次互动。有时，只要参与者相 111
信他们会再次互动，规范就会以令人惊讶的方式形成。他举例说，第一次世界大战中敌对士兵之间的规范得到了很好的发展，部队经常与对方形成一种“活生生的制度”。在战斗中，士兵们常常会有意避免伤害对方战壕里的士兵。正如一位英国军官写道的那般：

> 法国人的做法是，在一个安静的地区，“让士兵躺下”……而且只有在受到挑衅时，才会发动强烈的反击。在我们从他们手中夺回一个区的掌控权后，他们向我解释说，他们实际上有一个敌人很明白的密码：他们每过来一个人就开两枪，但从不先开枪。[39]

重要的是，第一次世界大战期间，军队内部的群体规模小，凝聚力强，社会规范得以坚持。如果有人违反了规范，敌人会立即开枪提醒他们犯了错误。但在区块链社区内，目前尚不清楚这种凝聚力是否存在，甚至是否有能力存在。在现实世界中，这些用户通常不会有什么交流。与此同时，比特币社区内的用户众多，而这些成

员如何应对规范的“惩罚”，至今还未得知。

最后，或许最重要的是，区块链社区的实际规范似乎涵盖了一定数量的只能被描述为对自私行为的放任态度。“如果把它包含在代码中，那就不是 bug 了”，这并不是一种罕见的观点。比如在 Mt. Gox 黑客事件发生后，有不少博主站出来，称 Mt. Gox 的投资者“早该知道这种事”。其中一个帖子的标题是：“谁能告诉我，在 Mt. Gox 上有钱的人怎么不会是一个贪婪、可怕、愚蠢的投机者？”[40] 当有用户回应说“有些人可能对比特币比较陌生，根本不知道还能在哪里存储他们的货币”时，他很快就会被认为缺乏才识。

“我认为你的过错在于不理解金钱对你的重要性，”一位用户写道，“如果这笔钱对你来说意义重大，而且你也依赖于它，那么你应该更多地参与到社区中来，这样你就会知道你所做的那个非常重要的投资发生了什么。”

另一位用户明显带有讽刺口吻的回答道：“责怪受害者总是最好的。”

“是的，尤其是当那些受害者是白痴的时候。”另一位用户回应道。

“在我听来，你好像在 Mt. Gox 那里损失了很多钱。”该用户继续说道。

“好吧，如果是这样的话，我可以说，我真的很高兴你为此
112 而受伤。投机者一文不值，对社会毫无贡献，而且最终值得这个结果。”

康奈尔大学计算机科学教授、加密货币与合约计划（cryptocurrency and Contracts）共同负责人埃明·古恩·塞勒（Emin Gun Sirer）对这一问题进行了深入研究。多年来，他研究了点对点系统

和分布式网络，很快对加密货币现象产生了兴趣，并频繁发表相关研究成果。尽管他对区块链的发展持乐观态度，但他也对比特币的安全性以及可靠性提出了质疑。2013 年，他与康奈尔大学计算机科学系的同事伊泰·埃亚尔（Ittay Eyal）共同撰写了一篇题为《多数还不够：比特币开采很脆弱》的论文。[41] 该论文表明，一群掌握着网络上不到 25% 的计算机能力的矿工有可能破坏比特币系统，赚取超过他们应得的比特币。该研究在比特币界内备受关注，因为它驳斥了人们普遍认为的观点，即比特币只有在不良行为者设法控制了网络上 51% 的采矿权的情况下才能受到损害。塞勒的论文不仅表明比特币不像一些人想象的那么坚不可摧，还说明比特币的正常运行要求比仅强调网络中大多数人的诚实行为要高得多。哪怕只是比特币的一小部分用户团结起来，他们也很可能会成功。

比特币对诚信的依赖，让塞勒产生了进一步的疑问。当人们通过区块链进行互动时，他们是否倾向做出诚实的行为？该系统毕竟是匿名的。如果他们的不当行为不能受到惩罚，他们有什么激励措施来表现得适当？出于对日益机械化的世界如何影响人类行为的好奇，塞勒做了所有面对看似棘手问题的受人尊敬的学者都会做的事情——他在推特上进行了调查。在一篇文章中，他向他的追随者提出了以下问题：

> 你发现了一个系统 bug，如果你使用它，会让你赚到 X 美元。“bug 赏金”是统一的 1 万美元，假设你不会被抓，超过 X 的什么值，你就会利用这个 bug 赚钱，而不是举报它，然后解决赏金问题？[42]

换言之，他要求追随者为他们的诚实程度设定一个货币价值。如果一家公司推出了一款新产品，并向用户提供1万美元，让他们找出产品中的任何漏洞——这就是“bug赏金”，如果这意味着放弃利用这些漏洞为自己谋取利益的机会，他们会心甘情愿地找出这些漏洞吗？他们需要多少钱才能牺牲自己的诚实？

反应非常热烈。如果这样做的个人收益足够高，超过三分之二
113 的人会利用这个漏洞。只有三分之一的人说，他们永远不会利用这个漏洞。因此，如果一个已知的漏洞能让他们赚钱，那么利用该漏洞的人比自愿报告该漏洞的人多出一倍。用户的回答有很多理由，但一个共同的理由是，利用一个计算机程序的代码有漏洞，并没有什么不妥。“漏洞=未记录的功能”，一位用户写道，接着说：“供应商的问题，为什么不呢？”“利用bug不是盗窃”，另一位写道。“bug来自开发者和投资者的无能，”另一位写道，“bug应该被利用。达尔文主义在加密领域也适用。”

诚然，塞勒的研究是不科学的，但它确实让人感受到了行业内的社会规范。许多甚至可能是大多数区块链和加密货币爱好者都愿意为了个人利益而剥削其他用户，即使这种剥削是由“bug”造成的，只要他们能确定自己不会被抓住。这种谨慎的心态，让人联想到格劳孔关于“盖吉兹之戒”的争论，这在行业内很普遍。如果有人不愿意或不能完全理解一项技术，那么他们就必须为自己的无知付出代价。他们不应该期望受到现实世界中的道德行为规范的保护。

从治理的角度来看，这对区块链来说是有问题的。即使是编写得最好的程序，由世界上最大的公司发行的程序，在启动时也有未知的漏洞。乔治敦大学的计算机科学家马特·布拉兹（Matt Blaze）

曾说："尽管几十年来信息技术不断进步，几乎在各个方面都使计算机变得更好，但几乎所有的软件仍然存在错误。每一台电脑、每一部智能手机、每一个软件在交付给用户时，都预装了大量的隐藏安全漏洞，只是我们还没有发现它们罢了。"[43] 问题在于，计算机编程是出了名的先进。与人类不同的是，人类至少在名义上有能力发现明显的错误并拒绝执行，而计算机必须按照代码命令的方式对行动作出反应。这意味着，即使是代码中的小错误，甚至是疏忽，也会造成大问题。2018 年，一种被称为"黑点错误"的 iPhone 黑客开始流传，黑客只需向受害者发送一条带有黑点的短信（黑点中带有恶意代码），就可以冻结受害者的 iPhone。2017 年，谷歌的一位安全专家发现了"最近记忆中最严重的 Windows 漏洞"，这个漏洞可以让黑客在目标本身没有任何动作的情况下远程访问目标的电脑。这两个问题最终都被发现并解决了。但是，即使是世界上一些最先进和最强大的公司开发的软件也存在这样的漏洞，这表明了问题的严重性。这也是软件公司定期发布补丁和更新的原因。他们正在与已知和未知的漏洞进行持续的斗争。 114

区块链的漏洞也有可能造成相当大的危害。例如，2013 年 3 月，比特币源代码 0.8 版本的错误导致了比特币网络的分叉，这个小错误几乎将虚拟货币完全摧毁。在几个大型矿商的一致行动下才得以解决，他们不得不以维护系统本身的名义牺牲自己辛苦赚来的货币。但是，当然，当代码背后的资产增长时，发现代码中的错误从而加以利用的动机也会增长。而比特币的总价值也得到了极大的增长，从 2012 年初的约 4000 万美元市值，到 2017 年底的 2380 亿美元市值。

例如，下面是 2010 年 7 月比特币代码的一页：

```
"Case OP_RETURN
{
c=pend;
}
break;"
```

注意到有什么问题吗？可能没有。但在2010年7月底，一位名叫ArtForz的德国程序员却发现了。他意识到，这条线路允许某人从另一个人的钱包里花钱，这还是在中本聪还活跃在社区里的时候。中本聪很担心这个问题，他认为这个问题太危险了，不能承认。所以他没有公布这个缺陷，而是干脆瞒着网络上的其他人。他吩咐已经意识到问题的那一小部分人，要他们保密。"现在，不要对任何还不知道的人称它为1 RETURN漏洞。"中本聪写给另一位比特币开发者加文·安德森。为了修复它，他给比特币软件写了一个补丁，并将修复的内容埋在了一个原本毫无特色的软件更新的修订代码中。因为修订后的软件"里面有十几处改动，不一定能看出最严重的漏洞是什么。如果有攻击者在变化中寻找漏洞，这可能会给人们升级带来先机。"中本聪的补丁起了作用：1个RETURN漏洞被修复了，至少在一段时间内，人们花别人比特币的威胁退去。[44]但中本聪仍然对比特币网络的安全性深表担忧。值得记住的是，2010年12月12日，他在比特币论坛上发布的最后一条信息是，"攻击的方式还有很多，我无法一一枚举"。[45]

* * *

在一些犯罪学家看来，功利主义犯罪理论和规范性犯罪理论之间的二分法掩盖了一个现实，即多数人在大多数时候的行为动机是复杂的。人们不仅受他们的“善的观念”的指导，而且受他们的“何为有利的观念”的指导。他们可能愿意为了更广泛的道德承诺而牺牲一些福利，但不会太多。他们可能愿意打破一些社会的规范来获得进步，但他们不愿意太过旗帜鲜明地打破这些规范。正如马克斯·韦伯（Max Weber）所写的那样，“据了解，在现实中，服从是由高度强大的恐惧和希望的动机所决定的——对魔力或权力拥有者复仇的恐惧，对今世或来世奖赏的希望”。[46] 这种明智的方法，也是许多刑法理论家所采用的方法，是上述两种模式的混合体。规范很重要，但激励措施也很重要。如果我们想阻止犯罪，我们既需要改变社区内的行为规范，也需要改变个人的激励机制。我们不能简单地只做其中之一或另一个，即使是最严厉的规范也无法阻止犯下罪行的不法分子，而即使是最严厉的惩罚，也无法阻止社区中的犯罪分子进行犯罪，是一种公认的、甚至值得称赞的生活方式。 115

一个特别有影响的混合刑法理论是“破窗理论”。在 1982 年，哈佛大学的犯罪学家詹姆斯·威尔逊（James Wilson）和罗格斯大学的犯罪学家乔治·凯林（George Kelling）在《大西洋月刊》的一篇文章中首次阐述了犯罪的破窗理论。在文章中，他们认为，“无意识”或“无序”的行为会导致社区控制的崩溃。一旦相互尊重和文明的共同障碍被没有人关心的行为所降低，犯罪往往会迅速蔓延。他们举了楼房窗户的例子：

> 社会心理学家和警察倾向于认为，如果一栋楼里的一扇窗户被打碎了，而又不加以修理，那么其他所有的窗户很快就会被打碎。这在好的社区和破旧的社区都是如此。破窗并不一定会大规模发生，因为有些地区居住的是坚定的破窗者，而另一

些地区则居住着爱窗者；相反，一扇未修复的破窗是一个信号，说明没有人在乎，所以打破更多的窗户，也不需要花费任何代价。[47]

换言之，根据威尔逊和凯林的观点，预防犯罪与其说是监测和侦查，不如说是社区良好行为规范的外在信号。我们应该修补破损的窗户，在上面涂鸦，不仅仅是因为它改变了个人决定是否抢劫银行的成本效益分析，还因为它传递了一个信息，即这是一个什么样的社区。“这是一个关心成员的社区。”“这是一个由正直的公民组成的社区。”“这是一个为其成员维持和平与秩序的社区。”当这些社区行为的信号被打破时，预防犯罪或不法行为的准则也会被打破。

116

为了支持他们的立场，威尔逊和凯林举了一个从菲利普·津巴多（Philip Zimbardo）作品中汲取的例子。津巴多是斯坦福大学的心理学家，因其“监狱实验”而著名。在实验中，斯坦福大学的学生被要求在一个模拟监狱内扮演看守或囚犯的角色。没过几天，情况就失控了，“狱警”用真实的惩罚手段虐待“囚犯”，包括人身攻击、心理虐待和其他有辱人格的行为，比如强迫囚犯在他们放在牢房里的桶里大小便。最后，津巴多为了防止进一步的伤害，不得不叫停实验。有趣的是，威尔逊和凯林在论文中并没有提到这项研究，也许是因为其结果可能会让读者对他们所引用的研究结果打折扣。相反，他们把重点放在了他的另一项著名研究上，这项研究涉及废弃车辆。在这项研究中，津巴多将一辆没有车牌、引擎盖向上的汽车停在布朗克斯的一条街道和帕洛阿尔托的一条街道上。在布朗克斯区，仅仅用了十分钟，就有人偷走了车上的散热器和电瓶

（津巴多指出，作案者是一对母子和一对父子）。一天之内，小偷就把车上所有值钱的东西都搬走了，然后人们干脆开始砸车窗、撕内饰。帕洛阿尔托的情况则不同。这辆车停在帕洛阿尔托的车站一个多星期都没有动过。最后，津巴多去用大锤把车砸了。直到这时，其他路人才加入打砸汽车的行列中来。[48]威尔逊和凯林从这个实验中得到了一个教训，即外在的表象，如无人处理的财产或无人处理的行为，会严重影响个人的决策。“由于布朗克斯区社区生活的性质——它的匿名性、汽车被遗弃和东西被偷或被摔坏的频率、过去‘没人关心’的经验——破坏行为开始的速度要比呆板的帕洛阿尔托快得多，在帕洛阿尔托，人们已经开始相信私人财产是被关心的，恶作剧的行为是要付出代价的。但是，一旦公共障碍——相互尊重的意识和文明的义务——被那些似乎表明‘没人关心’的行为降低，破坏行为就会在任何地方发生。”

在其关于犯罪威慑的“破窗理论”中，威尔逊和凯林借鉴津巴多实验，提出了一些可能的犯罪解决方案，其中许多是以社区为重点，即与其依靠警察来维持秩序，不如由社区自己来维持秩序，可以通过非正式巡逻的“社区守望者”，也可以通过私刑组织来自行执法。但是，凯林和威尔逊的结论是，如果没有更多的努力，这些 117
社区行为不太可能维持和平。当然，警察也是需要的，但需要做出一些简单的改变，如让警察乘坐公共汽车和地铁等公共交通工具，以便看到和被看到，以及加强执行禁止吸烟、饮酒和扰乱秩序的规定，可能会对犯罪产生更普遍的实质性影响。

如果犯罪问题是社会腐朽和混乱的外在表现，那么根据“破窗理论”，答案就是加强警察的监控。我们越是能够制止低级犯罪，甚至是不构成犯罪但造成整体混乱感的行为，就越能在犯罪发生之前阻止犯罪。“破窗理论”在刑法界的影响很大，以至于渗入到现实世界的警务策略中。在20世纪80年代，纽约市聘请凯林为顾问，随后开始实施他的许多观点，比如严格执行禁止涂鸦、地铁逃票和公共场所小便的规定。芝加哥则采取了一种略微不同的方法，就是所谓的“社区警务”，即市政府积极主动地清除涂鸦，回应对破旧建筑的投诉，并增多与居民的接触沟通。洛杉矶也采用了“破窗”方法。评估破窗方法效果的研究得出了相互矛盾的结论，有的研究发现，对于犯罪高发区来说，破窗方法是一种有效的策略，而有的研究发现，破窗方法基本无济于事。也因此，破窗理论受到了批评，因为它与一些有问题的后果联系在一起，如拦截和搜查政策因导致种族歧视的结果而受到全面批评。但尽管有这些批评，“破窗理论”仍然在刑法理论和现实世界的治安行为中发挥着重要作用。[49]

破窗理论得到了关于环境线索对个人行为影响的研究的支持。在2008年荷兰进行的一组研究中，研究人员开始研究其他混乱和被忽视的迹象是否会使人们更愿意从事不良行为。为了回答这个问题，研究人员将一个信封塞进一个邮箱的中间，以便让人看起来像是邮递员没有把信封固定在邮箱里，并在信封里明显地放了一张5欧元的纸币。然后，研究人员巧妙地改变了环境，看看会如何影响路人的行为。在一个场景中，邮箱为涂鸦所覆盖。在另一个场景中，邮箱周围的地面上堆满了垃圾。在最后一个场景中，邮箱和周围的地面都是干净的，没有任何杂物。研究人员发现，周围的条件对人们从邮箱中偷取信封（以及5欧元纸币）的意愿有很大影响。当邮箱及其周围环境可以被清楚看见且整洁时，路人偷信封的占
118 13%。但当周围环境有混乱的迹象时，路人更有可能偷到信封。当

邮箱附近的地面布满垃圾时，25% 的路人最后都会偷钱。当邮箱本身被涂鸦覆盖时，27% 的人就会这样做。换言之，仅是涂鸦和垃圾的存在，就让愿意偷窃的人数增加了一倍。[50]

如果说“破窗理论”表明有效的打击犯罪需要修复窗户、重新粉刷建筑物和惩罚轻微的违法行为，所有这些都是为了发出社区秩序的信号，那么它该如何适用于区块链呢？任何破窗方法的核心是相信社会规范和执法重点的重要性。因此，作为一个起点，我们可能会尝试识别区块链社区内最明显的行为和行动。例如，我们知道，对 Mt. Gox 和 BitInstant 等网络货币交易所的网络入侵在媒体和留言板上得到了大量关注。我们还知道，主要的暗网网站，如丝绸之路和 AlphaBay，在区块链圈子里也声名狼藉。因此，我们可以集中执法力量清理这些网站，加强安全程序，起诉低级违法者，并明确表示执法人员正在积极监控这些网站。一种方法可能是效仿 FBI 在 2013 年关闭“丝绸之路”后的做法。FBI 并没有将网站完全关闭，而是发布了一个替换网站，访问者将被引导到该网站。这个网站会用一条醒目的信息迎接访问者，宣布“这个隐蔽的网站已经被查封”，同时还有一条关于调查的信息和 FBI、缉毒署和国土安全部的印章图片。FBI 采取的是事后策略，在他们关闭网站后才发布通知。但“破窗理论”表明，事前的策略效果可能更好，可以提醒潜在的犯罪分子网站正在被执法机构所积极监视。

但是，对于区块链犯罪，采用破窗方法会遇到一些困难。首先，它的成本很高。破碎窗户背后的想法是，我们需要对社区进行积极的监控，并频繁起诉违法者，甚至是轻微的违法者。在网络空间采取这种做法需要监管机构采取更加主动和积极的做法，比如访问网站、发布相关信息和发起案件，而这些无疑会耗费大量的时间、金钱和资源。

这也与网络犯罪执法的趋势背道而驰，即只关注最大的网络犯
119 罪，特别是对国家安全产生重大影响的网络犯罪。温尼克案就说明了这种做法：它涉及许多高度优先的问题——从全球洗钱网络到腐败的联邦特工，再到俄罗斯间谍活动，而且当局有充分的理由关注这些类型的特大网络犯罪。起诉黑客是很难做到的，一方面是因为厘清犯罪的主体很难（在匿名浏览器和虚拟私人网络的世界里，我们如何证明黑客是真正做这件事的人？），另一方面是因为犯罪往往是跨越国界的（如果没有地方当局的合作，我们如何在外国抓到一个罪犯？因为地方当局很可能想保护自己的国民，特别是如果受害者都在国外的话）。对区块链采取“破窗”的方法，亟须执法优先权的重大转变。

但是最后，我们甚至不清楚，让“破窗理论”在现实世界中发挥作用的机制是否也能在网络空间中发挥作用。破窗式的监管涉及清理物理空间、让警察上街、增加社区内的互动。该理论的部分优势在于它的个人性质：我们会受到世界上所看到的事物和说话的人的影响。但当人们通过电脑进行交流时，这种物理因素就被消除了。需要改善的“空间”是什么？这也是网络犯罪存在更为普遍的问题。正如前总检察长尼尔·卡迪亚尔（Neal Katyal）所写的那样，“社会规范不能有效地防止网络犯罪，因为网络用户不一定受到现实空间价值的限制”。[51] 互联网社会学的一个主要关注点是，它给极端分子提供了一个找到志同道合的信徒群体的渠道，在那里，激进和仇恨的意识形态可以毫无顾忌地传播。执法部门不太可能针对所有这些网站进行监控。因此，监管者很可能既没有手段也没有意愿，进行“破窗理论”所认为的有效预防犯罪所必须的那种

侵入性监控。

*　　　*　　　*

功利主义的犯罪理论表明，在被发现的可能性和对违反行为的制裁较低的地方，犯罪活动出现的频率最高。规范理论表明，当个人不再认为法律秩序合法或值得尊重时，犯罪可能性将是最高的。“破窗理论”表明，在普遍存在混乱迹象的地方，犯罪率是最高的。这些见解也产生了有关如何打击犯罪的不同建议。在功利主义理论下，我们需要集中精力提高监视和侦查犯罪的能力，并在有效水平上设定惩罚措施，以阻止犯罪从一开始就发生。在规范性理论 120 下，我们需要通过对个人进行法律教育或通过改变法律本身的方式来培育他们对法治的尊重。在“破窗理论”下，我们需要将精力集中在打击低级犯罪，甚至是不是犯罪但会助长无序社区迹象的行为上，比如涂鸦和乱扔垃圾。当然，这三种方法在某些情况下可能会重叠。例如，“破窗理论”可能会建议我们在大街上增加巡逻的警察人数——这项提议还可能会增加发现和惩治特定犯罪的可能性，并可能增加公民对法律权威的尊重。但是它们也可能产生负面作用。在某些情况下，功利主义的犯罪理论建议我们应该忘记提高侦破率，而应着眼于增加刑期和刑罚力度上——“破窗理论”通常不建议这样做，并且这也可能损害对法律制度合法性的尊重。同样，持破窗和规范理论的学者们有时建议采取与犯罪无关的简单警察行动，例如清理涂鸦或废弃的建筑物，而这恰恰是功利主义理论家们通常不会关注的事情。

这些关于犯罪的替代理论提出了政府可能采取的一些途径来应对区块链上的犯罪，但它们也表明了所有这些方法的局限性。所有理论都在努力解决的一个问题是区块链去中心化的特性。从功利主义者的角度来看，很难改变分散的行为者的激励机制，因为有这么多行为者需要监控。从规范理论的角度看，当社区庞大而分散的时候，很难改变社会价值观。而从破窗理论的角度上看，当没有单一的物理空间可以行动时，很难发出社区秩序的信息，故目前预防犯罪的机制在处理去中心化的系统时遇到了麻烦。

但在某种程度上，这又是区块链诞生时期的宗旨。它是一种基于适当限制政府权力和保障个人固有权利并旨在抵御政府入侵的技术。因此，犯罪问题不仅仅是一个不愉快的巧合，它植根于区块链系统本身。区块链行业内个人主义和反权威主义的历史也表明，在
121 区块链内制约犯罪的努力必然会遇到实质性的障碍。

注释

1. See US Indicts Suspected Russian “Mastermind” of $4 Billion Bitcoin Laundering Scheme, EKATHIMERINI (July 27, 2017), http://www.ekathimerini.com/220437/article/ekathimerini/news/us-indicts-suspected-russianmastermind-of-4-billion-bitcoin-laundering-scheme; Richard Chirgwin, Greek Police Arrest Chap Accused of Laundering $4bn of Bitcoin, REGISTER (July 27, 2017), https://www.theregister.co.uk/2017/07/27/greek_police_arrest_alleged_russian_bitcoin_launderer/; Costas Kantouris, Greek Police See Leads in Money Laundering Suspect’s Phone, ASSOCIATED PRESS (July 27, 2017), https://www.usnews.com/news/business/articles/2017-07-27/greekpolice-see-leads-in-money-laundering-suspects-phone; Justin Scheck & Bradley Hope, The Man Who Solved Bitcoin’s Most Notorious Heist, WALL ST. J., Aug. 10, 2018; Andy Greenberg, Corrupt Silk Road Investigator Re-Arrested for Allegedly Trying to Flee the US, WIRED (Feb. 1, 2016), https://www.wired.com/2016/02/corrupt-silk-road-investigator-re-arrested-trying-to-flee-the-us/; Sarah Jeong, Criminal Charges Against Agents Reveal Staggering Corruption in the Silk Road Investigation, FORBES (Mar. 31, 2015), https://www.forbes.com/sites/sarahjeong/2015/03/31/forceand-bridges/#6c7b19b138c5; Exhibit A—Affidavit of Special Agent Tigran Gambaryan in Support of Documents Submitted at Detention

Hearing, United States v. Force, No. 3 CR-15-70370 (N.D. Cal. Apr. 29, 2015), https://www.documentcloud.org/documents/2070122-gov-uscourts-cand-286034-22-0.html.

2. Indictment at 7, United States v. BTC-E & Vinnik, No. CR 16-00227 SI (N.D. Cal. Jan. 17, 2017).

3. 同上。

4. Costas Kantouris, Russia Blasts Greece over Cybercrime Suspect's Extradition, ASSOCIATED PRESS, July 13, 2018.

5. See Greek Police Uncover Plan to Kill Russian National Arrested in Greece, SPUTNIK NEWS (Oct. 5, 2018), https://sputniknews.com/europe/201805101064329910-greece-police-russian-national-plan-kill/.

6. See Joshuah Bearman & Tomer Hanuka, The Rise and Fall of Silk Road, WIRED (May 2015), https://www.wired.com/2015/04/silk-road-1/.

7. See Eleni Chrepa, Olga Kharif & Kartikay Mehrotra, Bitcoin Suspect Could Shed Light on Russian Mueller Targets, BLOOMBERG (Sept. 4, 2018), https://www.bloomberg.com/news/articles/2018-09-04/bitcoin-suspect-could-shed-light-on-russians-targeted-by-mueller; Nathaniel Popper & Matthew Rosenberg, How Russian Spies Hid Behind Bitcoin in Hacking Campaign, N.Y. TIMES, July 13, 2018; Indictment, United States v. Netyksho, No. 1: 18-cr-00215 (D.C. Dist. Ct. July 13, 2018), https://int.nyt.com/data/documenthelper/80-netyksho-et-al-indictment/ba0521c1eef869deecbe/optimized/full.pdf.

8. Alex Hern, Bill Gates: Cryptocurrencies Have "Caused Deaths in a Fairly Direct Way," GUARDIAN, Feb. 28, 2018.

9. Hugh Son, Hannah Levitt & Brian Louis, Jamie Dimon Slams Bitcoin as a "Fraud," BLOOMBERG (Sept. 12, 2017), https://www.bloomberg.com/news/articles/2017-09-12/jpmorgan-s-ceo-says-he-d-fire-traders-who-bet-onfraud-bitcoin.

10. Paul R. La Monica, Warren Buffett Says Bitcoin Is "Rat Poison", CNN (May 8, 2018), https://money.cnn.com/2018/05/07/investing/warren-buffett-bitcoin/index.html.

11. See Sean Foley, Jonathan R. Karlsen & Talis J. Putnis, Sex, Drugs, and Bitcoin: How Much Illegal Activity is Financed Through Cryptocurrencies? (Working Paper, Jan. 2018), https://papers.ssrn.com/sol3/papers.cfm?abstract_id=3102645.

12. See Flaws in Bitcoin Make a Lasting Revival Unlikely, ECONOMIST, Mar. 27, 2019.

13. See Joseph Young, 6 Million Bitcoin is Lost or Stolen, Should the Real Value of BTC Higher? CCN (July 4, 2018), https://www.ccn.com/6-million-bitcoin-is-lost-or-stolen-should-the-real-value-of-btc-higher/.

14. See Eric Larchevêque, 2018: A Record-Breaking Year for Crypto Exchange Hacks, COINDESK (Dec. 29, 2018), https://www.coindesk.com/2018-a-record-breaking-year-for-crypto-exchange-hacks. 值得注意的是，传统货币也是很多犯罪活动的对象，确实与比特币有很多共同的特点。现金是匿名的，基本上无法追踪，而且几乎是即时的。把美元钞票交给毒贩，也比安排把比特币转给他简单得多。而传统货币也并非不受黑客和网络入侵的影响。2016年，有1500万名消费者成为身份被盗或欺诈的受害者，损失合计约160亿美元。See Kelli B. Grant, Identity Theft, Fraud Cost Consumers More than $16 Billion, CNBC (Feb. 1, 2017), https://www.cnbc.com/2017/02/01/consumers-lost-more-than-16b-to-fraud-and-identity-theft-last-year.html. 这是加密货币盗窃损失金额的许多倍。哈佛大学经济学家肯尼斯·罗戈夫（Kenneth Rogoff）甚至认为，现金是犯罪的磁石，应该彻底消除。"政府通过盲目迁就现金需求而获得的利润，与现金特别是大额钞票所促成的非法活动的成本相比，相形见绌。"2016年，他在一本相关主题的书中写道，"单单是遏制纸币对逃税的影响，就很可能覆盖印刷纸币所损失的利润，即使逃税只下降了10%—15%。对非法活动的影响可能更加重要"。Kenneth Rogoff, the Curse of Cash: How Large-denomination Bills Aid Crime and Tax Evasion and Constrain Monetary Policy 2 (2016).

15. See Steven Russolillo & Eun-Young Jeong, Cryptocurrency Exchanges Are Getting Hacked Because It's Easy, WALL ST. J., July 16, 2018.

16. See Danny Palmer, Wanna Cry Ransomware: Hackers Behind Global Cyberattack Finally Cash Out Bitcoin Windfall, ZDNET (Aug. 3, 2017), https://www.zdnet.com/article/wannacry-ransomware-hackers-behind-global-cyberattack-finally-cash-out-bitcoin-windfall/.

17. PLATO, REPUBLIC bk. II.

18. 关于犯罪相关的功利主义方法介绍，参见 Gary S. Becker, Crime and Punishment: An Economic Approach, 76 J. POL. ECON. 169 (1968); Steven Shavell, Criminal Law and the Optimal Use of Nonmonetary Sanctions as a Deterrent, 85 Colum. L. Rev. 1232 (1985); Robert Cooter & Thomas Ulen, Law and Economics (6th ed. 2016); Richard A. Posner, Economic Analysis of Law (9th ed. 2014)。

19. See Becker, supra note 18, at 176.

20. Dan M. Kahan, Social Influence, Social Meaning, and Deterrence, 83 VA.L. REV. 349, 378 (1997).

21. See Chen-Bo Zhong, Vanessa K. Bhons& Francesca Gino, Good Lamps Are the Best Police: Darkness Increases Dishonesty and Self-Interested Behavior, 21 PSYCH. SCI. 311 (2010).

22. See Scheck & Hope, supra note 1.

23. See Kyle Baird, Brian Armstrong Claims Coinbase Is Registering 50, 000 New

Users Per Day, BITCOINIST.COM (Aug. 15, 2018), https://bitcoinist.com/brian-armstrong-coinbase-registering-50000-new-users-per-day/.

24. See Federal Bureau of Investigation, Bank Crime Statistics1 (2013).

25. See Internet Crime Complaint Center, Internet Crime Report 6 (2010).

26. See Shape Shift Website, visited Sept. 28, 2018, https://info.shapeshift.io.

27. See Justin Scheck & Shane Shifflett, How Dirty Money Disappears into the Black Hole of Cryptocurrency, WALL ST. J., Sept. 28, 2018.

28. 关于社会规范和法律的文献有很多，参见 Kahan, supra note 20; Lawrence Lessig, The Regulation of Social Meaning, 62 U. CHI. L. REV. 943 (1995); Cass R. Sunstein, Social Norms and Social Roles, 96 COLUM. L. REV. 903 (1996)。

29. See Kahan, supra note 20, at 359.

30. See Christine M. Schroeder & Deborah A. Prentice, Exposing Pluralistic Ignorance to Reduce Alcohol Use Among College Students, 28 J. APPLIED SOC. PSYCHOL. 2150 (1998).

31. See Kahan, supra note 20, at 362.

32. See Charisse Jones, Crack and Punishment: Is Race the Issue?, N.Y. TIMES, Oct. 28, 1995.

33. 关于全面分析快克可卡因差异背后的理由及其对非洲裔美国人的过大影响的问题，参见 David A. Sklansky, Cocaine, Race, and Equal Protection, 47 Stan. L. Rev. 1283 (1995)。

34. See Gertrude Chavez-Dreyfuss, Cryptocurrency Thefts, Scams Hit $1.7 Billion in 2018, Reuters (Jan. 29, 2019), https://www.reuters.com/article/us-crypto-currency-crime/cryptocurrency-thefts-scams-hit-1-7-billion-in-2018-report-idUSKCN1PN1SQ.

35. Kaspersky Lab, Ksn Report: Ransomware and Malicious Cryptominers 2016—2018 (2018), https://media.kasperskycontenthub.com/wp-content/uploads/sites/58/2018/06/27125925/KSN-report_Ransomware-and-maliciouscryptominers_2016-2018_ENG.pdf.

36. 同上。

37. Kaspersky Lab, Kaspersky Security Bulletin: Threat Predictions for cryptocurrencies in 2018 (Nov. 15, 2017), https://securelist.com/ksb-threat-predictions-for-cryptocurrencies-in-2018/83188/.

38. David Axelrod, the Evolution of Cooperation 21 (2006).

39. Id. at 60—61.

40. Didicito, Can somebody tell me how anybody with money on Mt Gox was not a greedy awful and stupid speculator? REDDIT (Feb. 28, 2014), https://www.reddit.com/r/Bitcoin/comments/1z7y2d/can_somebody_tell_me_how_anybody_with_money_on/.

41. Ittay Eyal & Emin Gün Sirer, Majority Is Not Enough: Bitcoin Mining Is Vulnerable, ARXIV (Nov. 2013), https://www.cs.cornell.edu/~ie53/publications/btcProcFC.pdf.

42. @el33th4xor, TWITTER (May 29, 2018, 6:13 PM), https://twitter.com/el33th4xor/status/1001632762561007621.

43. Matt Blaze, Stop Ignoring Those "Update Your Device" Messages, N.Y.TIMES, Mar. 27, 2019.

44. See Nathaniel Popper, Digital Gold: Bitcoin and the Inside Story of the Misfits and Millionaires Trying to Reinvent Money 55-56 (2015).

45. Satoshi Nakamoto, Post to bitcointalk.org, dated Dec. 12, 2010, https://bitcointalk.org/index.php?action=profile; u=3; sa=showPosts.

46. Max Weber, Politics as a Vocation, Lecture Delivered in 1918, in FROM MAX WEBER: ESSAYS IN SOCIOLOGY 79 (H.H. Gerth & C. Wright Mills eds., London, Routledge 1948).

47. George L. Kelling & James Q. Wilson, Broken Windows: The Police and Neighborhood Safety, ATLANTIC, Mar. 1982.

48. See Philip Zimbardo, Anonymity of Place Stimulates Destructive Vandalism, LUCIFER EFFECT, http://www.lucifereffect.com/about_content_anon.htm.

49. See Bernard E. Harcourt & Jens Ludwig, Broken Windows: New Evidence from New York City and a Five-City Social Experiment, 73 U. CHI. L. REV. 271 (2006); Hope Corman & Naci Mocan, Carrots, Sticks, and Broken Windows, 48 J.L. & ECON. 235 (2005). Anthony A. Braga et al., Can Policing Disorder Reduce Crime? A Systematic Review and Meta-Analysis, 52 J. RES. CRIME & DELINQ.567 (2015); Adam M. Samaha, Regulation for the Sake of Appearance, 125 HARV. L. REV. 1563 (2012).

50. See Kees Keizer, Siegwart Lindenberg & Linda Steg, The Spreading of Disorder, 322 SCIENCE 1681 (2008).

51. See Neal Kumar Katyal, Criminal Law in Cyberspace, 149 U. PA. L. REV. 1003, 1008 (2001).

第五章　能源搜寻

所谓物价，乃是用于交换物品的那一部分生命，或者立即付出，或者以后付出。

——亨利·戴维·梭罗，《瓦尔登湖》

在瑞典最遥远的北部，有一个名叫博登（Borden）的乡村。那里一年中超过半年以上的时间被积雪覆盖，冬季气温通常在零下15华氏度以下。在冬季的几个月的时间里，北极光在博登黑暗的天空中闪耀。这里就像一个大型的新型工业园区夜以继日地嗡嗡作响，从未停止过工作。在区块链的世界里，博登也被称为“节点极”。它为区块链的运行提供动力。

对于区块链矿商来说，瑞典的博登是一个奇怪的地方。这个小镇始建于19世纪，是两条铁路（北线和矿石线）的交会处，主要用于将丰富的铁矿石从北部的矿山运输到南部的城市。地理意义上的极点是很难被夸大的，如果你从阿拉斯加州的费尔班克斯（Fairbanks）出发，朝着瑞典的方向沿着纬度向东画一条线，你最后会在卡奇镇（Cachi）结束你的行程。然后你需要继续向北行驶一个半小时才能到达博登。如果你到达博登后再往前开车一个小时，你就会撞上北极圈。博登之前闻名于世的原因在于它接近俄罗斯，是瑞典东北部边缘上的战略要地。因此，博登长期以来一直是瑞典军方大型分遣队的常驻地。事实上，直到今天瑞典军队仍在该镇维持着整个瑞典最大的驻军。现在已经退役的城镇要塞，仍然布满着碉堡、庇护所和龙牙防御工事。除此之外，这个城镇就显得有些不起眼。正如博登商业局的官员尼尔斯·林德（Nils Lindh）对我说的那样，“游客们喜欢来这里度假，是因为这里不但安静，而且他们还可以看到美丽的北极光”。[1] 事实上，就在这条路的尽头就是闻名世界的树屋，一排排兼具极简风格而又奢华的树屋坐落在茂
122 密的森林中。

但是，近几年来博登开始在区块链的世界中崭露头角。对于进行比特币开采的公司来说，由于其北部的地理位置和廉价能源的供应，博登是一个极具吸引力的地方。因而，相关挖矿（比特币）公司纷纷涌入这座城市。2014 年，特殊应用集成电路（ASIC）制造商卡诺矿业（KnCMiner）在瑞典军队使用过的一个旧直升机机库中开设了一个采矿工厂。2017 年 2 月，中国比特币矿机硬件制造商迦南创意（Canaan Creative）宣布，它也将在博登设立一家工厂。随后，在 2017 年 5 月，大型加密货币矿商蜂巢区块链（Hive Blockchain）和创世纪矿业（Genesis Mining）也纷纷宣布，他们同样都将在该镇分别开设一个大型采矿场。突然之间，博登这个北极圈附近的偏远小镇，变成世界上一些大型区块链采矿业务公司活动的中心。

博登商业代理机构的业务发展主管林德解释说：“一切都是从我们获得脸书投资开始的。”2013 年，脸书开始着手为其在美国以外的第一个数据中心选址，最终选定了博登附近的大学城吕勒奥（Lulea）。脸书之所以选择吕勒奥，是因为当地的可再生能源发电成本低廉并且能源使用效率高：对于处理脸书大量国际数据的热运行服务器来说，吕勒奥冬季寒冷的空气起到了天然冷却剂的作用。

“在获得脸书投资后，我们开始咨询是否可以吸引更多的公司过来建立数据中心，”林德继续说道，“当我们开始研究这个领域的时候，我们意识到从基础设施的角度来看，我们这里拥有近乎完美的条件来吸引能源密集型产业过来投资。”

他们的首批投资者之一是特殊应用集成电路制造商卡诺矿业。2014 年，当卡诺矿业在瑞典寻找新的加密货币采矿基地选址的地方时，最终选择了一个瑞典军队曾经用来储存直升机的旧机库。然后，卡诺矿业总共使用 45000 台的采矿设备将这一旧机库填满，[2] 这是一个 10 兆瓦发电机组的设施。由于第一个加密货币采矿基地取得的巨大成功与收益，卡诺矿业决定在这里建造第二个高达 20 兆瓦发电机组的设施。并且，卡诺矿业原本打算还要在博登以及周边地区继续建立第三个和第四个加密货币采矿基地。但该公司的迅速崛起在 2016 年戛然而止，因为同年 7 月，比特币区块的奖励突然从 25 个比特币减半至 12.5 个比特币，这意味着新开采区块的获利只有以前的一半。[3] 卡诺矿业认为他们的商业模式在新形势下将无法继续获利，随之宣布破产。正如林德告诉我的那样：

> 如果他们能够设法找到足够的现金再支撑一周的话，那么他们公司今天仍然会继续运营。这是因为当他们宣布破产时，比特币的交易价格约为 240 美元，但仅仅两周后比特币的交易 123
> 价格便上涨至 600 美元。不过，是他们让博登这个地方闻名于世的。他们过来以后，我们开始不断地接到不同采矿企业的电话，并且我们开始参加区块链以及数据中心的相关活动。2013 年我们去了旧金山。这里挤满了天使投资人、企业家和硅谷高管。在那里，我们只是来自瑞典北部一个北极小镇的政府雇

员。但就在那里我们突然醒悟，区块链到底是什么？它并不仅仅是简单的关于比特币、加密货币或诸如此类的东西，而是我们能够利用区块链的发展做什么？并且我们意识到，我们完全有条件吸引相关公司过来投资。

2018 年，总部位于加拿大的大型加密货币采矿公司蜂巢区块链宣布将投资 1 亿加元在博登新建采矿场。蜂巢区块链的背景很不寻常，该公司最初成立于 1987 年，当时还是一家名为莉塔黄金公司（Leeta Gold Corp）的金矿开采企业。但就在 2017 年，该公司转向区块链领域，并更名为蜂巢区块链技术公司。随后在三天之内，它的股票上涨了 633%。[4] 该公司在博登的矿场是其迄今为止最大的一笔投资，同时也将该公司的采矿能力提高了近两倍。在其庞大的工厂里装满了数万台专门为加密货币而准备的采矿设备，而大多数是为了比特币和以太坊而准备的。这些尖端的采矿计算机每周 7 天，每天 24 小时不停歇地运行，解决了由于寻找新区块并将其添加到区块链上产生效益所带来的难题。

“在距离北极圈不到三十公里的瑞典的一个秘密偏远地区，世界上最大的数字货币矿场之一刚刚建成，”该公司在一个介绍其工厂的视频中夸口道，“这是一个在高科技惊悚电影中都不会显得格格不入的乐谱。欢迎来到蜂巢”。

“几乎在所有的行业中，集中化、腐败和安全都是主要问题，为了解决这些问题，人们对去中心化解决方案的支持与日俱增，”视频中继续介绍道，“区块链技术的好处远远超出了数字货币本身的范畴，而且许多人预测，它将再一次在我们这个去中心化行业的世界中发挥关键作用。随着该行业的成熟，像这样的采矿设施将在为我们急需的去中心化世界提供动力方面发挥关键作用。”[5]

对于蜂巢来说，搬到瑞典的决定很大程度上是出于经济上的考虑：2018 年，瑞典的电价是每千瓦时 6.5 欧分，而欧洲的平均电价则为每千瓦时 11 美分。[6] 当一个矿场的主要成本支出是电力时，电价上的差别就会产生很大的影响。

蜂巢负责人奥利维尔·鲁西（Olivier Roussy）对一位采访者说道：“我们正在全球范围内搜寻尽可能便宜的电力。”[7] 124

同时，政治环境、能源和气候等其他因素也在矿场选址的时候发挥着作用。蜂巢的首席执行官解释了在博登建立矿场的缘由：“我很高兴在瑞典建立蜂巢迄今为止最大、最先进的采矿设施。瑞典是一个气候寒冷的地区，同时拥有丰富的绿色能源，这可以让我们进一步从不断上涨的加密货币的价格中获利。”[8] 建立在瑞典的工厂挖矿所需的电力恰好由当地的一家水电站提供，它为蜂巢提供了丰富又廉价的可再生能源。

的确，在能源上消耗的成本对区块链公司而言非常关键，以至于他们经常吹嘘它的重要性。2018 年 1 月，蜂巢发布新闻稿称，他们刚刚完成了其位于博登的工厂扩建的第一阶段建设。该新闻稿宣布，新设施“使蜂巢用于加密货币开采的能源消耗增加了 175% 以上，达到 10.6 兆瓦”。除此之外，蜂巢已获得全额融资，因而计划将在 2018 年 4 月前在瑞典另外增加 13.6 兆瓦的 GPU 挖掘能力的设施，并在 2018 年 9 月之前再增加 20.0 兆瓦的 ASIC 挖掘能力的设施，这些设施能够挖掘更多的比特币和相应价值的现金。

然而，2018 年末，加密货币采矿行业的发展出现了麻烦。这是因为这些公司大部分的利润来自出售比特币，但比特币价格的大幅下跌给这些挖矿公司带来了压力。毕竟，维持比特币矿场的运营需要相对巨大的固定成本：他们必须建造设施，购买采矿设备，并对其进行维护。同时，考虑到网络容量的增加（请记住，如果矿工比预期更快地解决求解方程，则在比特币网络中挖掘方程的难度会相应地自动增加），这些还在必要的时候需要升级。他们希望通过验证交易、寻找新区块并将其添加到区块链中所获得的区块奖励来抵消这些成本。但当这些奖励的价值（目前定为 12.5 个比特币）下降时，加密公司的利润也会下降。在 2017 年年底比特币市场价格达到顶峰时，一个比特币价值 2 万美元，这意味着矿商每发现一个比特币区块链就能赚 25 万美元（2 万美元乘以 12.5 个比特币）。但到 2018 年 10 月，一个比特币的价格已经跌至 6500 美元，这意味着矿工们每次找到一个区块只能赚到 81250 美元，价格下跌了 67% 以上，这严重削减了矿商的利润。这让搬迁到博登之一的创世纪矿业公司重新考虑其商业模式。它开始强迫客户必须连续订阅五年，如果他们想继续使用创世纪矿业公司的服务的话。该公司解释说，这一变化是必要的，因为“一些用户合同中的采矿费用低于现在每日维护的费用”。换句话说，如果继续以客户支付的价格运行，
125 采矿公司将不再有利可图。另一家矿商哈什夫拉雷（Hashflflare）2018 年 6 月也出于同样的原因宣布该矿即将关闭——“采矿取得的收入连续 28 天低于维护支出”。[9]

但至少有一些观察者认为，“节点极”以及由其提供动力的加密货币开采热潮的繁荣将继续持续下去。“我们的最终目标是让那些初创企业在这里开发区块链。”博登商业机构业务开发主管林德说道，“这是我们的目标。即使是在森林里，这里也有很多人才。我们想证明，对于来到博登的企业家和程序员而言，他们能够在这里实现他们理想的生活。”

*　　*　　*

“比特币的开采对巴黎气候变化协议构成威胁。”[10]

“比特币正在毁灭地球。”[11]

“比特币的开采有望在2020年前消耗全世界的能源。”[12]

从近年来的头条新闻上看，人们可能会得出这样的结论：区块链是自核战争爆发以来人类生存面临的最大威胁。虽然这些头条新闻可能有些危言耸听，但它们确实描绘了一幅区块链技术的低效率以及由于这些低效率而正在对地球造成危害的严峻画面。他们认为，比特币和区块链正在大量吞噬能源，并造成大规模的环境污染。他们警告，如果不尽快采取措施，比特币与区块链对全球生态系统的影响将是灾难性的。

粗略地看一下这些数字就会知道其原因。对基于区块链的虚拟货币所使用能源的研究表明，该行业的能源消耗巨大且处于不断增长之中。根据2018年的一项研究得出结论，比特币网络消耗了2.55亿瓦的电力，并估计很快将增长到7.67亿瓦。比较一下这些数字，它们分别相当于爱尔兰（480万人口）和奥地利（880万人口）整个国家的耗电量。[13]据一家跟踪比特币系统能源使用情况的网站Digiconimist估计，截至2018年10月，比特币网络每年使用电量73太瓦时，比世界上绝大多数国家的耗电量都多。[14]而这些数字并不包括比特币之外的其他加密货币消耗的能源。例如，以太坊预计每年消耗19太瓦时的电量，虽然消耗量较比特币少，但仍相当庞大。[15]

从每笔交易的角度来看，这些数字更令人震惊。毕竟，如果虚拟货币为全球经济发展提供动力，那么我们可以暂且置之不提其消

126 耗大量能源的弊端。但即便是在2018年区块链最狂热的时期，用比特币处理的交易数量也只占相当于通过银行、信用卡处理机构和现金进行交易数量的一小部分。一项研究得出结论，每一笔比特币交易耗电量在300至900千瓦时之间。此估算值的低端（300千瓦时）足以给一个普通的荷兰家庭供电一个月，而高端（900千瓦时）则可以给一个美国家庭提供相同时间长度的电量。[16]

这种数量巨大的能源消耗让区块链给地球带来了庞大的碳足迹。一份报告发现，与比特币相关的业务每年排放约1770万吨的二氧化碳。[17]另一份报告得出的结论则更令人震惊，仅2017年这一年，比特币行业产生的二氧化碳量就达到了6900万吨。[18]同时，还有一份研究发现，仅仅在内蒙古的一个比特币采矿场中每小时的碳排放量就在2.4万到4万公斤之间。该矿场共有8栋楼，里面总共有2.5万台采矿机。它附近的一家火电发电厂负责给该工厂提供能源，并且当地政府给予了30%的财政补贴。它每天的电费是3.9万美元，但这些成本与矿场的利润相比却判若云泥：它的日收入高达25万美元。[19]对于一家位于内蒙古沙漠中的小工厂来说，这是一笔非常可观的收入。

尽管一些评论员批评这些研究采用了不切实际的假设，但即使是对区块链能源损耗量进行最保守估计的数字也仍是惊人的。因此，一个值得思考的问题是，为什么区块链需要如此多的能量来维持运行，以及是否有办法解决能源消耗巨大这一问题。毕竟，比特币仍然是一种使用相对较少的货币，与之相比其他加密货币的功能性就更弱了。它们已经在以如此快的速度消耗着电力。如果继续增长到乐观预测者所设想的发展规模，那么会发生什么？区块链是否正在造成一场环境灾难？

本章将探讨上述问题，同时也将把这些问题置于更深层次的讨论之中——关于分权的成本和利益分配更深层次的讨论。上一章探讨了权力的分散是如何影响个人动机和社会规范的。研究表明，这样做会导致自利行为和社区道德之间的破坏性反馈效应。而本章将探讨权力分配是如何影响效率，以及可能导致决策过程的重复，进而减缓决策制定并增加决策成本。虽然这并不能说明民主总是低效的，但这确实代表民主形式下的政策治理需要不同参与主体的利益输入和政治行动。这些参与主体通常代表不同的利益群体，因此找 127
到有效的方法来协调他们的活动通常是一个难题。

*　　　*　　　*

要理解区块链的能源问题，我们必须重新审视区块链本身的结构。比特币的创造者中本聪对区块链进行了编码，导致发行新比特币的唯一方式就是向区块链中添加新的区块（其中包含货币中待处理交易的列表）。而这就是区块链，它是一长串显示比特币所在位置的区块列表。因此，激励个人以负责任和准确的方式添加区块是非常重要的。这就解释了为什么中本聪引入区块奖励机制的原因——如果你添加了一个区块，作为奖励就会获得一些比特币。你的努力会得到一些比特币作为奖励（最初，奖励是 50 个比特币，后来下降到了 12.5 个比特币，这是由中本聪制定的代码设定的）。同时，确保区块链系统的稀缺性也很重要。中本聪并不希望新比特币产生得太快或太容易，否则货币将会贬值。为了保证稀缺性，中本聪故意设计计算机在向区块链添加新区块时自动增加解题难度。要添加一个新的区块，矿工必须将前一个区块以及任何新交易打包在一起，形成一个新的区块。然后将所有这些散列在一起，以使前一个区块中新交易和随机数值（Nonce）的散列等于或小于给定值。给定值可能为0000000000000000001000000000000000000000000000000000000000000。这种计算如此困难的原因在于，矿商们对于中本聪所选择的哈希方程（被称为SHA-256的加密安全哈希算法）难以预知哪个随机数值（Nonce）将在该目标下给出哈希值。他们解决此问题的唯一方法是通过蛮力，计算机只能简单地进行猜测……然后猜测……继续猜测，最终它们可能会幸运地得到正确的输入组合。这个概念被称为工作量证明：为了挖掘新的区块并发行新的比特币，节点必须证明它们做了一定数量的计算工作。

当然，随着越来越多的矿商在哈希算法上投入了更多的计算能力，比特币网络已经非常擅长快速解决这些哈希函数。它们猜测的速度日益提高，以至于如果这个公式的难度与中本聪最初提出时保
128 持一致的话，计算机将在第一时间挖掘出新的比特币。中本聪也意识到了这个问题，为了解决这个问题，他在哈希游戏中引入了一种进化的特性。如果在给定的时间段内，计算机将以比预期更快的速度挖掘到新的比特币（他最初设定了每10分钟一个区块的速率），哈希算法的难度将自动调整，以便在下一个时期，将挖掘新比特币的速率控制在预期以内。[20]因此，举例来说，如果一个新的采矿场在上一个时期上线，并且网络开始以每五分钟一个的速度挖掘新区块，而不是每十分钟挖掘一个区块，那么比特币的算法将命令解题难度在下一个时期翻一番，这样比特币的挖掘就会重置到它想要的速度。当然，这意味着比特币挖掘就像一个“红皇后竞赛”游戏的虚拟版本：无论比特币矿工跑得多快，他们永远都会待在同一个地方。

尽管从长远来看，作为一个集体问题，矿商们无法打败这个系

统，但这并不意味着矿商们没有能力去增强他们的计算能力。事实恰恰相反，他们有足够的经济理由来建造更大更快的采矿平台。一方面，比特币网络需要一段时间才能注意到哈希能力的变化。因此，那些迅速向网络投入新开采设备的矿商们会发现，他们能在短时间内以更高的速度开采新区块。因此，增加你的哈希能力将会有一个短期而切实的回报。更为重要的是，如果一家矿商增加新的哈希能力，而其他矿商没有，它将获得比竞争对手更大的竞争优势，并能够开采出更多的新区块。这意味着矿商生态系统仍在以相同的速度来挖掘新的比特币，但拥有最大、最快设备的矿商将获得比其他矿商更多的比特币。换言之，从整个行业的角度来看，这是一场零和游戏。因而，矿商们都有动机将更多的计算能力投入到挖掘比特币上，以保持领先地位。

近年来，随着挖矿公司热衷于开发越来越快的采矿芯片并部署越来越多的采矿设备以保持领先地位，这些经济激励措施导致了所谓的“采矿业军备竞赛”的出现。推动这场竞争的一个重要因素是，在 20 世纪前十年的大部分时间里比特币的价格不断上涨。2012 年，一个比特币价格仅为 100 美元，而到了 2017 年底，它的价格就已经上升为 2 万美元。比特币的价格对矿商的行为产生了切实的影响：他们执行哈希方程的主要回报是，每当他们向区块链添加一个区块时，他们就会获得一些新的比特币。比特币价格的上涨为矿商们提高在能源和计算能力方面的投入提供了理由。作为回应，矿商们也开发出更新更快的芯片。2012 年 1 月，比特币网络的总哈希能力为每秒 8.8 太赫兹——这意味着，比特币网络上的所有计算机加起来，每秒可以计算 8.8 万亿的哈希值（1 个太赫兹等于 1 万亿哈希值），这已经意味着是非常高的哈希值了。但是到 129

了2018年，比特大陆（BitMain）公司开始出售一种名为Antminer S9-Hydro的采矿设备，其重量仅为13磅，并且具有超过以前采矿设备两倍的哈希算力，而价格仅为700美元。[21]2018年10月，整个比特币网络的综合哈希率约为每秒5200万太哈希。换句话说，比特币矿商在2018年运行哈希方程的速度比2012年快600万倍。[22]当然，随着矿商们运行哈希方程的速度越来越快，比特币网络的难题随之越来越难以解决。这进而表明，矿商开采出新比特币的成本更高了。

这种情况可能会使一些观察者感到荒谬。为什么会有人设计出一个需要如此庞大计算能力才能运行的系统？或者更直白地说，为什么会有人设计出一个系统，用来直接激励相关公司投入越来越多的精力来进行毫无价值的计算？毕竟，解决这些哈希方程式并不能为世界提供有用的新知识。他们没有解决世界饥饿问题或开发出诸如无人驾驶汽车之类的产品。他们只是在证明通过SHA-256算法输入的数据会散列为任意选择的数字，而解决这个问题的唯一方法就是猜测！这意味着谁在比特币世界中赚钱的主要决定因素是谁花费最多的精力用来猜测。坦率地说，这似乎非常地糟糕。

然而，以这种方式构建区块链系统有一个非常重要的原因。这个原因就是安全。区块链系统迫使矿商们花费真正的金钱和精力去解决这些困难的数学问题，这使得恶意参与者很难进入区块链并在事后对其进行修改。哈希是区块链网络安全的核心，如果没有它，区块链将很容易受到来自黑客的攻击、盗窃和欺诈的威胁。

为了理解这一点，有必要回到矿商们在比特币网络中所起的基本作用上来。矿商将交易和新的区块添加到区块链中，但他们也通过在添加时验证这些交易和区块来维护区块链。他们通过检查来确保新添加的交易是真实的——也就是说，试图发送比特币的人就是声称发送的那个人（通过确认他的数字签名），并且实际拥有他声称的比特币数量（通过确认发送地址的内容）。所有这些交易都是通过区块链连接起来的，每个块都引用了链中的前一个块（从技术上讲，每个块都包含前一个块的哈希，这个概念称为“哈希指针”）。这意味着任何人都可以追踪比特币的来源，即从它现在所在 130
的位置追溯到它最初被创建的时间点，只需通过区块链中的长区块链进行反向操作。这也意味着区块链中任何地方的变化都会引发其他地方的变化，或者至少是变化之后的每个区块中的变化。毕竟，每一个块都包含前一个块的哈希。因此，如果一个恶意的参与者想偷偷地回去并在区块链中间的某个地方添加一个新的交易，他不能简单地改变几个月前那一个区块的内容，而必须更改整个区块链的内容。

对于这个恶意的参与者而言，更改区块链采矿基础设施的核心工作证明系统的成本让其望而却步。毕竟，添加一个新的区块需要大量的计算能力、精力和时间。而要让恶意参与者的区块链被其他节点所接受，唯一的方法只能是让他的区块链比真实的、非欺骗性的区块链更长。只要有很多正常的矿商在那里投入计算能力来挖掘新区块，恶意的参与者几乎不可能更改区块链中的区块以及建造另外一条更长的区块链。即便存在这种可能性，其他矿商也会发现恶意参与者的区块链与他们一直在开发的区块链完全不同，进而拒绝接受它。因此，挖掘的运行方式使区块链具有显著的防篡改性。

综上所述，在比特币网络以及其他区块链网络中，这种看似低效的采矿游戏实际上起到了保护区块链免受黑客攻击的作用。黑客如果想篡改原有的区块链，他必须花费总量庞大的计算能力来压倒原有的系统，但这么做又会让他无利可图。因而对于他们而言，最佳的方式就是按照已有的游戏规则来挖矿，并利用自己的挖矿设备来挖掘属于自己的比特币。因此，中本聪的系统为比特币社区建构了一种激励机制，促使矿商只能诚实地去验证和维护这个系统。

但问题在于这些计算能力都需要电力来运行，诸如 Antminer S9-Hydro 之类的单个采矿机的功耗约为 1700 瓦。就一个设备来看，这样的功耗量虽然很大，但又并非不可想象。因为，当今市面上许多吹风机的功耗已经超过 1500 瓦。问题在于这样一个事实：与通常一天只使用几分钟的吹风机不同，采矿设备被放置在一个狭小的空间里全天运转。一个加密货币矿场平均每年每平方英尺可能使用 2100 千瓦电量，而普通住宅每年每平方英尺用电量仅为 12 千瓦。[23] 并且，矿场比平均住房面积要大得多。卡诺矿业在瑞典旧机
131 库的矿场中就拥有 45000 台采矿设备。[24]

这种大规模能源消耗的影响已经开始显现。例如，在一些加密货币矿商规模庞大的城市中，其能源消耗对当地公用事业基础设施造成了压力。以华盛顿州韦纳奇的奇兰县（Chelan）为例，落基大坝恰好建设在奇兰县旁，落基大坝是哥伦比亚河沿岸的水力发电设施，与该地区的其他大坝一起为美国西北部的 700 万居民提供能源。由于邻近这些水力发电项目，奇兰县一直以其廉价的能源而闻名。这里的电费通常在每千瓦时 2 至 4 美分之间，大大低于美国其他地区平均每千瓦时 12 美分的价格。[25] 很快，加密货币的矿商们就意识到奇兰县是一个开设挖矿矿场的好地方。到 2018 年，已有 30 家加密货币矿商搬到了那里。实际上，奇兰县的公共部门至今为止也充斥着来自加密货币公司的申请与咨询。这些加密货币公司希望在那里建立设施。对此，奇兰县的公共部门不得不暂停新的

申请。其他当地企业也抱怨说道：“加密货币公司的涌入抬高了其他企业使用能源的价格，甚至可能导致能源短缺。”这让当地的政府官员感到担忧。“我们收到的申请的数量令人震惊。”奇兰县公共事务区负责人史蒂夫·赖特（Steve Wright）在接受《华尔街日报》采访时表示，“我们并不打算承担比特币价格上的风险。”公用事务区专员委员会主席表示，暂停新矿商的入驻是“保护我们县珍贵的宝石——水电站”的关键。[26] 最终，该县决定实施新的电力价格标准，专门为加密货币和区块链公司提高电价。[27] 奇兰县邻近的一个县也采取了类似的措施。该县曾收到加密货币矿商的要求，要求将整个县的用电总量提高两倍以上。但采取与奇兰县类似的举措后，该县很快就在法庭上遭到矿商们的质疑。他们认为，电价不公平的变化，是对该行业的肆意歧视。[28]

但与区块链在全球范围内扩大规模可能发生的情况相比，这些问题显得微不足道。2018 年 9 月，平均每天约有 23 万笔比特币交易。[29] 相比之下，单单信用卡公司 Visa 每天处理的交易就高达 1.5 亿笔。[30] 如果比特币或其他加密货币能够腾飞，它们的能源消耗也会增加。对此，国际清算银行（Bank for International Settlements）的结论是，加密货币几乎不可能达到传统支付处理器所能处理的规模： 132

> 为了处理目前国家零售支付系统处理的数字零售交易的数量，即使在乐观的假设下，分布式账本的规模也将在几天内远超典型智能手机的存储容量，几周内超过一台普通的个人电脑的存储容量，几个月内超过服务器的存储容量。但是问题远不止存储容量的极限，还扩展到了计算机的处理能力上：只有超

级计算机才能跟上对传入事务的验证。随着数以百万计的用户交换的文件数量级达 1 兆字节以后，产生的通信量甚至会导致互联网瘫痪。[31]

换句话说，如果虚拟货币真正成为全球性货币，它们将使世界贸易陷入瘫痪。

因此，区块链存在能源消耗量大的问题。为了解决由计算机代码任意设置的简单而又费时的数学问题，它消耗了大量的电力、计算能力和工作量。更重要的是，近年受到为了获取新区块经济奖励的影响，采矿公司投入了越来越多的设备所引发的能源大量消耗的问题。如果这种趋势持续下去，维持区块链可能会消耗越来越多的世界能源。

然而至少到目前为止，这种悬而未决的能源消耗困境的后果并未改变加密货币公司的采矿行为。为了不断寻找廉价能源，矿商们依旧在世界各地建立新的采矿设施。例如，全球最大的区块链矿业公司比特大陆在 2018 年 8 月宣布，它将投资 5 亿美元在得克萨斯州罗克戴尔（Rockdale）的一个旧铝冶炼工厂中新建一个加密货币采矿场。[32]2018 年 1 月，一家俄罗斯公司收购了位于俄罗斯乌拉尔山脉旁佩尔姆边疆区的两座旧发电站，并将其改造为加密采矿场。[33] 2018 年 5 月，两家澳大利亚公司同意以 1.42 亿美元的价格，将一座退役的燃煤电厂开发成一个矿业综合工厂。[34] 而冰岛作为矿商最热衷的建厂地之一，已经到处充斥着新的加密货币公司。2018 年，矿商的能源消耗超过了冰岛全国家庭能源消耗的总和。[35]

对于矿商而言，特别是那些规模较大的矿商，他们之所以没有降低能源消耗，部分原因是他们从中赚了不少钱。请记住，开采新区块的奖励目前设定为12.5个比特币。当比特币在2017年12月达到2万美元的最高价格时，这意味着大约每隔10分钟（向区块链添加新区块的间隔）就有一位幸运的矿商获得25万美元的收益。这相当于每日发行3600万美元。那么，每年比特币发行量将超过130亿美元。可以肯定的是，这并不都发生在一个矿商身上。所有 133
足够幸运的矿商都会获得奖励，一直到最后一个区块被开采。在挖掘新区块的竞赛中，成功与否只部分取决于运气（“你是否幸运地猜到了比特币软件设定的期望值的当前值?”），但在更大程度上则取决于计算能力（“你在上一个时间段内能作出多少猜测?”）。这意味着最大的矿商正在获取最大份额的利润。尽管有关矿商及其市场份额的信息并不透明，但一些评论员认为，仅比特大陆就可能控制比特币网络中超过50%的哈希能力，这意味着它们可以获得所有新发行比特币中的大部分收益。[36]

2018年，当比特大陆宣布将在香港证券交易所首次公开募股时，加密货币公司的秘密世界开始变得透明起来。为了向公众出售股票，这家总部位于北京的矿业公司被迫披露其运作方式和财务状况。这些文件为公众对加密货币挖掘的业务提供了可靠的了解途径。首先，比特大陆在2018年第一季度实现了11亿美元的利润。然而，有趣的是这些利润大部分并非来自采矿本身，而是来自向其他矿商出售采矿设备。2017年，这些销售收入占其利润的90%。2018年上半年，这些销售收入占其利润的94%。比特大陆在ASIC芯片（专用挖掘芯片，又称专用集成电路芯片，用于比特币挖掘）方面占据全球市场份额的74.5%。根据招股说明书，它们在比特币采矿市场中也占有很大份额。通过他们在12个月中从比特币网络产生的总区块奖励的百分比中可以推算出，他们管理的两个矿场占比特币网络总哈希率约 37.1%。换句话说，比特大陆的采矿场很可能赢得了这一年发行的所有比特币的 37%。考虑到该公司在采矿业中巨大的市场份额，你可能认为采矿收入将会占这个公司该年度收入的很大部分。但是，你的想法是错误的。2018 年的前六个月中，通过采矿获得比特币奖励的收入仅是 9400 万美元。[37] 而采矿设备的销售收入却高达 27 亿美元。换句话说，这家控制着 37% 比特币采矿系统的全球最大矿商，从向其他潜在矿商出售采矿设备中获得的利润是它从自己开采比特币中获得的利润的 28 倍。它让我们知道这个行业的利润从何而来：为这个行业提供服务，而不是参与这
134 个行业本身的业务。[38] 毕竟，向淘金者出售铁锹是一项有利可图的生意。

随着大型加密货币企业在世界各地寻找新的地点来放置其加密设施，矿商的国际影响力也得到了扩大。比特大陆在中国四川、内蒙古和得克萨斯州等地皆设有矿场。其他矿商也已经在格鲁吉亚、加拿大、冰岛、瑞典和俄罗斯等国设立了工厂。他们通常会寻找那些有廉价能源（主要支出成本）、寒冷的天气（更有效地防止服务器过热）、速度更快的互联网（以确保他们能够访问网络）和友好的监管环境。他们还从当地针对能源公司的补贴中获益。例如，比特大陆就与内蒙古的鄂尔多斯市签订了能源补贴协议。[39]

需要说明的是，并不是所有用于维护区块链的能源都被浪费了。太阳能发电厂、风力发电厂和水力发电站的发电量往往超过当地用户的需求量。因此这些可再生能源生产者也在寻找潜在的买家，以避免能源浪费。加密货币矿商正好可以消耗这些多余的发电量。2018 年，加拿大国有电力公司魁北克水电（Hydro-Québec）就在积极寻找加密货币矿商来购买年度生产的高达 5000 兆瓦的过剩

能源。正如魁北克水电公司的首席执行官当时所说，“我告诉他们，在冬天，你只要打开车库的门和窗户就可以保持凉爽”。[40] 当然，区块链消耗的部分能源来自可再生能源，水力发电是其中之一，风能、太阳能甚至地热能也是如此。地热能来自地球的热量，如温泉、热岩石甚至火山岩浆。在冰岛开店的加密货币矿商就是被该国火山产生的廉价地热能所吸引的。

但是无论这些缓和区块链所带来问题的因素如何，都很难否认区块链生态系统的运行需要大量能源。如果不是投入到区块链，许多能源将不会被消耗。并且，区块链消耗的绝大部分能源并非来自环保方式。[41] 并且，比特大陆本身就拥有全球最大的采矿场。

*　　　*　　　*

人们或许好奇，面对区块链系统中如此明显的低效率，是否有一个市场解决方案。换言之，如果所有的矿商都在从事危害世界的破坏性行为，而这些行为并没有给他们带来集体利益（因为不论矿
工的能源消耗如何，比特币是以固定速度发行的），那么肯定会有 135
人去寻找一个更好的系统。一个正常运转的市场可能会消除这些低效率，并奖励那些以更低价格提供更好产品的公司。

问题是区块链创造了这么一个系统，这个系统在市场上很容易出现一种众所周知的现象，那就是所谓的“公地悲剧”。“公地悲剧”通常指的是，当许多参与者共享一种公共资源时，会产生有害的激励现象。它基于以下见解：当一个共同资源可以被许多不同的行动者获得和使用时，由于这些行动者不需要承担使用它的全部费用，因而这些行动者往往会过度使用。例如，如果每个人都有权在公共牧场放牧，人们就会比牧场为个人所有时更频繁地放牧。一个人假

设拥有私人牧场，他知道如果他在自己的牧场上过度放牧，牧场可能会遭到破坏，进而导致未来几年里无法使用，同时他将完全承担这一成本。因此，他会理性地减少对牧场的使用。但是在一个公共牧场里，个人并不承担过度放牧所造成的全部成本。甚至通过过度放牧，他们可以获得更好地喂养奶牛所得的所有好处，而只承受牧场损坏的部分成本。因为损失将由其他用户分担。由于每个农民都将有类似的激励措施，而且重要的是他们认为其他所有农民也都这样做。所以，农民们都有强烈的动机尽快进入并过度使用牧场。这就造成了公地的悲剧：由于资源共享，资源将被流失。[42]

区块链生态系统同样以矿工和其他用户利用共享资源（能源和电力）为前提，而不用承担其使用的全部成本（由于碳排放所造成的环境问题）。需要说明的是，这个问题并不是加密货币行业所独有的。实际上，这是所有公司、市场和国家共同面临的问题。这个问题正在困扰着世界各地的政府决策者。并且，由于其内置的激励机制，区块链的结构尤其有害：系统中的奖励主要基于人们使用共享资源的意愿和能力来分配。这就好像我们建立了一个共同的牧场，并告诉农民他们的工资将根据他们的奶牛吃了多少牧草而决定。他们已经有了过度使用共享资源的非正式激励措施。现在，这些非正式激励措施正被纳入制度的规则中。

区块链矿商的激励战略也恰好反映了博弈论中的一个经典概念——囚徒困境。囚徒困境是博弈论者提出的一个著名假设，用来分析人们何时会为了互惠互利而合作以及他们何时选择不合作。囚徒困境最初由普林斯顿大学的博弈论理论家阿尔伯特·塔克
136 （Albert Tucker）正式提出。如塔克所述，游戏的条款如下：

两名被控共同违反法律的人分别被警察拘留并单独审问。他们每个人都被告知：

（1）如果一个人认罪，而另一个人不认罪，则将给予前者一单位的奖励，后者将被罚款两个单位。

（2）如果双方都供认不讳，将各处以一个单位罚款。同时，两个人都有充足的理由相信对方也会这么做。

（3）如果两个人都不认罪，则两个人都会被认定无罪。[43]

因此，这两名囚犯受到的诱因可描述如下：

		囚犯 B	
		承认犯罪	不承认犯罪
囚犯 A	承认犯罪	–1，–1	1，–2
	不承认犯罪	–2，–1	0，0

从双方的角度来看，对于囚犯来说最好的结果是双方都保持沉默，不招供。如果他们两个都不承认犯罪，他们每人都会在没有任何惩罚的情况下被判无罪，总价值为零。另一方面，对于囚犯来说最糟糕的结果是双方都供认不讳。如果他们两个都坦白，他们都将被罚款一个单位，合计价值为 –2。由于 0 比 –2 好，人们可能会认为囚犯们会理性的选择沉默，从而达到集体角度的最佳结果。

然而，会出现这样一个问题。这个问题的出现是因为每个囚犯都有强烈的个人动机去招供。假设你是囚犯 A，你不知道囚犯 B 是选择坦白还是保持沉默。你所能控制的就是你最终要做什么。如果囚犯 B 保持沉默，那么你也可以保持沉默，在这种情况下，你既不会被罚款，也不会得到奖励；或者你可以坦白，在这种情况下，你将得到一个单位的奖励。显然，坦白是更好的选择。但是如果囚犯 B 没有保持沉默，而是坦白了呢？那在这种情况下，你保持沉默的话你将会面临两个单位的罚款，或者你也可以去选择坦白，这时候你只会被罚款一个单位。所以，承认犯罪反而是个更好的选择。这意味着，不管其他囚犯做了什么，你最好还是坦白。同样，另外一个囚犯也会考虑这样的可能情形。

这就是囚徒困境。假设两名囚犯都能以自身的角度理性行事，
137 那么从集体的角度看，他们将以最糟糕的结局收场。囚徒困境通常被视为与亚当·斯密（Adam Smith）“看不见的手”这一概念相对应的：当参与者面临囚徒困境时，他们的个人动机将导致他们产生社会次优结果，而不是最优结果。如果他们能合作，最终双方都会共赢。但他们对个人回报的追求造成了一种相互破坏的结果，每个人的处境都会变得更加糟糕。

在这一点上，我应该指出所有这些讨论都是从囚犯的角度出发的。有人可能会问，我们为什么要关注犯人的个人激励机制？毕竟，我们希望他们承认自己犯下的罪行。因而从囚犯的角度来看这是一种困境，但从检察官的角度来看却是一种完美的结果。这就是为什么我的一位曾经当过警察的同事把囚徒困境称为“警察的机会”。

但囚徒困境理论设计的天才之处在于，它适用于任何社会现实情境——在这种情境中，我们希望个人能够为了共同利益而合作。如果所有参与自行车比赛的运动员都停止使用能提高性能的药物，那么所有的参赛者都会从中受益。但每个参与竞赛的人员都有个人动机去使用兴奋剂以获取竞争优势。而如果其他参赛者也都使用兴奋剂，那么这种竞争优势就会消失。如果所有公司都停止为获得丰厚的政府合同而向官员行贿，那么所有公司都会从中受益。但是，

每个公司都有理由为了竞争优势而行贿。而当所有的公司都去行贿的时候，这种优势又会消失。同样，如果所有国家都放弃核武器，所有国家都将受益。但每个国家为了获得军事优势都有制造核武器的动机。然而，如果其他国家也在制造核武器，这种军事优势就会消失。在以上这些每一种情况下，对个体利益的理性追求都对群体产生了有害的结果。

当然，囚徒困境只是一个形式化的模型，它无法考虑到现实世界中合作发展的多种方式。首先，现实世界中游戏的参与者往往期望在未来与对方持续互动，因此博弈很少是一次性的。这意味着他们可以通过其他参与者上次是否合作来相应地调整其行为。并且，重复博弈还引入了学习（收集有关可接受的行为类型的信息）和惩罚的可能性（通过向犯罪方施加成本来应对反社会行为）。此外，现实世界中的参与者通常可以实时交流，并告诉对方他们的计划。因此，他们可以承诺共同合作，让双方的利益最大化。例如，他们 138
可以通过签署一份合同规定，如果有一方违约他将承担法律责任。当然，现实世界中的所有这些可能性都很难（但并非不可能）用囚徒困境模型来完全概括。因此，合作的可能性会比严格解读这个问题所暗示的要高。

与此同时，我们有理由相信，尽管存在这些局限性，囚徒困境还是提供了一个强有力的分析工具。毕竟，不是所有的问题都能通过合同协议解决。各国政府之间确实可以彼此缔结条约，但国际社会上没有一个具有传统法官权力和权威的超国家机构来执行这些条约。公司可以彼此签约，但如果所争议的行为已经是非法的，并且很难被监视（例如贿赂），那么合同可能对防止这种行为并没有特别大的帮助。而且，同样重要的是，当有许多行动者共同破坏合作规范时，则很难开发出实施合作的机制。当这些情况出现的时候，“囚徒困境”个人激励机制就会重新发挥作用。

构成区块链中坚力量的矿商正面临着与“囚徒困境”中相同的情形。总的来说，如果他们都不把大量的资源花在开发更新、更专业的芯片以及越来越快的速度计算哈希方程上，他们的日子会过得更好。这些资源并未投入生产，比特币系统会根据网络中哈希能力的集体速度自动调整难度。因此，如果矿商为采矿设备供电时花费较少，他们将获得更多的回报。但是，每个矿商都有个人动机去“作弊”和部署更快的采矿设备。这是典型的囚徒困境。而这正是中本聪几乎从第一天起就担心的事情。早在 2009 年 12 月，他就写道：“我们应该达成君子协议，只要我们能为区块链网络的整体利益而推迟 GPU 军备竞赛。如果新用户不必担心 GPU 驱动程序和兼容性，就可以轻松上手。那么，拥有 CPU 的任何人现在都可以平等竞争，这真是太好了。”[44] 中本聪早就认识到，在区块链世界中“军备竞赛”发生的可能性，而防止这种情况发生的唯一途径就是达成“君子协议”。并且很明显，这个“君子协议”的制订并不是很棘手，并且其中的道理通俗易懂。

* * *

但并非所有人都认为矿商的困境是无法解决的。例如，一些矿商正在尽其所能地寻找在可再生能源丰富的地方建厂，以此来减少挖矿“军备竞赛”对环境的危害。比如在博登，他们已经找到了能
139 够提供运营所需大部分电力的可再生能源项目的地点。另外一些公司甚至自己启动了可再生能源项目。一家名为索鲁纳（Soluna）的挖矿公司宣布，该公司将于 2019 年开始在摩洛哥南部建设一个

37000 英亩的风电场。这座风电场将为该公司的比特币采矿平台提供电力。并且，它也将把风电场剩余的电力提供给当地居民或公司。通过这种方式，创办人希望区块链行业能够开始用新开发的可再生能源来抵消其能源消耗，这也有助于减少地球上二氧化碳的排放。[45]

另一种更为激进的解决区块链对能源过度消耗的方法则是改变区块链本身的结构。区块链导致大量能源浪费的根源在于中本聪最初的设定，即保护区块链免受网络黑客的攻击以及如何激励用户维护系统。他的策略是向进行维护区块链“工作”的矿商支付比特币奖励。这个系统现在被称为“工作证明”区块链。但是，如今区块链世界中一些有影响力的人物认为，“工作证明”并不是区块链的最佳结构，相反我们需要找到新的系统。

这就是以太坊创始人维塔利克·布特林（Vitalik butterin）的初衷。他对一位记者说道：“如果我对世界的主要贡献是使塞浦路斯的电力消耗量增加到全球变暖的程度，我个人会感到非常不高兴。”[46]在寻找区块链的替代结构时，布特林是所谓“权益证明”区块链的提倡者。“权益证明”区块链奖励用户不是因为他们在挖掘谜题上花费了多少资源，而是基于他们持有多少货币。货币持有者将能够以与其在货币中的总体所有权或“股份”相关的比例向区块链添加新区块。

这种“权益证明”有两个主要优势。第一个优势，它减少甚至消除了矿商增加计算能力，从而增加能源消耗的动机。在“权益证明”系统中，内蒙古的工厂是否装满服务器来计算 SHA-256 并不重要。为了增加新的区块并获得新的货币奖励，最重要的是你拥有这个虚拟货币。“权益证明”系统的第二个优势是，它激励矿商们真正拥有他们正在开采的虚拟货币。在像比特币这样的“工作证明”系统中，不要求矿工持有虚拟货币。他们可以开采新的区块，获得比特币奖励，然后立即将比特币出售给其他人。“权益证明”系统被认为可以促进货币的稳定性，因为正在努力维护该系统的人
140 们也参与其中。他们希望虚拟货币成功，因为他们正拥有这个虚拟货币。

虽然目前已经存在一些“权益证明”系统构成的区块链，但其中大多数都是使用范围较小且未经证实的。布特林曾公开表示，计划修改以太坊区块链，将其从“工作证明”系统转换为“权益证明”系统。这是一个被称为“Casper”的项目，但这个计划尚未最终确定和部署。而“Casper”早在 2014 年就开始筹划了，社会各界也对这种区块链系统方面进行过渡的利弊进行了激烈的辩论。[47] 但是，至少在本书撰写之时，“权益证明”系统仍然是一种愿望，而不是现实。

* * *

对于政治理论家来说，区块链的分散结构所导致的效率低下这一事实并不令人意外，这本就是分散式结构系统的一个特点。从本质上讲，分散决策是一个缓慢而繁琐的过程。分散决策下一项行动的确立需要将许多人聚集在一起进行讨论，而且常常需要经历重复讨论的过程。与之相反，集中化系统则可以迅速果断地采取行动。他们不需要等待其他人来权衡或参与对某一特定行动优劣的广泛讨论，中央政府只需决定即可。这就是为什么苏格拉底称民主为“高贵但迟钝的骏马”。[48]

关于集中决策与分散决策孰优孰劣的争论，在塑造美国政府的

过程中发挥了重要作用。特别是，它分别为总统和国会区分有关各自权力边界的辩论提供了支撑。总统通常被认为是迅速而果断的。而国会则被人们看作是虽行动迟缓但却深思熟虑的代名词。因此，美国宪法的制定者试图把需要迅速而果断决策的问题以及需要缓慢而慎重决策的问题进行区分，并相应地划分到政府的不同机构之中。例如，关于战争权的归属在美国建国之初就是一个被广泛争论的话题。在《联邦党人文集》中，亚历山大·汉密尔顿（Alexander Hamilton）称赞中央集权决策者所具备的优点，进而为总统获取对外宣战、参战权力的决定进行辩护。汉密尔顿写道："在政府职责中，指挥作战最具有需要一人集权的素质。"[49] 只有总统具有成功发动战争所必需的思想和行动上一致的特性。南卡罗来纳州的查尔斯·平克尼（Charles Pinckney）认为，大型立法机构的决策"太慢"，无法有效地管理一场战争。[50] 詹姆斯·麦迪逊（James Madison）写道："一个国家越大，它的真实意见就越不容易被确定，也越不容易被伪造。"[51] 141

另一方面，也有人担心总统的独自行动可能会导致该国无端陷入战争的泥沼之中。正如约翰·杰伊（John Jay）在《联邦党人文集》中所写的那样：

> 专制君主往往在他们的国家无利可图时制造战争，为的只是私人打算和目的。例如，渴望军事上的荣誉、报复私仇、野心，或者为了履行能加强或帮助自己家族或同党的私人盟约。这些动机以及其他各种各样只有首脑人物才会受到影响的动机，往往使他进行不符合人民的愿望和利益的非正义战争。[52]

最高法院大法官约瑟夫·斯托里（Joseph Story）在他对美国宪法的经典评论中也表达了相似的观点：宣战“就本身的性质和影响而言，对于国家是极其关键和灾难性的。因而，它需要各国议会进行最大程度的审议和连续的审查”。[53] 与此同时，宾夕法尼亚州的詹姆斯·威尔逊（James Wilson）则认为，国会的决策会比总统更加谨慎。他说，赋予立法机构宣战的权力将确保政府“不会将我们武断地带入战争之中；它是被设计用来防范任何一个人或任何一团体将我们带入这样的困境之中”。[54] 换言之，立法机构的决策迟缓正是他们被赋予决定类似战争一样重要而又危险问题的重要原因。[55] 参与分权的立法机构是实现这一目标的途径之一。[56]

最终，美国宪法选择了这样一种混合的方式，将某些战争权授予统一行政部门（总统），将其他战争权授予分权的立法机关（国会）。例如，根据美国宪法第二条，美国总统是美国陆军和海军的总司令。而根据美国宪法第一条，对外宣战权却掌握在国会的手中。对此，宪法学学者亚历山大·比克尔（Alexander Bickel）曾撰文指出，这种结构代表了一种基于集权决策者和分权决策者各自优点及缺陷的权力的谨慎分配。同时，他引用奥利弗·埃尔斯沃斯（Oliver Ellsworth）法官的话写道：“退出战争比卷入战争更容易”，而且“（总统）的错误一般是主观的……而国会的错误是那些犹豫不决的过失，疏忽的过失”。[57] 当决策需要行动、速度和效率时，集权的决策者是最佳选择。但是，当决策需要进行审议和讨论时，分权的决策者可能更擅长收集必要的信息以及权衡各种利弊因素。

这些关于行政与立法在战争权分配上的讨论，对于区块链环境
142 问题的辩论很有启发性。分权的决策虽然可能缓慢而繁琐，但它可以造就更稳定、更理想的结果。立法机构在决定何时何地开战方面

可能效率低下，但有人认为，为了阻止战争的发生，这些代价是值得的。在区块链中，去中心化的挖掘结构可能是维护信息记录的一种低效方式——它需要许多不同的用户不断对话、下载、验证和维护区块链——但他们的理由是希望提高网络的安全性，防止恶意参与者随意地进行攻击区块链网络的行为。

当然，一个重要的区别在于立法机关分权决策的低效性是不同团体之间利益分配的直接结果，即允许国会有时间进行辩论和讨论，作出让各方都较为满意的决定。换句话说，效率低下才是问题的关键。但在区块链中，分散化的采矿企业的低效率及其有害的碳排放与系统的目的无关。我们可以想象，事实上许多区块链工程师也曾设想过一个不需要如此大规模能源消耗的去中心化系统。当然，其中一些成本可以通过改变区块链的结构或矿业公司改用可再生能源来减轻。但不可避免的是这种去中心化的系统注定是缓慢而又繁琐的。

* * *

本章谈论了区块链对环境的影响，展示了区块链消耗能源的惊人水平并确定了这种被消耗能源的来源。本章还讨论了区块链企业在减少或减轻区块链所产生的碳排放上所作出的初步努力。如果上一章是关于道德的（我们如何阻止犯罪？），那么这一章则是关于效率的（我们如何降低技术的成本？）。两者是同样重要的问题。但是，它们也提出了一个更深刻的问题，即社会如何确保新技术的使用是对人类有益的，而不是有害的。他们如何确保创新不会陷入法律的漏洞之中？他们如何制定法律来解决技术带来的特定成本和商人片面追求利益的问题？我们下一章要讨论的就是这些问题。 143

注释

1. 2018 年 10 月 16 日，对尼尔斯·林德的采访。

2. See Bitcoin: The Magic of Mining, ECONOMIST, Jan. 8, 2015.

3. See Stan Higgins, Bitcoin Mining Firm KnCMiner Declares Bankruptcy, COINDESK (May 27, 2016), https://www.coindesk.com/kncminer-declares-bankruptcy-cites-upcoming-bitcoin-subsidy-halving/.

4. See Natalie Obiko Pearson & Brandon Kochkodin, Hive Switches from Mining Gold to Bitcoin, Surges Six-Fold, BLOOMBERG (Oct. 12, 2017), https://www.bloomberg.com/news/articles/2017-10-12/hive-switches-from-mining-gold-to-bitcoin-surges-six-six-fold.

5. See Hive Biockchain Technologies, Take an Exclusive 360° VR Tour Inside HIVE, YOUTUBE (May 14, 2018), https://www.youtube.com/watch?v=73fqVCH5F4U.

6. See Christoph Steitz & Stephen Jewkes, Cryptocurrency Miners Seek Cheap Energy in Norway and Sweden, REUTERS (Apr. 10, 2018), https://ca.reuters.com/article/businessNews/idCAKBN1HH13L-OCABS.

7. 同上。

8. Hive Blockchain Commences Ethereum Mining Operations in Sweden, Hive Blockchain Technologies (Jan. 15, 2018), https://www.hiveblockchain.com/news/hive-blockchain-commences-ethereum-mining-operations-in-sweden/.

9. See Anna Baydakova, Genesis Mining to End Unprofitable Crypto Contracts, COINDESK (Aug. 16, 2018), https://www.coindesk.com/genesis-mining-to-end-unprofitable-crypto-contracts/.

10. Aaron Hankin, Bitcoin Mining Poses Threat to Paris Climate-Change Accord, Study Finds, MARKETWATCH (Aug. 1, 2018), https://www.marketwatch.com/story/bitcoin-mining-poses-threat-to-paris-climate-change-accord-study-finds-2018-08-01.

11. Rebecca Pinnington, Shock Claim: Bitcoin Is DESTROYING the Planet and Uses as Much Energy as DENMARK, EXPRESS (Dec. 5, 2017), https://www.express.co.uk/news/science/888535/bitcoin-environment-destroying-planet-fossil-fuels-energy-electricity-Denmark-US-2020.

12. Anthony Cuthbertson, Bitcoin Mining on Track to Consume All of the World's Energy by 2020, NEWSWEEK (Dec. 11, 2017), https://www.newsweek.com/bitcoin-mining-track-consume-worlds-energy-2020-744036.

13. Alex de Vries, Bitcoin's Growing Energy Problem, 2 JOULE 801, 801 (2018).

14. Bitcoin Energy Consumption Index，DIGICONOMIST，https://digiconomist.net/bitcoin-energy-consumption. 2018 年 11 月发表在《自然可持续发展》杂志上另一项研究得出的结论是，比特币采矿每年消耗约 8.3 太瓦时。Max J. Krause &Thabet Tolaymat，Quantification of Energy and Carbon Costs for Mining Cryptocurrencies，NATURE SUSTAINABILITY（2018）.

15. Ethereum Energy Consumption Index，DIGICONOMIST，https://digiconomist.net/bitcoin-energy-consumption.

16. See How Much Electricity Does an American Home Use？U.S. ENERGY INFO. ADMIN.（Nov. 7，2017），https://www.eia.gov/tools/faqs/faq.php?id=97&t=3；New Academic Paper: Bitcoin's Growing Energy Problem，DIGICONOMIST（May 16，2018），https://digiconomist.net/bitcoins-growing-energy-problem.

17. See Adam Rogers，The Hard Math Behind Bitcoin's Global Warming Problem，WIRED（Dec. 15，2017），https://www.wired.com/story/bitcoin-global-warming/.

18. Camilo Mora et al.，Bitcoin Emissions Alone Could Push Global Warming Above 2 °C，8 NATURE CLIMATE CHANGE 931（2018）.

19. A Deep Dive in a Real-World Bitcoin Mine，DIGICONOMIST（Oct. 25，2018），https://digiconomist.net/deep-dive-real-world-bitcoin-mine.

20. 从技术上讲，每开采 2016 个区块采矿难度就会自动调整。这意味着，如果矿商以每 10 分钟挖掘一个区块的理想速度来挖掘新的区块。那么比特币采矿难度将会每两周自动重置一次。但在现实中，随着越来越多的矿商把计算能力投入到哈希算法上，采矿难度自动上调的频率也将更加频繁。因此，新区块被开采出来的速度将远远低于每 10 分钟一个。难度的调整是基于以下公式：

下一个难度 =（上一个难度 *2016*10 分钟）/（以分钟为单位挖掘最后一组 2016 个区块的时间）

因此，由公式可知，如果挖掘 2016 个区块的时间少于两周，那么下一时期哈希方程的难度将会自动增加。而与此相反，如果挖掘 2016 个区块的时间超过两周，那么下一时期哈希方程的难度将会自动减少。See Arvind Narayanan，Joseph Bonneau，Edward Felten，Andrew Miller & Steven Goldfeder，Bitcoin and Cryptocurrency Technologies: A Comprehensive Introduction 107-10（2016）.

21. See Antminer S9-Hydro，BITMAIN，https://shop.bitmain.com/product/detail?pid=00020180927145605797A1iDnSog06BF.

22. 欲了解更多关于比特币网络综合哈希率历史发展的数据，参见 https://www.blockchain.com/en/charts/hash-rate?timespan=all。

23. See Alison Sider，Bitcoin Mania Triggers Miner Influx to Rural Washington，WALL ST. J.，Feb. 11，2018.

24. See Bitcoin: The Magic of Mining，ECONOMIST，Jan. 8，2015.

25. See Sider，前注 23。

26. See Kimberlee Craig，PUD Board Hears Comment on Proposed Cryptocurrency Rate，CHELAN CTY. PUB. UTIL. DIST.（Aug. 6，2018），https://www.chelanpud.org/about-us/newsroom/news/2018/08/07/pud-board-hcars-comment-on-proposed-cryptocurrency-rate.

27. See Kimberlee Craig，Board Approves New Cryptocurrency Rate Effective April 1，2019，CHELAN CTY. PUB.UTIL. DIST.（Dec. 3，2018），http://www.chelanpud.org/about-us/newsroom/news/2018/12/03/board-approves-new-cryptocurrency-rate-effective-april-1-2019.

28. See Tom Banse Cryptocurrency Miners Go to Federal Court to Block "Crippling" Electric Rate Hike，KLCC（Mar. 19，2019），https://www.klcc.org/post/cryptocurrency-miners-go-federal-court-block-crippling-electric-rate-hike.

29. See Juniper Reswarch，the Future of Cryptocurrency: Bitcpin and Altcoin Trends & Challenges 2018—2023（2018）.

30. See Visa Acceptance For Retailers，VISA，https://usa.visa.com/run-your-business/small-business-tools/retail.html.

31. Bank for Intcrnational Settlements，Annual Economic Report 99—100（2018）.

32. See Christine Kim & Nikhilesh De，Bitmain Confirms New Crypto Mining Facility in Texas，COINDESK（Aug. 6，2018），https://www.coindesk.com/bitmain-confirms-new-texas-mining-facility/.

33. See Private Investors Buying Electric Power Stations in Russia to Mine Cryptocurrency，RT（Jan. 12，2018），https://www.rt.com/business/415811-russia-power-station-cryptocurrenct-mining/.

34. See David Pimentel，IoT Blockchain，Mining Distributor RBG Sign $190M AUD Crypto Mining Deal，BLOCKTRIBUNE（May 8，2019），http://blocktribune.com/iot-blockchain-rbg-sign-142m-crypto-mining-deal/.

35. See Rick Noack，Cryptocurrency Mining in Iceland Is Using So Much Energy，The Electricity May Run Out，WASH. POST，Feb. 13，2018.

36. See Nick Marinoff，Bitmain Nears 51% of Network Hash Rate: Why This Matters and Why It Doesn't，BITCOIN MAGAZINE（June 28，2018），https://bitcoinmagazine.com/articles/bitmain-nears-51-network-hash-rate-why-matters-and-why-it-doesnt/.

37. 比特大陆还从其矿池和矿场服务中获得收入。这些数额分别为 4300 万美元和 2200 万美元。

38. 比特大陆的招股说明书可以在以下网站下载：http://www.hkexnews.hk/APP/SEHK/2018/2018092406/Documents/SEHK201809260017.pdf。

39. See Zheping Huang, This Could Be the Beginning of the End of China's Dominance in Bitcoin Mining, QUARTZ (Jan. 5, 2018), https://qz.com/1172632/chinas-dominance-in-bitcoin-mining-under-threat-as-regulators-hit-where-it-hurts-electricity/.

40. Charles LeCavalier, Hydro-Quebec face aune "spirale de la mort", LE JOURNAL DE QUEBEC (Jan. 9, 2018), https://www.journaldequebec.com/2018/01/09/hydro-pourrait-se-lancer-dans-les-maisons-intelligentes.

41. Garrick Hileman & Michel Rauchs, Global Cryptocurrency Benchmarking Study 85 (2017).

42. 关于公地悲剧的经典论述，参见 Garrett Hardin, The Tragedy of the Commons, 162 SCIENCE 1243 (1968)。

43. Alfred W. Tucker, The Mathematics of Tucker: A Sampler, 14 TWO-YEAR C. MATH. J. 228, 228 (1983).

44. Satoshi Nakamoto, Post to BitcoinTalk.org, dated Dec. 12, 2009, https://bitcointalk.org/index.php?topic=12.

45. See Megan Geuss, Construction to Begin on 36 Megawatt Moroccan Wind Farm for Bitcoin Mining, ARS TECHNICA (Sept. 18, 2018), https://arstechnica.com/information-technology/2018/09/construction-to-begin-on-36-megawatt-moroccan-wind-farm-for-bitcoin-mining/.

46. Nathaniel Popper, There Is Nothing Virtual About Bitcoin's Energy Appetite, N.Y. TIMES, Jan. 21, 2018.

47. See Vlad Zamfir, The History of Casper—Part 1, MEDIUM (Dec. 6, 2016), https://medium.com/@Vlad_Zamfir/the-history-of-casper-part-1-59233819c9a9.

48. Socrates, Apology.

49. The Federalist, No. 74, at 500 (Alexander Hamilton) (Jacob E. Cooke ed., 1961).

50. The Records of the Federal Convention of 1787 318—319 (Max Farranded., 1937) [hereinafter RECORDS].

51. James Madison, Public Opinion, NAT'L GAZETTE, Dec. 19, 1791.

52. The Federalist, No. 4, at 19 (Alexander Hamilton) (Jacob E. Cooke ed., 1961).

53. JOSEPH STORY, Commentaries on the Constitution of the United States 60 (1833).

54. The Debates in the Several State Conventions on the Adoption of the Federal Constitution 528 (Jonathan Elliot ed., 1836—1845).

55. Records, 前注 50, at 319。

56. 或者，正如约翰·哈特·伊利在他的《战争与责任》一书中所写的那样：“可以预见的是，整个国会对于是否进行战争的决定都是经过精心策划的。这一方面是为了放慢开始战争的进程，以确保国家在陷入战争这样重大的事件之前有一个缓冲，另一方面则是考虑是否有‘第二个更加理性的决定’。” John Hart Ely，War and Responsibility：Constitutional Lessons of Vietnam and Its Aftermath 4（1993）.

57. Alexander M. Bickel，Congress，The President，and the Power to Wage War，48 CHICAGO KENT L. REV. 131，144（1971）.

第六章　半影难题

因此，格言说，饥饿和贫困使人勤奋，法律使人良善。如果在无法律的情况下，一件事情本身就可以运转良好，那么法律就不具有必要性；但是在没有这种良好习惯的地方，就时刻需要法律。

——尼科洛·马基雅维利，《论李维》

马克西姆·扎斯拉夫斯基（Maksim Zaslavskiy）是一位自称为慈善家、数字企业家和房地产大师的人。他 1979 年生于乌克兰，十二岁时移居美国，如今定居在布鲁克林。并且，扎斯拉夫斯基拥有巴鲁克学院（Baruch College）的金融学学士学位和卡多佐大学（Cardozo）的法学硕士学位。同时，他还是包括《房地产投资：了解每个人都在谈论的被动收入》《房地产营销：房地产经纪人和代理的成熟营销工具》《止赎：购买的内幕》等书籍的作者。除此之外，2017 年他还因为推行加密货币计划被指控犯有证券欺诈罪，并被判入狱五年。

根据美国证券交易委员会（Securities and Exchange Commission，SEC）的资料，扎斯拉夫斯基 2017 年在内华达州成立了一家名为 REcoin 的公司。[1] 他将公司宣传为一家从事房地产相关业务并具备智能合约的房地产企业。在这里，经纪人、租户、买家、开发商和建筑师都可以聚在一起，并且使用数字代币相互交流。同年，扎斯拉夫斯基向投资者提供了向由该公司创建的加密货币投资的机会。

他将 REcoin 代币描述为基于区块链技术并将得到国内外房地产商投资支持的虚拟货币，并且 REcoin 公司将为投资者提供一个“容易进入的金融平台。通过这个平台，来自世界各地的理财者可以将他们的储蓄转换成房地产支持的货币，从而保护他们的收益不受通货膨胀的影响，并获得潜在的高额回报”。他还声称，REcoin 具有“非常高收益的潜在回报”，每年的收益将达到 9% 至 67% 区
144 间。他还为 REcoin 创建了一个网站，并上传描述其工作原理的白皮书。白皮书中声称，该货币可以“至少通过两种方式实现收益的增长：一是通过 REcoin 购买的房地产的投资价值稳定增长，二是当人们对 REcoin 的需求增加时，其代币本身会增值”。白皮书还声称，“REcoin 是由经验丰富的经纪人、律师和开发商团队来合作运行，并根据最合理的操作将其获得的收益投资到全球房地产中”，并且“一个由律师和程序员组成的国际团队一直在不知疲倦地为 REcoin 的持有者创造解决收益方案”。而为了表示其对慈善事业的支持，扎斯拉夫斯基还承诺将把“采矿获得收益”的 2% 捐给红十字会或拯救儿童基金会等慈善组织。同时“编写程序把 REcoin 高达 70% 的利润设定为专门捐献给一系列不同的慈善机构”。扎斯拉夫斯基宣布，REcoin 将于 2017 年 8 月至 2017 年 10 月进行代币的首次发行（ICO，Initial Coin Offering），早期购买 REcoin 代币的投资者将获得 15% 的折扣。该公司的举动引起了投资者们的极大兴趣，约有 1000 人购买了 REcoin 的代币。扎斯拉夫斯基后来说，REcoin 从投资者那里获得了大约 30 万美元的投资。

2017 年 9 月，扎斯拉夫斯基通过 Reddit 发布了一篇新闻稿，新闻稿中他宣称 REcoin 代币的首次发行已经获得巨大的成功。同时，他声称 REcoin 在预售的前三天已经获得“超过 150 万美元”

的筹集资金，并说道“由于投资者对我们项目的巨大信任，REcoin成功的预售又产生了230万美元的预期收益”。但扎斯拉夫斯基也给投资者们带来了坏消息：

> 不幸的是，现在美国政府做了它最擅长的事——干预。虽然我们的社区是在试图去中心化的同时摆脱任何外部的干预。但毫无疑问，美国政府让我们知道，我们不被允许采取任何措施来维持我们所持有的房地产的流动性水平，进而确保您的投资安全可靠。

因此，扎斯拉夫斯基通知他的投资者，REcoin代币将不得不关闭。

但是，扎斯拉夫斯基继续说道：“一切都没有丢失。”因为他新创立了一家名为钻石储蓄俱乐部（Diamond Reserve Club）的新公司。与该俱乐部有关的是，扎斯拉夫斯基正在创造另一种称为钻石储备币的数字加密货币。对此，扎斯拉夫斯基发布了另一份白皮书，声称投资者将获得“每年至少10%至15%的收益”。钻石储备货币“由存放在美国安全地点的实物钻石进行对冲，并为其价值投保”。钻石储备俱乐部将能允许会员使用代币兑换实物钻石。扎 145
斯拉夫斯基告知REcoin的投资者，“您所持有的关于REcoin的所有资产将以对您有利的汇率无缝转换为钻石储备币”。同时，为了感谢他们早期对于公司的支持，他们还将获得“10%的奖金”作为额外回报。[2]

2017年11月1日，扎斯拉夫斯基因被控证券欺诈被逮捕。因而，这些所有的计划都宣告失败。根据美国证券交易委员会和司法部提交的文件，扎斯拉夫斯基的“虚拟货币”完全是一个骗局。扎斯拉夫斯基的第一家公司——REcoin从未拥有过任何房地产。并且，该公司从未聘请过任何经纪人、律师和开发商，也并没有一个由律师、经纪人和开发商组成的国际团队。面对指控，扎斯拉夫斯基后来承认，他的团队主要由部分乌克兰籍人员组成。而且，REcoin也并没有卖出所声称的价值280万美元的代币。扎斯拉夫斯基甚至从未开发或创造过有关REcoin的加密数字货币。至于钻石储备币，同样也没有被创造或开发过相应的加密数字货币。他的公司从来没有买过钻石，也没有保险。整个计划都是假的。

美国证券交易委员会在2017年9月对扎斯拉夫斯基进行了一次备受关注的采访，从采访中我们可以更好地了解这个骗局以及它的主角。[3]采访中，扎斯拉夫斯基表现得时而幽默，时而轻蔑，时而又显得有些防备。当被问及假设他在基辅的一条街上遇到一位投资者，咨询他如何拼写这条街的名字时，他回答说：“谷歌会帮上忙。”当被问及他的家庭住址时，他回答说：“这很难回答。大约在一千英里的高空。”当美国证券交易委员会要求扎斯拉夫斯基对法院传票做出更积极的回应时，扎斯拉夫斯基质疑传票在描述REcoin销售时所使用的“代币”一词。他回应道：“这不是重点。但是，当我在这里就读法学院的时候，我也确实在这里的法学院读过书，每个词的用法都很重要。这是你在任何一所法学院都会学到的。”

在一次美国证券交易委员与扎斯拉夫斯基关于REcoin新闻稿的对话中：

问：先生，下一段说：“不幸的是，现在美国政府做了它最擅长的事——干预。虽然我们的社区是在试图去中心化的同时摆脱任何外部的干预。但毫无疑问，美国政府让我们知道，我们不被允许采取任何措施来维持我们所持有的房地产的流动性水平，以确保您的投资安全可靠。”我没看错吗？

答：是的，你没看错。

问：那是什么呢？

答：去他妈的。

问：什么？ 146

答：这些都不是我写的。但写这个新闻稿的人，他把它搞砸了。

问：美国政府有没有干涉你的 REcoin。

答：没有。

问：那么，那不是真的吗？

答：是的。

问：继续看附录 7，这是其中一个——我将继续从第二页看，即 MZ26，“然而，好消息是，我的 REcoin 持有者和投资者们，是……我们不会让你们对我们的计划，它的战略和目标丧失信心。我们都想创造一个世界”等等。看到了吗？

答：是的。

问：好吧。这是关于什么的？这是怎么回事？

答：写新闻稿的是个有艺术气质的人，所以他努力使某些事情变得美好。

问：让我问一个更明确的问题。

答：好的。

最后，扎斯拉夫斯基描述了他最初是如何想到REcoin这个主意的。

> 让我们从我得到它的地方开始说起。我是从很久以前就有了这个想法，大概是一千年前，两千年前……在过去它是这样工作的，如果有这一时刻，在村庄里有着小孩和老人。比如说，我找到老人，对他说："你给我1000块钱或者1块钱，哪怕是任何钱。你都可以获得我的承诺，是的，我保留了他的1000块钱"，我保证他百分百会获得盈利。然后你去下一个村庄。因此，这样你就不会被追回钱款，一千年前就是这样。我喜欢历史。那就是我的全部想法。

他还对区块链产业的运作方式表示了一些怀疑。扎斯拉夫斯基谈论道："我负责的REcoin代币首发的所有工作。我是认真的，读了有关区块链的几本书。假如你有5美分的理解——只要有一点点的理解，我不是说他们必须是天才——这是一种欺骗。""你能解释一下比特币的好处吗？""不。这是无法说明的。我叫它UFO。"

如果美国证券交易委员会和美国司法部指控的事实属实，这将是一宗明摆着的案件。美国证券法明文禁止个人对重大事实作出不实陈述或从事任何与证券销售有关的欺诈行为。[4]扎斯拉夫斯基欺骗投资者，他购买了房地产和钻石，聘请了律师和经纪人，并出售了数百万代币。而实际上，这些事情都没有发生。很难想象还有比
147 这更直接的欺诈案了。

但这就是美国证券交易委员会感到棘手的地方。美国证券交易委员会指控扎斯拉夫斯基违反了证券法。所以，为了确定他是否违

反了这些法律，有必要证明他的行为不仅仅只是欺诈，而是其行为是如何违反证券法的。这就引出了一个关键问题：加密货币属于证券吗？

这并不是一个容易区分的问题。当大多数人们想到证券时，他们最主观的物品是股票和债券。因为它们代表着对一家公司的某种金融债权。例如在一段时间内获得股息或有保证的固定“流支付”。但是，各种或多或少的外来混合工具也属于该类别。例如，衍生工具、优先股、债券和担保。那加密数字货币是否属于呢？它们应该归属哪类？它们属于证券吗？

首先，在扎斯拉夫斯基被起诉的时候，还没有任何一家法院对数字加密货币是否符合“证券”的资格作出裁决。因此，从法律上并没有明确的判定标准。这就是英美法系中法律学者所说的遵循先例原则：因为不存在直接具有约束力的法律先例，因而法官被迫在抽象法律原则的基础上决定这个问题。用棒球裁判经常使用的一个比喻来说，在这里划分是否属于“击球”并不容易。因为并没人对加密数字货币的击球区域进行划分。因此，为了判一击或者判一个好球，球场首先需要划定一个好球区（好球带）。

而扎斯拉夫斯基则认为，无论如何划分“好球带”，他的虚拟货币肯定都不在“好球带”之内。首先，他提供的数字货币是一种货币。而且，正如扎斯拉夫斯基所指出的，美国的《证券法》和《交易法》都明确将货币排除在证券的定义之外。因此，扎斯拉夫斯基认为，如果他的数字货币是货币，它们就不可能是证券。因此，他在出售 REcoin 代币的时候不可能违反证券法。并且，即使他的数字货币不是真正的“货币”，他仍然应该获胜。因为，在扎斯拉夫斯基看来，不管 REcoin 代币的性质是什么，但绝对不是最高法院定义的“证券”。根据“豪威测试法”（以首先确立该原则的最高法院所判决的案件名命名），如果一项安排“涉及对一家公共企业的资金投资，而利润完全来自他人的努力”，则该安排被视为证券。[5]但正如扎斯拉夫斯基指出的那样，他的虚拟货币看起来不像是对公司的典型投资。相反，“REcoin 和 DRC 币只不过是软件代码，它们为购买者提供访问区块链的权限，而区块链只有在购买者不断更新交易信息时才有用”。软件代码怎么可能被认为是像公
148 司或合伙企业那样的公共企业呢？

最后，扎斯拉夫斯基认为，即使有人推断出他的虚拟货币符合豪威测试，那也只是因为豪威测试本身存在缺陷。它的定义是如此的“过于宽泛、模棱两可和过时”，以至于它已经涵盖了它不应该涉及的事情。扎斯拉夫斯基怎么会知道，当他创建他的数字货币时，他违反了证券法？如果他不知道这一点，那么事后惩罚他就是不公平的。扎斯拉夫斯基声称，这太不公平了，甚至违反了美国宪法及其对正当程序的保障。为了支持这一立场，他引用了证交会官员自己的公开声明。他指出，美国证券交易委员会前主席玛丽·乔·怀特（Mary Jo White）曾在 2016 年的一次演讲中表示：“一个关键的监管问题是区块链应用程序是否需要根据现有的美国证券交易委员会监管制度进行确定。”如果连证券交易委员会的重要官员都不知道虚拟货币是否被证券法所涵盖的话，那么扎斯拉夫斯基怎么会知道呢？

法庭认为扎斯拉夫斯基的辩护不具有说服力，因而立即驳回了关于对其指控在根本上有缺陷或不公平的说法。如此一来，它在一定程度上解释了为什么虚拟货币与常规投资相似。“去掉法律领域的行话，”法院写道，“被质疑的起诉书指控的是一个很明显的骗

局，并具备许多金融欺诈犯罪的相似特征。”

而且，法院指出，法律对什么是证券是非常清楚的。“70 多年来，豪威测试为法院和诉讼当事人在证券法下对‘投资合同’的定义提供了明确的指导。”

由于他的辩护遭到驳回，因此在无可奈何之下，扎斯拉夫斯基选择了认罪。[6]

* * *

但扎斯拉夫斯基的案件也显现出区块链的出现给法律带来的难题。其中有些问题较为简单，只需要法官或监管者给出“是”或“否”的答案即可。例如，虚拟货币是证券吗？反欺诈条例是否适用于首次代币发行？但另一些问题则需要更为复杂的分析。例如，什么时候对区块链创造者的非法行为进行惩罚才是公平的？政府在规范人群行为方面能走多远？

我们倾向把法律看作是一个开关，一旦被触发，就会引发一定的后果。如果你出售证券，你必须在证券交易委员会登记。如果你有收入，那么你必须提交纳税申报单。但是，当涉及区块链时，这些机制开始变得混乱。首先，区块链的独特结构使得人们不清楚何
时以及采取何种行动会触发法律的开关，从而触发义务。原因在于 149
区块链将决策权分散给大量的行为者群体，这就使得谁率先承担义务的问题变得复杂。值得我们注意的是，扎斯拉夫斯基案只是与区块链擦边，并没有一个真正的去中心化平台来支撑 REcoin 或钻石储备币的运行。如果本案存在一个真正的区块链平台，检察官会发现自己将处于一个不同而更困难的境地。

本章将直接讨论区块链与法律之间的冲突。本章将介绍区块链

是如何挑战现有的监管模式（以一种更加激进的方式规避法律监管来实现区块链）以及当代的法律监管机构将如何应对这一挑战。而所有问题产生的核心则是去中心化。简而言之，现有的法律不适合应对区块链想要实现的那种激进的民主化。

* * *

每个法学专业的学生在他刚接触法律专业课的时候，他很可能会遇到一个被称为“公园里禁止车辆入内”的假设问题。这是法律解释中的一个经典问题，它为法学专业的学生提供了将在未来整个法律职业生涯中部署法律分析方法的早期铺垫。同时，这也是一个臭名昭著的欺骗性问题。

在这节中，教授会让学生们想象他们在一个美丽的春天里走到当地的一个公园。公园里有清澈的蓝天和凉爽的微风，人们熙熙攘攘，孩子们在玩耍，父母推着婴儿车，老人在外面散步。而在公园外面，他们看到了一个标志。标志上用粗体字写着“禁止车辆进入公园”。教授告诉班上的学生，这个标志准确地告知了人们：你不能把车开进公园。在这样的背景下，教授却问全班同学：“这个标志是什么意思？”[7]

乍一看，答案是显而易见的，因为这是一条明令禁止的规定。规则很简单：你不能开车进入公园。所以，这条规定似乎并不会引发太多观点上的分歧。这条规则也没有提供例外情景，比如在何种情况下开车可以进入公园而什么情况这种行为又不被允许。答案很明确，无论什么情况，所有的车辆都是禁止入内的。

150 但事实证明这个看似简单的问题却极难回答。

大多数学生都会认为“禁止车辆进入公园”意味着你不能开车

进入公园。他们也倾向同意你也不能开摩托车进入公园。但自行车呢？滑板呢？轮椅呢？电动车呢？电动汽车呢？父母带孩子的婴儿车呢？以及给孩子们买的玩具车呢？这些延伸出来的疑问使得这一问题变得复杂起来。近年来，教授们又增加了一个新问题：无人驾驶汽车呢？如果一辆无人驾驶汽车进入公园，那么谁会承担责任？

正如前文假设所体现的这样，即使像“禁止车辆进入公园”这样简单的规则也会充满歧义。对此，学生们将会采用不同的方法来应对歧义所带来的问题。有些学生可能会干脆地说道：“他们看到车辆就会知道自行车不是车辆，而摩托车是。”虽然，有些学生认为这种方法不是很符合“判案标准”。但这在判例法中有着辉煌的历史渊源。最高法院大法官波特·斯图尔特（Porter Stewart）曾在一个关于色情制品的案件中说过这样的名言：“当我看到它就会认出它。”[8] 但另一些学生则更加具备分析能力：他们会查字典中关于“车辆”的定义，看看自行车、旱冰鞋、玩具汽车或飞机是否能准确地符合相关定义。根据《牛津英语词典》对“车辆”的定义：“车辆指的是装有轮子或转轮，用于载人或载物的运输工具。”如果“车辆”只包括运送人或货物的东西，那么自行车、溜冰鞋和飞机将会被禁止，玩具汽车可能不会被禁止（但婴儿车可能不被允许通行）。还有的学生可能会探究规则的本意：规则是为了保护公园内行人的安全。所以如果自行车和电动滑板车会危及游人的安全，那么它们就属于法规禁止的范畴。婴儿车是安全的，所以应该被允许。最后，还会有许多学生可能会使用一种类比推理的方法：他们将仔细观察汽车的特征，他们确定这些特征在某种规则下是被禁止的，然后将它们与其他事物进行比较。例如，汽车是有引擎的，所以像摩托车和飞机这样有引擎的东西应该被禁止，而自行车和婴儿车没有引擎，应该被允许进入公园。当然，电动汽车没有引擎，它们也是被允许的。我们还可能会思考自行车是否和普通汽车具有一致的特征，但答案是不确定的。自行车在某些方面像汽车，在其他方面则又不同。但它们是否与汽车相关，而这最终在法律条文本身中没有答案。

“禁止车辆进入公园”这一难题是法律理论史上的巨人哈特
（Hart）提出的。哈特用这个假设说明了一个被他称之为“半影”
的问题。根据哈特的说法，每一条法律都有一套明确适用的核心范
151 围。这一范围会获得所有人的共识。但哈特继续说道，在这些核心
范围之外，还延伸出了一个由其他相关活动组成的巨大“半影”。
在这个“半影”中，法律如何适用或是否适用并不十分清楚。哈特
认为，“半影”问题是法律上一个基本和不可避免的特征。正如哈
特所解释的那样：

> 如果我们要彼此交流，如最基本的法律形式那样，我们需要表达我们的意图，即某种类型的行为要受到规则的约束，那么我们使用的一般词语——就像我所考虑的情况下的“车辆”——必须有一些标准的实例。在这些实例中，人们对它的适用没有任何疑问。但也会有一个“半影”，即存在一些有争议的情况。在这些情况中，既没有明显适用的词语，也没有明显排除的词语。这些案例都会与无争议的案例存在一些共同之处。但它们又会缺少某些其他特征，或伴有标准案例所没有的特征……如果我们要说，这些事实的范围属于或不属于现有规则之下，那么分类器必须作出一个并非它能决定的决定。因为，用我们的语言及规则划分的事实和现象就像哑巴一样。玩

> 具汽车不能大声说："就本法律规则而言，我是车辆。"轮滑鞋也不能应和地说："我们不是车辆。"事实上，它们并不是整整齐齐地被贴上标签，也并没有法律分类写在上面让法官简单地念出来。相反，在适用法律规则时，必须有人承担起责任来决定某词语是否涵盖手头的某个案件，并承担起这个决定所涉及的所有实际后果。[9]

正如哈特所解释的那样，法律是按类别处理的。这种行为是侵权行为，而那种行为是犯罪行为。这种行为是重罪，而那种行为是轻罪。特定的行为或行动是否属于规则范围内，这会产生极其重要的结果（它可能意味着在监狱里度过余生和保持自由之间的差异）。因此，法律和法律分析的大部分内容都取决于我们是否有能力准确地将案件中的行为归入不同范畴的各种概念中。

并且，当新技术出现时，"半影"问题尤为突出。这些新技术往往不完全符合律师、法官和立法者所确立的标准，这就会给相关各方带来不确定性。例如，近年来，美国最高法院就《宪法》（1789 年制定）如何适用于全球定位系统、笔记本电脑、智能手机和许多其他现代装备的使用所面临的诸多问题进行了讨论。如果 152
说他们努力在这个问题上提出一个连贯的法律体系，那未免言过其实。[10]

但是，如果法律解释总是很困难。那么，当所涉及的技术变得更加激进和创新时，问题只会变得更加尖锐。把手机记录比作 18 世纪的"报纸"是一回事。将区块链类比为货币、财产、商品或其他任何东西又是另一回事。从某种意义上说，它可以被归类为以上所有东西，而不是任何东西。试图用区块链这种独特的、自成一体的技术来类比过去的事实。这会使得问题变得很紧张，也许会到崩溃的地步。

正如尼尔·戈尔索斯（Neil Gorsuch）法官所说：“在一个关于手机网站记录和宪法第四修正案提供保护的案件中，谈论国王和普通法令状似乎并不合适。”如果手机是这样，人们只能想象法律如何适用于区块链。它是一种如此新颖和创新的技术，它与旧技术有如此大的不同，以至于它把我们过时和繁琐的法律结构弄得一团糟。

* * *

据说亨利·基辛格（Henry Kissinger）曾经问过：“如果我想和欧洲对话，我该找谁？”[11] 他是在感叹欧洲国家无法用一个声音说话，因此很难和它们打交道。但是，区块链所启用的去中心化结构提出了许多与分裂的欧洲相同的问题——关于决策、责任和义务。如果你想针对比特币进行诉讼，你该告谁？

第一，区块链归类问题。为了确定哪些规则适用于区块链，我们需要知道在现行法律下，区块链应该如何分类。它是一种证券吗？它是一种货币吗？它是一种商品吗？它是一种财产吗？属于以上这些物品吗？还是都不属于？

第二，区块链的去中心化所带来的监管问题。一旦我们知道哪些规则适用于区块链及其参与者，我们就需要知道如何监测参与者，以确保他们遵守这些规则。但众所周知，去中心化的结构难以监控。因为根据定义，它是由许多不同的参与者管理的。所以有效的监控需要大量的努力来识别和观察许多不同的相关行为者的行
153 为。但当这些行为者是匿名的、难以找到或位于国外时，就很难做

到这一点。

第三，区块链的去中心化所带来的法律执行问题。在我们知道适用哪些规则，并找到有效的方法来检测违反这些规则的行为之后，我们最终需要能够对违反规则的行为者进行惩罚。但当一个系统被设计成将其运行的责任分散到许多不同的参与者中时，分配责任和惩罚违规行为可能会变得很困难。如果区块链以一种吸引违法洗钱的方式发展，我们要追究谁的责任？原始代码开发者？维护网络的矿工？帮助他们兑换成现实货币的交易所？答案可能是（a）、（b）、（c），以上都不是，或者以上都是。如果监管机构只能惩罚一小部分行为者，他们应该这样做吗？如果这对犯罪本身的整体水平没有影响呢？让我们来讨论一下区块链与法律之间的关系。[12]

犯罪威慑理论围绕着许多相同的概念——识别有问题的行为，监控它，当人们参与其中时给予制裁。这些问题现在应该是被我们所熟悉的。但它们也可以更广泛地推广到法律和法规中。对政府和区块链参与者而言，在监管机构制定出规则并澄清这些规则如何适用于区块链之前，不确定性仍将存在。正如弗朗茨·卡夫卡（Franz Kafka）所言："不幸的是，我们的法律并不广为人知，它们是一小群统治我们的贵族严密保守的秘密。我们愿意相信这些旧法律是严格遵守的，但要遵守一个不知道的法律，这仍然是一件令人烦恼的事情。"[13]

* * *

想象一下，一个神秘的在线开发者创造了一种基于区块链的虚拟货币 LockeChain。LockeChain 被设计成一个更好、更分散的比特币版本。每个下载该软件的人都将对虚拟货币的运行方式、哪些交易被验证以及软件如何随着时间的推移而修正和更新有着平等的发言权。所有用户都有平等的机会加入 LockeChain 区块链挖掘新的区块，每当他们这样做时，他们会得到一些新的 LockeChain 币的奖励。它的口号是“生命、自由、追求 LockeChain”。该系统是完全匿名的，个人只通过随机生成的地址来识别。开发者将
154 LockeChain 软件上传到网上后就消失了，在网络的运行中不再有任何作用。

从法律的角度来看，首先出现的问题是哪种法律适用于 LockeChain。这就是前面的归类问题：为了知道什么法律制度适用于 LockeChain，我们需要知道 LockeChain 是什么。它是一种货币吗？它是一个组织吗？它是一种证券吗？还是其他东西？还是所有这些东西？

让我们先来看看 LockeChain 是不是一种证券。如上所述，至少在一个案例中，有法院认为虚拟货币是证券（或者至少陪审团可以合理地断定它们是证券）。但国会并没有就这个问题通过任何具体的法律，而负责监管证券的证券交易委员会也没有就此发布任何规则（尽管他们已经暗示了他们最终的法律立场）。因此，至少就目前而言，虚拟货币还处于证券法的“半影”之中，既不在法律内部也不在法律外部。然而，有一点是明确的，为了确定像 LockeChain 这样的加密货币是不是一种证券，法院和监管机构将应用豪威测试。如前所述，这一标准源于 1946 年美国最高法院对“美国证券交易委员会诉 Howey Co.”一案的判决。

该案件涉及佛罗里达州豪威公司的一项计划，该公司利用其持有的大量柑橘林进行类似于证券的出售。该公司在佛罗里达州的莱克县（奥兰多西部的一个地区）拥有数千英亩的柑橘园，但需要现

金来资助其进一步的开发。为了获得这笔现金，该公司制订了以下计划。该公司向有兴趣的投资者（主要是居住在豪威公司位于该地区的度假酒店中的富裕顾客）提供一份销售合同。[14] 投资者将从该公司购买部分柑橘园，同时还会被提供一份服务合同。根据该服务合同，投资者将同时把土地租还给该公司，并将柑橘园的种植权完全交给该公司。投资者被许诺从公司销售橘子所获得的任何利润中获得一部分。投资者还被告知该公司预计十年内每年的利润为10% 左右。当美国证券交易委员会听说这一安排时，立刻提起诉讼，禁止该公司继续实施这一计划，理由是根据 1933 年《证券法》第 2（1）条，这些合同构成“证券”。因此，需要向美国证券交易委员会登记（豪威公司并没有这样做）。最高法院对美国证券交易委员会的决定表示同意。纵观整个安排，法院解释说，这显然是一个“投资合同”，其中个人“被引导到一个普通企业投资，期望他们只通过发起人或其他人的努力而获得利润”。虽然名义上是这块 155
土地的“所有者”，但从实际意义上讲，他们只是豪威公司业务的投资者。即使他们想取走橘子，他们也无权进入自己的土地，更无权取走橘子，他们所购买的独立土地甚至没有单独的围栏，外界观察者也无法识别。因此，购买者并不是为了享受土地，而是为了从投资中赚取利润。他们是想从一项投资中赚取利润。这种安排看起来更像是出售公司的股票，而不是出售土地。在得出结论时，法院认为，确定一项交易是否构成《证券法》规定的证券的检验标准是“该计划是否涉及将资金投资于共同事业，其利润完全来自他人的努力”。利用这一检验标准，很明显豪威案中的安排是一种证券：购买者将钱投资于一个共同的企业（即种植柑橘林），并被引导预期利润完全来自他人的努力（即将种植柑橘林的豪威公司雇员）。

此后，这一检验标准在数千起案件中得到应用，并且作为证券法的基石，基本上没有受到影响。[15]

那么 LockeChain 属于证券法管理范围吗？让我们应用豪威检验找出答案。豪威检验包含三个要素：（1）金钱投资；（2）投资于共同的企业；（3）期望利润完全来自他人的努力。只有满足所有这三个要素，LockeChain 才会被视为证券。因而，也就必须遵守《证券法》的公开披露和反欺诈条款。

首先，第一个要素似乎很明确：任何时候，有人购买 LockeChain，他们都是在投资钱。所以我们可以相对容易地免除对第一要素的思考。（当然，如果用来购买 LockeChain 的“货币”是一种不同的虚拟货币。那么即使是这个相对独立的要素也会带来困难，但我们暂时不考虑这个问题。）无论如何，这就是清晰的结束，模糊的开始。

其次，关于豪威测试的第二项标准，LockeChain 的购买者是否投资于一个共同的企业？在一定意义上，他们是确实如此。这是因为区块链是一个分布式网络，由其用户维护和运行。正如 bitcoin.org 所描述的那样，“比特币使用点对点技术，在没有中央权威机构或银行的情况下运行，（在那里）管理交易和发行比特币是由网络集体进行的”。[16] 因此，没有比这更公有化的企业了：每个人都参
156 与到企业本身。但从另一个意义上说，LockeChain 和比特币一样，不是一个共同的企业。它不是一个公司或企业。根本不存在单一的实体，投资者的资产也没有汇集到任何特定的载体或地点。相反，他们只是在区块链（存在于位于世界各地的不同计算机上）上收到一个条目，区块链只是记录某些交易的发生。这当然不像是任何一种以前存在过的普通企业。所以，从某种意义上来说，LockeChain

显然是一种共同的企业；然而从另一种意义上来说，显然它却又不是。这两种意义中，哪一种是正确的呢？法院提供了一些指导，强调了一些因素，比如是否存在“横向共同性”——关系到投资者的命运是否相互关联，或者“纵向共同性”——关系到投资者的命运是否与管理人或其他第三方的工作相关联，但这些因素在这里也没有什么特别的作用。

那么第三条，即期望利润完全来自他人的努力呢？同样，答案是肯定的。[17] 首先，存在这样一个疑问，LockeChain 的投资者是否像比特币或以太坊的投资者一样在追求利润。当然，相当一部分投资者会是投机者，他们希望低买高卖。但另一部分人则不会。值得注意的是，比特币最初诞生的原因并不是主要为了获利，而是创造一种不受政府和大银行控制的货币。或许 LockeChain 的投资者只是希望能够购买 LockeChain 商家出售的数字产品。这是一个复杂的问题。另一种则涉及“完全来自他人的努力”的措词。LockeChain 投资的利润是“完全来自他人的努力”吗？答案也是不明确的。比特币等虚拟货币的利润来自一些潜在的来源：验证交易的常规节点、挖掘新比特币的矿工、方便访问的加密货币交易所，等等。比特币通过成功运用进而获得利润，这高度依赖许多不同人的努力。同时，它们并不依赖任何单一机构、团体或管理者的努力——法院经常会看这一点来确定第三条。而且，在许多情况下，比特币的购买者将作为一个节点或矿工参与市场，企业的成功将部分取决于购买者的活动。因此，利润可能不仅仅取决于他人的努力。它们还取决于购买者。

我希望这次讨论能让大家明白，将《证券法》应用于区块链是一项拓展思维的练习，而且我们甚至还没有超越对证券的定义！区

157 块链使法律分析变得困难，因为区块链所创建的激进的去中心化结构对法律或监管者来说都是不熟悉的。

美国证券交易委员会试图在新闻稿和公开声明中解决其中一些模棱两可的问题。例如，在2018年6月的一次被广泛报道的演讲中美国证券交易委员会委员比尔·辛曼（Bill Hinman）表示："当我今天审视比特币时，我看不到一个作为核心的第三方，他们的努力才是是否属于企业的关键决定因素"，这表明比特币不会满足豪威测试第三个方面的要求，即利润完全来自他人的努力。正如他所解释的那样：

> 这也为数字资产交易何时不再代表证券产品指明了方向。如果代币或数字货币运作的网络足够分散——购买者不再期望一个人或团体进行必要的管理或创业努力——资产可能就不代表投资合同。此外，当第三方的努力不再是决定企业成功的关键因素时，实质性的信息不对称就会消退。随着网络变得真正地去中心化，确定发行人或发起人并进行必要的披露就会变得很困难，而且意义也不大。

对于辛曼来说，最重要的因素在于是否中心化。如果一种加密货币过于分散，没有任何可识别的个人或团体为网络执行基本功能，那么它就不能被视为一种证券。相反，如果一个中心团体（如虚拟货币的开发者或发起人）在加密货币推出后仍然对其负责，那么它很可能被视为一种证券。辛曼通过提到《证券法》的首要目的来证明这种区别的合理性。辛曼断言："《证券法》的目的是为了消除发起人和投资者之间的信息不对称。"当投资者购买一家公司的股票时，他们对公司的了解要比公司经理人少得多，这使他们处于不利地位。因为他们不知道自己为这只股票支付的价格是否符合公司的未来前景和计划。《证券法》通过强制要求公司向投资者披露公司背景、财务业绩和管理者等内容，帮助投资者减少这种信息的不对称（管理者有很多信息，而投资者没有信息）。但在辛曼的演讲中，他认为当加密货币去中心化时，这种以披露为导向的补救措施是不必要的。在一个真正去中心化的加密货币中，投资者和经理人之间的信息差异并不存在。没有哪个参与者有着非同常人的知
识。大家都在同一条船上。当大家都在同一条船上时，强迫一个群 158
体向另一个群体披露信息是毫无意义的。事实上，你甚至还不清楚你是否可以界定率先要对这些披露义务施加责任的主体。基于这些原因，辛曼似乎暗示，去中心化的加密货币不需要《证券法》，《证券法》也不需要它们。但辛曼也回避了比特币永远不可能成为一种证券的明确声明：

> 我想强调的是，对某物是否为证券的分析并不是一成不变的，并且并非严格地适用于某种方法。即使是具有某些实用功能的数字资产（仅作为去中心化网络中的交换手段）也能作为一种投资策略打包出售，这可以被视为一种证券。如果一个发起人将比特币放入一个基金或信托基金并出售其权益，这将创造一种新的证券。[18]

换句话说，尽管所有关于去中心化与集中化及其在比特币应用的讨论中，比特币可能是一种取决于具体情况的证券。美国证券交易委员会在 2019 年发布的数字资产框架中很大程度上遵循了辛曼

的分析，因此辛曼的方法似乎代表了这个致力于监管证券的机构的观点。[19]

一方面，LockeChain 可能是一种证券，但也可能不是。更令人困惑的是，它可能是用于某些目的的证券，但不是用于其他目的的证券。美国证券交易委员会表示，至少在比特币的普通买卖中，比特币并不是一种证券。另一方面，中心化的加密货币则可能就是一种证券。美国证券交易委员会主席杰伊·克莱顿（Jay Clayton）甚至说："我相信我见过的每一个 ICO 都是一种证券。"[20] 但是，在撰写本书的时候，无论是国会还是美国证券交易委员会都没有发布任何关于加密货币领域证券监管具有约束力的法律规则。因此，至少在目前，正如扎斯拉夫斯基所指出的那样，加密货币及其推广者的命运将由"1946 年关于柑橘园部分权益的决定"（豪威测试中的原案例）决定。

此时你可能会问自己，LockeChain 是不是证券很重要吗？答案是，这很重要。如果它是证券，那么它要服从 1933 年《证券法》和 1934 年《证券法》，以及围绕这两项法案的大量法律。最重要的是，买卖证券必须在美国证券交易委员会注册，这是一个漫长、耗时和昂贵的过程。首次公开募股（IPO）的平均成本为 370 万美元，这还不包括公司在上市期间必须持续承担的信息披露和合规成本。[21] 所
159 以，围绕加密货币是否属于证券，对整个行业有实质性的影响。

但是，LockeChain 被认为是一种"证券"，并不意味着它就不是商品、货币或财产这一类的东西。商品监管机构、货币监管机构和美国国税局（Internal Revenue Service，IRS）都参与了这些问题的调查。不足为奇的是，他们通常会得出结论，他们所调查的加密货币属于各自的管辖范围。例如，《银行保密法》对所谓的"金融

机构”规定了各种义务，该法规对这一术语的定义是包括一些不同的或多或少类似银行的公司，如投资银行、信用卡公司、货币交易所和电报公司（是的，法律认为电报公司是“金融机构”）。[22]但是，金融监管机构要求这些子类别中大多数子金融机构先从事“货币”业务，然后再将其纳入法规要求之内。虚拟货币是“货币”吗？人们可能认为它们是，至少从名称来看是。但《银行保密法》对货币的定义是“美国或任何其他国家指定为法定货币的硬币和纸币，并且在发行国普遍流通和习惯使用的交换媒介”。[23]当然，虚拟货币既不是硬币，也不是纸币（也不是“美国”或任何其他国家的货币），所以它们似乎不在定义范围之内。[1]因此，在经营虚拟货币行业内有这样一个论点，即它们不受《银行保密法》要求的约束。然而，美国财政部的金融犯罪执法网络部门（FinCEN）对此持不同看法。在金融犯罪执法网络部门发布的指导意见表明，它认为加密货币交易所属于“货币传送器”的范畴，“货币传送器”是“金融机构”的子类别之一。对FinCEN来说，货币传送器的定义比其他类型的金融机构要宽泛得多。他们包括任何提供货币兑换服务的人，这些服务涉及“接受货币、资金或其他替代货币的价值”。[24]因此，任何传递“替代货币价值”的人都可能属于货币传递者的定义。所以，《银行保密法》将适用于他们。这意味着它们将受到FinCEN在注册、报告和记录保存等方面的约束。[25]其中一项要求是，货币传输者必须实施有效的反洗钱计划。这些计划的目的是防止洗钱和资助恐怖活动。[26]正如人们可以想象的那样，如果不要求 160
识别信息，有效地消除货币的“匿名”功能，那么实施一个防止比

[1] 本书翻译时，美国联邦法院于2020年7月把比特币定义为“货币”。——译者注

特币等匿名加密货币洗钱的系统是很难做到的。[27] 同样重要的是，关于什么时候涉及区块链的活动会导致某人成为货币传输者，存在着实质性的模糊性。你必须开设一个加密货币交易所吗？或者你正在开采加密货币就够了吗？还是你只是作为区块链上的一个节点进行操作呢？这些问题还可以继续下去。

另外，美国国税局（IRS）表示，虽然虚拟货币可以用来支付商品和服务（像货币一样），也可以用来持有投资（像股票一样）。但美国国税局将其定义为财产，因此不能给予其货币或股票的税收待遇。这会对虚拟货币的发展造成一个不利的后果：每当虚拟货币的所有者使用虚拟货币来支付某种东西时，他们必须对货币从收到之时起的任何增值纳税。这意味着，他们必须跟踪他们购买比特币时每一个比特币的价值，并随着时间的推移计算出他们使用比特币支付东西时的价值，最后计算出从购买货币到使用货币时的价值收益，然后在年底向国税局报告。这是一个极其繁琐的过程。这就难怪很少有人在报税时自愿报告加密货币交易。例如，2013 年至 2015 年，每年有 800 至 900 人向国税局报告比特币交易，但仅仅美国最大的比特币交易所 Coinbase 就拥有 590 万客户和 60 亿笔交易。[28] 同样重要的是，美国国税局的立场为比特币和其他类似情况下的加密货币发展成可流通的货币制造了真正的实质性障碍。如果人们每次购物的时候都要考虑美元的汇率，无疑会对使用美元三思而行。而这就是美国国税局对待加密货币的方式。

也许旧法律和新事实最滑稽的并置是商品法在加密货币领域的应用。这里的监管机构是一个叫做商品期货交易委员会（CFTC）的机构，它的职责是监督整个商品行业。商品期货交易委员会认为，像比特币这样的加密货币属于大宗商品，因此受其管辖。但它这样做的方式达到了解释灵活性的新高度。《商品交易法》对商品的定义是：

> 小麦、棉花、大米、玉米、燕麦、大麦、黑麦、亚麻籽、高粱、研磨饲料、黄油、鸡蛋、马铃薯（爱尔兰土豆）、羊毛、毛条、油脂（包括猪油、牛脂、棉籽油、花生油、大豆油和所有其他油脂）、棉籽粉、棉籽、花生、大豆、大豆粉、牲畜、 161
> 畜产品和冷冻浓缩橙汁以及除了洋葱……和电影票房收据……以及所有服务，权利和利益……目前或将来将要签订的未来交付的合同以外的所有其他商品和物品。[29]

基于区块链的加密货币是像小麦、棉花、粮食高粱和油脂这样的大宗商品吗？还是说它们更像洋葱和电影票房收入而不属于大宗商品的范畴？根据美国商品期货交易委员会的说法，答案很明确：虚拟货币是商品，就像棉籽油、畜产品和冷冻浓缩橙汁一样。并且至少目前有一家法院已经同意了这一立场，认为美国商品期货交易委员会有管辖权起诉。[30]

所以，LockeChain 可能是一种证券、一种商品或一种财产，也可能同时包含这些。阿纳托尔·法朗士（Anatole France）曾经说过："法律以其威严的平等性，同时禁止富人以及穷人睡在桥下。"[31] 他最初说这句话的目的是为了谴责当时法国政府的腐败。在他看来，法国政府只不过是一种促进富有精英阶层利益的机制。但法朗士的言语同样可以作为一种警告，告诉人们看似中立的法律是如何产生不平等的效果。如果不以深思熟虑和有针对性的方式适用这些法律，它们会对某些群体和公司造成有害的后果。可能适用于基于区块链的公司的众多法规对考虑在此领域运营的公司构成了限制。正如高盛首席执行官戴维·所罗门（David Solomon）所说：

> 和其他人一样，我们也在观察和探索，并在尝试了解加密货币市场的发展方面做工作。我们有一些客户拥有与我们进行实物期货结算的特定业务，但除此之外，我们从未计划开设加密货币交易平台。我们可能会在某个时间点进入这一领域。但是毫无疑问，当你处理加密货币时，这是一个新的领域。这一领域存在很多问题，并且从监管的角度来看还不能准确地进行定义。但长远来看，作为一种货币，这些技术将行之有效并具有可行性。[32]

如果用户每次使用虚拟货币都要向美国国税局报告收益情况，这种虚拟货币必然很难会获得某种吸引力。同样，如果一个小公司必须向美国证券交易委员会提取数百万美元的注册程序，他们也很难愿意进行首次代币发行（ICO）。监管机构如何决定对加密货币
162 进行分类，对区块链作为一种技术的未来有着重要的影响。

因此，区块链便成为法律的一个基本问题。由于其分散式结构允许人们以根本不同于以往的方式组织事务，区块链难以轻松归类为法律框架使用的典型“盒子”。其结果是，即使使用虚拟货币进行最简单的交易，也可能潜在地牵涉诸多法律制度。虽然监管机构一直在努力寻找方法，以将虚拟货币塞入其现有法律框架中，并取得了不同程度的成功。但总体而言，区块链仍属于法律“半影”难题。

*　　*　　*

因此，目前尚不清楚哪些法律规则适用于区块链。这显然是有问题的，因为在我们开始实施某些规则之前，我们需要先了解这些规则。但这项关于区块链的法律需要的不仅仅是一套明确的规则才能生效。它还要求监管者能够察觉到这些规则何时会被打破。在区块链的世界里，监控也是一个问题。

我们以 2014 年推出的加密货币门罗币（Monero）为例。具备“不可追踪”特性的门罗币被广泛誉为比特币的替代品。而与比特币网络所不同的是，在比特币网络中，虽然身份是模糊的，但地址和交易是公开的。门罗币网络则隐藏了所有相关信息。如果你拥有门罗币，没有人可以看到它的来源和去向。这就如同一个黑匣子。[33] 这对整个的加密数字货币世界也有着重要的影响。例如，比特币等可溯源货币的用户可以将他们的比特币兑换成门罗币，然后重新兑换成现实货币。因此，拥有者可以切断与他们以前在可追溯区块链上的活动的任何联系。这就给洗钱这一犯罪活动提供了便利。如果一个比特币通过盗窃或赎金支付获得，拥有者可以使用门罗币进行洗钱。《华尔街日报》调查发现，来自朝鲜的黑客发动了 WannaCry 软件勒索，然后他们再利用门罗币将原本收到的比特币赎金洗白。同样，创立 Starscape Capital 的欺诈者也是如此，这家公司在 2018 年从投资者那里筹集了 220 万美元的比特币，然后迅速消失了。[34]

但即使虚拟货币不是像门罗币这样的隐形货币，由于其去中心化的结构，它们仍然会引发监控难题。举例来说，加入联邦政府的人或集体有理由相信，一个犯罪组织正在利用银行隐藏他们的抢劫所得。为了找到赃款并查明幕后黑手，他们所需要做的只是向银行索取赃款。他们虽然可能需要拿到确切证据才能弄清哪个是犯罪组 163

织的账户。但这是一个相对简单的过程，联邦检察官们也很擅长处理这个问题。[35] 一旦他们获得了这些信息，银行将有义务根据法律采取相应的行动。

但在加密货币世界中，政府无法向类似银行这样的实体提出要求。而且根本没有人或者团体可以提供这样的信息，也没有人或团体拥有控制货币供应的能力。因为，这才是区块链的意义所在。比特币和区块链的诞生是为了把对金钱和私人交易的控制权从大实体手中夺走，并把这种控制权还给人民。那么，为了获得加密货币用户的信息，联邦政府必须采用间接的方法，比如追踪资产在区块链上的移动位置，然后希望有人犯错，放弃自己真实的身份。当然，加密货币交易所（向客户提供购买或出售加密货币的公司）在这一生态系统中扮演着重要角色，并赋予监管机构一些监控加密货币资金流动的能力。例如，2017 年，美国国税局强迫最大的虚拟货币交易所之一币库（Coinbase）交出数千名被美国国税局怀疑逃税的账户持有人的记录。[36] 但币库是一家美国公司，总部在旧金山，老板也是美国公民。而其他许多加密货币交易所就很难被这样要求，要么是因为它们位于国外，要么是因为它们的商业行为不太严谨。值得记住的是，检察官通过一系列幸运的曲折，才找到了与 Mt. Gox 黑客和其他臭名昭著的事件有关的加密货币交易所 BTC-e 的所有者。

有人可能会争辩说，这里的监视问题与瑞士银行所造成的监视问题没有什么不同，瑞士银行长期以来一直以对客户隐私的严密保护而闻名。多年来，人们普遍认为，犯罪分子和逃税者不经询问就可以把钱存入瑞士银行账户，从而确保其本国政府永远不会来窥探他们在那里藏了多少钱。但归根结底，瑞士银行业与加密货币的世界有着一个非常重大的区别，瑞士银行业的发展在很大程度上依赖于进入美国银行体系。因此，曾发生过当一名在瑞士最大银行工作的告密者向美国政府透露瑞士银行正在为逃税提供便利时，美国检察官有能力迫使瑞银改变其做法的事件。[37] 瑞银最终向美国政府支付了 7.8 亿美元的罚款，交出了数千名美国客户的信息，并同意向美国政府提供有关其美国客户的持续报告。[38] 区块链的世界里很难发生相同的情形。区块链的去中心化结构将权力分散给许多不同的人，这些人都无法访问（或控制）网络的其余部分。因而不会存在 164
像瑞银这样的公司来询问信息，也没有人可以记下每个人的名字。这里并没有切入点。

*　　　*　　　*

我们已经看到，基于区块链的行业让人们很难弄清楚规则是什么。我们还看到，它们也让监管机构很难识别它们什么时候违反了规则。但难题的最后一部分则是法律是否具备人们在违反规则时惩罚他们的能力。这是所有法律制度最终需要面对的难题。

社会学家马克斯·韦伯（Max Weber）在他的开创性演讲《政治作为一种志业》中指出，国家的基础在于武力。正如他所解释的那样：

> 如果社会的构成竟全然不知以武力为手段，那么“国家”的概念必荡然无存，从而出现的，正是在这种情况下一般所谓的“无政府”状态。自然，武力并不是国家正常的或唯一的手段——没有人这么说；但是武力乃是国家特有的手段。尤其是在今天，国家和武力之间的关系特别密切。在过去，各式各样

> 的团体——从氏族（Sippe）开始——都曾以武力为完全正常的工具。可是到了今天，我们必须要说：国家者，就是一个在某固定疆域内肯定了自身对武力之正当使用的垄断权利的人类共同体。[39]

韦伯的演讲经常被用来定义什么是国家：国家是在一个领土内对合法使用武力具有垄断权的机构。但它也对法律的效力进行了重要论述。韦伯提出，法律权威的最终来源是武力。一个政府可以制定尽可能多的法律，宣布尽可能多的规则，但如果它没有手段来执行这些戒律，它就不能自称是一个有效的国家。归根结底，一个正常运作的国家只有在它能合法地迫使人民服从它的情况下才具有权威。

同样，为了使区块链的法律制度发挥作用，政府当局需要能够制裁区块链上的不法行为。当然，他们不需要命令被完全遵守。没有任何法律制度能够渴望达到这个目标。但他们确实需要有能力对某些合理比例的违规行为进行制裁。就像法律效力的其他要素一样，去中心化使得制裁违规行为成为问题。

为了理解这一点，不妨比较一下制裁在一个中心化的行业和一
165 个去中心化的行业中分别是如何运作的。例如，想象一下，政府发现一家银行正在从事洗钱活动。一旦该事实被发现，政府想要制裁银行并不是一件特别困难的事情。政府可以在法庭上起诉银行，对其征收罚款，没收其资产，并将主要负责人送进监狱。它可以有效地迫使银行停业，从而制止非法的行为。

但这些手段应用到比特币这种去中心化的虚拟货币上，就显得较为迟钝也不那么有效。如果政府发现比特币被用来洗钱，它不能

简单地去法院起诉比特币。因为在现实中找不到对应的比特币公司。当然，政府可以针对在比特币世界内运营的个人和公司，比如那些允许比特币持有者将其比特币兑换成现实货币的加密货币交易所。但如前所述，这些交易所中有许多位于国外（其中一些最受欢迎的交易所在韩国和日本），美国政府很难直接制裁它们。即使美国政府做到了，它成功关闭了世界上所有的加密货币交易所，也仍然不会关闭比特币本身。因为只要有人在某个地方，有一台下载了最新版本区块链的电脑，比特币就会继续运行。关闭一家公司或交易所对整个区块链生态系统几乎没有影响。如果政府想关闭比特币，或者其他一些去中心化的虚拟货币，那该怎么做呢？政府越来越发现，答案是无计可施。

*　　　*　　　*

所以区块链给法律带来了一系列难题。我们不但不清楚它将如何融入当前的法律制度，监管者能否充分监控与区块链相关的行为以及政府该如何制裁区块链上的非法行为，但与区块链带来的最后一个困境相比，所有这些挑战和困难都显得微不足道。如果区块链不只是挑战法律，而是试图取代法律呢？

将计算机代码用作法律的想法并不是特别新颖。早在 1999 年，哈佛学者劳伦斯·莱西格（Lawrence Lessig）就用整整一本书《网络空间的代码和其他法律》来讨论这个问题。莱西格在书中认为，计算机代码在他称之为“网络空间”新发展的世界中充当一种法律的角色。在他看来，代码看起来很像法律，并发挥着许多相同的功能。

构成网络空间的软件和硬件会对你的行为方式产生一系列限制。这些限制的实质内容可能各不相同，但它们是你进入网络空间的条件。在一些地方（例如AOL等在线服务），你必须输入密码才能进入，而在其他地方，无论是否被识别，你都可以进入。在一些地方，你所从事的交易会产生痕迹，将交易与你联系起来；在另一些地方，这种联系只在你愿意的情况下才能实现。在一些地方，你可以选择说一种只有接收者才能听到的语言（通过加密）；在另一些地方，加密是不可以选择的。代码、软件、架构、协议设置了这些功能，它们是由代码编写者选择的功能；它们通过使其他行为成为可能或不可能来约束一些行为。代码嵌入了某些价值，或者使某些价值不可能实现。在这个意义上，它也是一种规制，就像现实空间代码的架构是规制一样。

166 正如法律对我们公民日常行为设定了限制，法律允许我们的某些行为，并禁止其他行为。计算机代码也是如此，它限制了用户可以用软件做什么，可以访问什么网站，可以使用什么程序。对莱西格来说，这既是一个令人担忧的原因，也是一个充满欣喜的原因。“在网络空间，我们必须理解代码是如何监管的——构成网络空间的软硬件是如何监管网络空间的……这种代码就是网络空间的‘法律’。代码就是法律。”[40] 但是，“我们完全有理由相信，网络空间如果放任自流，将无法实现对自由的承诺”。因此，莱斯格总结说，法典作为法律“将对自由主义和自由意志主义的理想以及他们最伟大的承诺构成最大的威胁”。[41]

虽然将代码视为法律的观点已经存在了一段时间，但将区块链视为法律的想法还是一种实质上的新事物，并与以前的迭代有很大不同。可以肯定的是，就像 AOL 和 Gmail 的服务访问条件是有人输入密码一样，虚拟货币的资金和交易访问条件是有人输入“私钥”，以证明他们拥有货币。就像 AOL 和 Gmail 的基础代码决定了用户的道路规则一样，虚拟货币和其他区块链程序的基础代码决定了这些货币和程序的使用规则。但区块链的新特点是，它允许这些道路规则、法律，不是由中央管理部门制定，而是由用户自己制定。区块链并没有强迫用户依赖时代华纳或谷歌的开源编码，而是允许用户只对他们想要的法律进行编码。更重要的是，它允许他们为个人交易改变和更改这些法律。当然，这开始看起来更像合同而不是法律，更像规定两方或多方之间关系条款的协议。但是，简单 167
的类比又会产生误导。与合同不同，基于区块链的程序在一方违背承诺的情况下，往往不需要依赖法官。相反，智能合约可以在其代码中加入规定如何判断违约的条款，并可以在违约发生时自动转账或采取其他行动，对受害方进行补偿。

法学学者亚伦·赖特（Aaron Wright）和普里马维拉·德·菲利皮（Primavera De Filippi）称区块链这种创造法律的特性为“密码法”（lex cryptographica）。[42] 在他们的《区块链与法律》一书中，赖特和菲利皮认为，“区块链会加速权力的结构性转移，从由政府当局管理的法律法规，到去中心化的区块链网络管理的基于代码的规则和协议”。如果区块链结构最终像一些支持者预测的那样被广泛采用，它们可能会破坏法律本身。正如赖特和菲利皮所说：

> 部署在区块链上的系统——特别是那些依靠密码法的系统——不会像传统的在线活动那样受到同样的限制。通过依靠去

> 中心化的点对点网络，基于区块链的系统可以被设计成自主运行，并可能独立于中心化的主体实施基于代码的规则。这些规则比传统中心化运营商部署的规则更持久，而且通常更难改变……这些基于区块链的系统可以作为更复杂类型的决策的基础，允许法律机构在没有投票或指定中央权威的情况下被创建。[43]

换句话说，通过允许个人编写和颁布基于代码的协议，这些协议可以自动执行且不可逆，区块链有可能成为自身的法律。该法律可能会规避、取代或继承传统法律。这是对政府强制秩序的巨大挑战。赖特和菲利皮继续说道："与许多技术一样，区块链技术既可以支持现有的法律和规章，也可以削弱其效力。但它的特别之处在于，其所创建的弹性、防篡改及自治的全球代码系统，为人们提供了新的金融和契约工具，可以取代当前的关键社会功能。"[44]

但是，我们也有充分的理由怀疑区块链是否能真正替代我们所知的法律。首先，关于区块链的大部分理论仍然停留在想象的世界中。在现实世界中运作的大规模智能合约的例子很少，而且大多数
168 项目仍处于测试阶段，或使用范围非常有限。例如，如果一家航空公司推出了基于区块链的保险系统，当人们的飞机晚点时（就像第三章中提到的"Fizzy 智能合约"）就会向他们支付费用，这对法律体系本身几乎不构成存在性的挑战。就此而言，比特币也不例外。Ujo Music 在 2015 年宣布，它已经创建了一个智能合同，允许人们购买伊莫金·希普（Imogen Heap）的歌曲 *Tiny Humans*。这在当时引发了媒体的极大关注。每当有人在 Ujo Music 的网站上花 0.60 美元下载这首歌时，一份智能合同就会被触发，自动将一部分销售所得发送给伊莫金·希普，另一部分则发送给其他帮助制作这首歌的

合作者。但是，经过大量媒体报道以及这首歌在该网站上停留了数月之后，总付款额仅为133.20美元。2016年，Ujo Music放弃了这一计划。[45]正如Ujo Music后来在一篇博客文章中所解释的那样，他们“只不过是几个眼睛明亮的技术专家，拿着一把特殊的锤子，在寻找合适的钉子”。[46]如果说有什么不同的话，那就是这些例子似乎更加突出了法律在区块链中继续发挥着基本功能。毕竟，如果有人不同意区块链上的结果，那么无论区块链本身怎么说，他们总是可以在法庭上质疑结果。

更重要的是，区块链的规则和结构是否与法律类似还不清楚。一方面，在区块链上可以创建的智能合同通常更类似于合同而不是法律：双方同意，如果采取了某些行动或发生了某些事件（“条件”），那么一些后果将自动随之而来。其结果通常涉及向一方或多方支付一定数量的虚拟货币。这就是典型的合同的运作方式：一方同意在另一方履行某种服务或采取某种行动时向另一方付款，例如为一方建造一所房子或将一家公司出售给一方。另一方面，法律为合同的运作提供了权威性支撑。法律通常需要一些权威的决策者，如总统或立法机构颁布行为规则，并由法官执行。私人当事人之间不能简单地同意他们的行为不受法律约束。而无论如何，法律却都适用。

归根结底，虽然去中心化可能会使法律更难适用，但似乎不太可能取代法律。在互联网刚推出的时候，法律学者们也出现了类似的苦恼。但大体上，目前的法律还是能够应付的。正如哈佛大学法学学者杰克·史密斯（Jack Goldsmith）和哥伦比亚大学法学学者蒂姆·吴（Tim Wu）在他们的著作《谁控制互联网？》中所论证的那样，仅在互联网上开展活动并不意味着传统法律不适用。[47]它

只需要改变这些法律适用的方式。可以确定的是，互联网活动似乎
169 “无处不在”的特性让法律界感到不安。许多人担心，“领土政府似乎正在瓦解，变得越来越无关紧要”。[48] 但正如史密斯和吴所证明的那样，政府找到了管理互联网的方法。他们威胁互联网提供商，以搜索引擎为目标，并过滤了内容。而且在某些方面，互联网赋予国家政府的权力甚至超过了互联网给予自身的权力。例如，“有些国家，政府对于社会控制的治理正不断地增强”。[49]

与今天围绕区块链对政府和法律影响的讨论遥相呼应，史密斯和吴也谈到了关于互联网对法律的破坏作用的争论：

> 在互联网上传播信息的成本不断降低，显然使各国政府更难压制它们不喜欢的通信和相关活动。网络让有才华的技术人员、不满的群体和各种类型逃避法律的人利用政府监管信息的困难来实现政治、社会和商业目标。但是，电报、电话、广播、电视和其他早期的通信革命也是如此，所有这些都极大地增加了通信的数量和速度，并大大降低了其成本。这些通信技术在人类组织和互动中产生了根本性的变化，并要求政府制定新的战略来规范人类事务。但是，它们并没有取代政府在人类治理中的核心作用。正如我们在本书中所论证的那样，互联网也不会。[50]

同样，可以说，虽然区块链带来了棘手的问题，即它在我们的法律结构中究竟处于什么位置？但它肯定不会威胁到法律结构本身。

* * *

区块链与法律之间存在不稳定的关系。因为这项技术是如此创新和新颖，它根本无法完全归入既定的类别。这可能会出现两种对立，而这两者都令人担忧。这可能意味着该技术最终会落入法律真空导致机会主义行为的同时，却没有任何法律补救措施。或者，它可能导致相反的情况，即权力过度使用的监管者会扭曲法律，以主张对其的管辖权。因此，我们可能会出现监管不足，也可能会出现监管过度。两者都不可取。下一章将讨论政府如何努力解决这些问题。 170

注释

1. 这些事实来自美国证券交易委员会和美国司法部在针对扎斯拉夫斯基及其公司的案件中提交的各种文件。SEC v. REcoin Group Foundation et al., Civil Action No. 17-cv-05725（E.D.N.Y. 2017）；United States v. Zaslavskiy，1:17-cr-00647-RJD（E.D.N.Y. 2017）.

2. See Post to Bitcointalk，dated July 11，2017，https://bitcointalk.org/index.php?topic=2014062.0.

3. 2017 年 9 月 20 日，美国证券交易委员会对马克西姆 · 扎斯拉夫斯基的采访。

4. 1934 年《证券交易法》第 10b-5 条规定：

任何人利用任何州际商业手段或设施、邮件，或利用任何全国性证券交易设施所实施的，与任何证券买进或卖出有关的下列行为均为非法。

（a）使用任何计划、技巧和策略进行欺诈的；

（b）进行不真实的陈述或遗漏实质性的事实，这一实质性的事实在当时的情况下对确保陈述不具有误导性是必要的；

（c）从事任何构成或可能构成欺诈他人的行为或商业活动的。

17 CFR 140.10b-5.

5. SEC v. W.J. Howey Co.，328 U.S. 293，301（1946）.

6. See Brooklyn Businessman Pleads Guilty to Defrauding Investors Through Two Initial Coin Offerings U.S. Attorney's off. e dist. N.Y.（Nov. 15，2018），https://www.justice.gov/usao-edny/pr/brooklyn-businessman-pleads-guilty-defrauding-investors-through-two-initial-coin.

7. 该假设来自哈特在《实证主义与法律和道德的分离》中提出的一个命题。在该文中，哈特将问题阐述如下：

法律规定禁止车辆进入公园。这显然禁止汽车，但是自行车、旱冰鞋以及玩具汽车呢？或者飞机呢？正如我们所说的，这些是否可以出于规则的目的将其归纳为“车辆”？

H.L.A. Hart, Positivism and the Separation of Law and Morals, 71 HARV. L. Rev. 593, 607 (1958).

8. Jacobellis v. Ohio, 378 U.S. 184, 197 (1964) (Stewart, J., concurring).

9. Hart，前注 8，at 607。

10. 对于感兴趣的读者，《美国判例汇编》第 585 卷（2018 年）中“卡彭特诉美国”一案提供了一个很好的例子。这一例子介绍了美国最高法院是如何努力将宪法适用于移动电话及位置数据等新技术上的。

11. 当被问及这句话是否准确地出自他口的时候，亨利·基辛格回答说：“我不确定我是否真的说过，但这句话所表达的含义很正确。”See Marcin Sobczyk, Kissinger Still Lacks a Number to Call Europe, WALL ST. J., June 27, 2012.

12. 美国证券交易委员会已经认识到监管区块链的困难。在美国证券交易委员会对扎斯拉夫斯基案提交的简短文件中，他们将问题归纳为以下几个方面：

代币首次发行（ICO）运行方式的几个特点给执法部门在调查欺诈行为时带来了挑战。例如，（1）追踪资金：传统的金融机构（如银行）往往不参与其中，这使得追踪资金流变得更加困难；（2）国际范围：区块链交易和用户跨越全球，美国证券交易委员会如何从国外司法管辖区获取和使用相关信息可能会受到限制；（3）没有中央机构：由于没有中央机构来收集区块链用户相关信息，因此美国证券交易委员会通常必须依靠其他途径（例如数字资产交易所）来获取此类信息；（4）扣押或冻结数字资产：与银行或经纪人账户中持有的资金不同的是，数字“钱包”（“存储”数字资产的软件）可能是加密的，而第三方托管方也可能无法掌握密码；（5）匿名性：许多数字资产专门设计为假名或匿名；因此，将特定数字资产归属于个人或实体可能很困难或不可能，特别是在使用其他匿名工具的情况下；（6）不断发展的技术：数字资产涉及新的和正在发展的技术。

Brief of SEC in Support of US in Opposition to Defendant's Motion to Dismiss Indictment, U.S. v. Zaslavskiy, 2018 WL 2016191 (Mar. 19, 2018).

13. Franz Kafka, The Problem of Our Laws (Michael Hoffman trans., 2015).

14. 其中一家酒店——佛罗里达酒店（Hotel Floridan）后来在由绿巨人胡克·霍根（Hulk Hogan）主演的电视剧《天堂惊雷》中被炸毁。See Rick Reed, Old Howey Hotel to Explode on Hulk Hogan Show, Orlando Sentinel, Mar. 15, 1994.

15. SEC v. W.J. Howey Co., 328 U.S. 293, 298—301 (1946).

16. Get Started with Bitcoin, Bitcoin (emphasis added), https://bitcoin. org (accessed Nov. 9, 2018).

17. See Jeffrey E. Alberts & Bertrand Fry, Is Bitcoin a Security, 21 B. U. J. SCI.

& TECH. L. 1 (2015); Todd Henderson & Max Raskin, A Regulatory Classification of Digital Assets: Towards an Operational Howey Test for Cryptocurrencies, ICOs, and Other Digital Assets, SSRN Working Draft, https://www.ssrn.com/abstract=3265295.

18. William Hinman, Digital Asset Transactions: When Howey Met Gary (Plastic), Remarks at the Yahoo Finance All Markets Summit: Crypto (June 14, 2018), https://www.sec.gov/news/speech/speech-hinman-061418.

19. See U.S.Securities & Exchange Commission, Framework for "Investment Contract" Analysis of Digital Assets (2019), https://www.sec.gov/corpfin/framework-investment-contract-analysis-digital-assets#_edn1.

20. Jay Clayton, Statement on Cryptocurrencies and Initial Coin Offerings (Dec. 11, 2017), https://www.sec.gov/news/public-statement/statement-cla yton-2017-12-11.

21. See Price Water House Coopers, Considering an Ipo: Thecostsofgoing and Being Public May Surprise You (2012), https://www.strategyand.pwc.com/media/file/Strategyand_Considering-an-Ipo.pdf.

22. 31 U.S.C. § 5312 (a)(2).

23. 31 C.F.R. § 1010.100 (m).

24. 31 C.F.R. § 1010.100 (ff)(5)(i)(A)(emphasis added).

25. Dep't of the Treasury, Fin. Crimes Enf't Network, Application of Fincen's Regulations to Persons Administering, Exchanging, or Using Virtual Currencies (Mar. 18, 2013), https://www.fincen.gov/resources/statutes-regulations/guidance/application-fincens-regulations-persons-administering.

26. 31 U.S.C. §§ 5318 (a)(2) and 5318 (h); 31 C.F.R. § 1011.210.

27. See generally Peter van Valkenburg, Bank Secrecy Act, Cryptocurrencies, and New Tokens: What is Known and What Remains Ambiguous (2017), https://coincenter.org/files/2017-05/report-bsa-crypto-token1.pdf.

28. See IRS Notice 2014-21 (Apr. 14, 2014), https://www.irs.gov/irb/2014%2616_IRB/ar12.html; Order Re Petition to Enforce IRS Summons, United States v. Coinbase, Inc., No. 17-cv-01431-JSC, 2017 WL 5890052.

29. 7 U.S.C. § 1 (a)(9).

30. Commodity Futures Trading Commission v. McDonnell, 321 F.Supp.3d366 (E.D.N.Y. July 16, 2018).

31. Anatole France, The Red Lily 91 (W. Stephens trans., 1894).

32. See U.S. Bank CEOs Get Grilled by Congress on Blockchain Technology, Tokenist (Apr. 15, 2019), https://thetokenist.io/u-s-bank-ceos-get-grilled-by-congress-on-blockchain-technology/.

33. 对于观察者而言，门罗币系统是一个黑匣子。但是一些评论员认为，它并不像它的支持者所声称的那样匿名。例如，一项研究发现采用“链式反应”分析的方法可以使外部观察者以 80% 的准确度猜测交易信息。Malte Moser et al., An Empirical Analysis of Traceability in the Monero Blockchain, ARXIV（2018）, https://arxiv.org/abs/1704.04299.

34. Justin Scheck & Shane Shifflett, How Dirty Money Disappears into the Black Hole of Cryptocurrency, WALL ST. J., Sept. 28, 2018.

35. 美国最高法院在“路易斯诉美国案”（Luis v. United States）中使这一过程稍微复杂了一些，136 S.Ct. 1083（2016），最高法院认为，如果在审判前冻结被告个人的银行账户资产那就是剥夺了被告人获得寻求律师辩护的公平机会，这可能侵犯第六修正案中规定的被告人具有获得律师辩护的权利。

36. See Order Re Petition to Enforce IRS Summons, United States v. Coinbase, Inc., No. 17-cv-01431-JSC, 2017 WL 5890052.

37. See Suzanne Katzenstein, Dollar Unilateralism: The New Frontline of National Security, 90 IND. L. J. 293（2015）.

38. 深入了解情况，参见 Bradleyc. Birkenfeld, Lucifer's Banker: The Untold Story of How I Destroyed Swiss Bank Secrecy（2016）。

39. Max Weber, Politics as a Vocation, Lecture Delivered in 1918, in From Max Weber: Essays in Sociology 78（H.H. Gerth & C. Wright Mills eds., London, Routledge 1948）.

40. Lawrence Lessig, Code and Other Laws of Cyberspace 6（1999）.

41. 同上。

42. Primavera de Filippi & Aaron Wright, Blockchain and the Law: The Rule of Code（2018）.

43. 同上，at 52。

44. 同上，at 5。

45. See David Gerard, Attack of the 50 Foot Blockchain: Bitcion, Blockchain, Ethereum & Smart Contracts（2017）.

46. Ujo Music, Emerging from the Silence, MEDIUM: UJO（Aug. 29, 2016）, https://blog.ujomusic.com/welcome-back-1addcc06bcc6.

47. Jack Goldsmith & Tim Wu, Who Controls the Internet? Illusions of a Borderless World（2006）.

48. 同上，at 28。

49. 同上，at 67。

50. 同上，at 130-131。

第三部分

区块链与治理的未来

第七章　如何治理技术

正是因为每个人都知之甚少，我们也很少知道谁最了解我们，所以我们相信许多人独自和竞争性的努力能够促使我们看到我们想要的东西。

——弗里德里希·哈耶克，《自由宪章》

马耳他有一个大胆的计划。

对于区块链的传播，许多国家在法律改革方面进展缓慢。但在其他国家刚开始解决这个问题的时候，马耳他早已努力尝试。这个位于地中海的小岛国称自己为“区块链岛”。为了使其更受区块链公司的欢迎，它不但特意创建了数字创新机构，并通过了一系列与区块链相关的新法律，甚至开始研究将区块链技术融入政府自身运行的方法。正如马耳他总理约瑟夫·马斯卡特（Joseph Muscat）通过推特所言，马耳他“旨在成为全球监管区块链业务的先行者，成为世界级金融科技公司优先选择的司法管辖地”。[1]

如果说谁有能力帮助马耳他完成这一雄心勃勃、影响广泛的计划的话，那么非史蒂夫·坦顿（Steve Tendon）莫属。坦顿是一位瑞典籍的软件工程师，后来他成为哥德堡的国际顾问。出生于瑞典的坦顿，童年时曾移居南非，但后来又在瑞典的一所英语学校学习，并在闻名世界的米兰理工大学完成了计算机科学的本科学业。而在微软（Microsoft）和路特斯（Lotus）的早期竞争对手宝蓝公司（Borland International）工作了一段时间后，他成为一名管理顾问，在那里他创造了能够使组织更加灵活且具备适应性的方法。在他的工作过程中，他确信最好的组织是流动的。在这种组织中，充
173 满活力的团队可以被迅速有效地解散和重组。最终，他所专注的研究让他理所当然地看到维塔利克·布特林（Vitalik Buterin）刚刚发表的新白皮书。在白皮书中，布特林提出了一个新的区块链平台——以太坊。

“看了布特林在书中的三句话，我就完全被说服了，”他告诉我，“这将改变世界。我必须也参与进去。”[2]

凭借计算机科学和软件工程的专业背景，坦顿很快就明白了区块链的基本机制。但他想在进入这个行业之前了解更多有关区块链的知识。为此，他报名参加了麻省理工学院开设的一门关于金融科技和区块链的课程。其中一项作业要求他想象如何用区块链重新设计一个系统。坦顿立刻意识到重新设计的系统可以是任意一种系统。

“所以我想，如何利用区块链重组一个国家？”

我想到区块链可能会带来很多变化。坦顿认为，区块链可以彻底改变政府的工作方式。它可能会改善选举系统；可能会改善身份识别系统，比如政府的身份证或许可证；可能会改善政府的文件记录保存；可能会改善医疗保健系统。对于所有这些，现在的政府服务都无法创建可以方便访问的安全数据库。

几周后，也就是 2016 年的 6 月，在一次关于金融服务的会议上，坦顿碰见了马耳他经济部长克里斯蒂安·卡多纳（Christian Cardona）。坦顿向他介绍了自己关于如何使用区块链技术辅助国家治理的先进理念和具体优势的想法。卡多纳对此很感兴趣，并邀请

他来马耳他会面，以进一步讨论这个想法。在那次会面中，坦顿详细解释了使用区块链的好处：不仅可以使政府和法规更加有效，还可以使整个经济社会更加具有效率。会面原本只安排了半个小时，结果却持续了两个多小时。最后，卡多纳被这一构想吸引了，他责成坦顿起草一份将马耳他变成区块链中心的国家战略。

坦顿很快就意识到，这需要对马耳他的法律和政府结构进行实质性的重新建构。坦顿谈论道："我们发现比特币领域存在这样一个问题：在比特币世界中，不但金融管理机构出台了某些立场和规则，其他部门也纷纷出台了不同的立场和规则。而且这些立场与规则相互之间是冲突的。因此，我们需要一个单一的监管机构并形成对行业的统一看法，以防止多个监管机构相互干涉，阻碍技术的发展。"

最终，坦顿的计划付诸实施。他的国家战略有三个方面：第一，要求马耳他政府本身在其流程中采用区块链技术。第二，建立 174
一个新的监管机构。该机构要有专业知识和监督能力，以监测涉及区块链的私营部门活动。第三，颁布新的法律来阐明基于区块链活动的法律安排。该战略的主要目标之一是吸引区块链公司进入马耳他。

在起草马耳他国家战略的过程中，坦顿还为这个项目起了一个名字。他告诉我说："我知道这个愿景需要一个名字。我立刻联想到了硅谷，然后开始研究马耳他的独特之处。最后认为'区块链岛'这个名字是一个最佳的选择，因为这是一个经过深思熟虑的设计。"

2016 年 10 月，坦顿向马耳他经济部长卡多纳提交了他的国家战略草案。卡多纳热情地接受了它，并最终要求他将战略中的纲要转化为法律框架的具体内容，包括将实际的法律制定过程交由马耳他议会实施。后者的努力最终促成了三项法案的通过：一是创建了专门的单一监管机构——马耳他数字创新管理局；二是建立了一个框架来规范基于区块链的“技术安排”，比如智能合同或自治组织；三是制定了一份规定虚拟货币的规则。[3]

从广告的角度来看，这个策略相当有效。马耳他新法律的内容被普遍认为是“宽松的”，其主要目的是吸引区块链公司将其业务迁到马耳他，而不是限制这些公司的发展。在马耳他宣布立法后的几个月里，大量加密货币公司宣布将把业务转移到该岛国。这批公司既包括大型交易所，如世界上最大的加密货币交易所币安（Binance）、世界第二大交易所 OKex 和世界第五大交易所 ZB.com[4]，也包括在原来的国家司法管辖区中遇到麻烦的公司。例如，当波兰的银行拒绝虚拟货币交易所比特湾（BitBay）交易之后，它就搬到了马耳他。[5] 币安也是如此，因为日本的金融服务机构警告该公司缺乏合适的许可证，如果继续运营将面临刑事责任。[6] 潮水般的公司和投资涌入马耳他，导致一名加密货币交易员打趣地说，“马耳他正变得拥挤起来”。[7]

马耳他率先为区块链技术建立了一个明确而宽松的法律结构，这些努力在加密货币相关新闻中被广泛地报道。在宣布这项立法后，各大新闻的标题都毫不含糊地宣传了这一决定：“马耳他是如
175 何成为世界区块链中心的”[8]；“另一家交易所正在前往马耳他，这个被称为世界区块链首都的地方”[9]；“加密货币公司，百慕大、马耳他或直布罗陀需要你。”[10] 然而，国际组织对马耳他的国家战略持怀疑态度。国际货币基金组织在访问马耳他时通知马耳他政府，其区块链活动给该国金融体系带来了“重大风险”；特别是，马耳

他可能很快成为洗钱和恐怖主义融资的温床。该组织的结论是，需要“立即采取行动”以提高该国政府的监测和执法能力。[11]

事实证明，将区块链整合到政府架构中并没有想象中那么容易。2017 年 9 月马耳他启动了一个早期项目，旨在将学术文凭放在区块链上。例如，从马耳他艺术科技学院（Malta College of Arts, Science & Technology）获得学位的人可以将其学位证书放在区块链上。理论上，该凭证将被放置在一个安全的数据库中，拥有权限的单位或个人可以在任何时间进行访问。对此，学生将不再需要回到大学开取证明来确认其教育记录，他们自己可以直接进行访问下载。正如马耳他教育部的一位官员当时所说：“想想那些需要证明其学历的叙利亚大学生和 500 万流离失所的叙利亚人，这一系统解决了这一困难。”[12]2019 年，马耳他政府宣布已与学习机器（Learning Machine）区块链公司签订了为期两年的合作合同，并将该国的所有学历证书都放在一个区块链上。[13] 除此之外，马耳他利用区块链改造政府的雄心壮志已经超出了现实情形。

马耳他将区块链纳入国家系统里的努力是否会取得成果，还有待观察。但他们这一规划本身就暴露了一些问题。其中一种解释是，马耳他为减轻区块链公司的监管负担所作的努力是一种愚蠢的做法，其目的在于，在削弱其他国家在这一领域竞争力的同时，讨好科技公司的高管。按照这种观点，马耳他的努力致使其成为逃税者、走私者、公司寡头这些非法行为者避难所的又一个例子。这是一场以马耳他遥遥领先为代表的比赛。但另一种解释是，马耳他正处于使国家法律和政策适应新技术这一亟须进行运动的前沿。在这种观点下，马耳他与其说是在削弱其他司法管辖区的影响力，不如说是在公平竞争中胜过它们。换句话说，这是一场争夺制高点的竞赛。理清这些相互矛盾的叙述是困难的，尤其因为我们对区块链的看法可能会影响我们对监管应该为何种形式的看法。但不管我们如何看待马耳他行为的道德性，很明显马耳他一直是重新思考如何通
176 过法律应对技术变革的领导者。

*　　*　　*

正如某位领导人在被问及对法国大革命意义的看法时说过，“现在评论还为时尚早”。但现代监管机构却不能不立刻应对区块链的挑战。虚拟货币、智能合同和区块链网络正在全球迅速发展。这些去中心化结构的好处已被广泛讨论，风险也是如此。负责任的政府有许多应对这些挑战的选择，但无论他们选择哪条道路，都会对公民、企业和技术产生切实的影响。

那么，政府应该做些什么呢？一般来说，面对一项潜在的变革性新技术，政府有三种政策选择：第一，他们可以重新制定法规，鼓励该技术的发展，并且希望该技术的发展能够刺激创新和繁荣经济。第二，出于对新技术危险后果的担忧，它们可以改革法律并禁止这一技术的继续发展。第三，他们什么也不做，让市场、消费者和企业自生自发地理清该技术的成本和收益。而这些选择中的每一种都有其独特的风险和回报。

当然，各国政府也可能选择采取其中每一种方法的一部分。在区块链的背景下，这可能意味着政府决定对加密货币的使用不采取任何行动，但会打击矿商并鼓励面向企业的区块链初创企业。这种对区块链采取务实的、临时性的方法以及根据区块链的具体应用情况采取不断变化的监管态度，有很多值得推荐的地方，其中主要是避免了对不同行为采取广泛适用的法律所带来的过度宽泛问题。它

将允许监管者根据不同的情况选择合适的方法。作为一个实际问题，大多数政府在一般情况下都会采取这种临时性的监管方式，即当问题出现的时候再进行处理。但这样做并不能回避一个基本问题，即什么应该被鼓励、什么应该被阻止、什么应该放任不管。

* * *

让我们从默认“无所事事”的做法开始，尽管它的名字叫“无所事事”，但实际上它有很多值得称赞的地方。我们经常听到各国 177
政府对问题采取观望的态度——比如，面对遥远国家或地区的冲突日益加剧、一场即将到来的贸易战或者新兴技术的出现。近几年的例子包括：特朗普对朝鲜威胁取消两国首脑会晤采取观望态度；[14] 西雅图市对 Lime 等可共享电动滑板车采取观望态度；[15] 德国对英国的脱欧谈判采取观望态度。[16] 然而，“观望”一词掩盖了一个重要的事实。在所有这些案例中，政府都决定暂不采取行动。因此，“无所事事”是一个更准确的说法。当然，什么都不做并不意味着严格意义上的“无所事事”。各国政府很可能在不采取任何行动的情况下执行其法律并进行日常事务。那么，“不作为”作为一种监管方式的含义是，政府有意识地决定针对某一特定问题不修改其法律或法规。这意味着让现有的监管结构保持不变，并继续按其一贯的做法实施。

“无所事事”的方法作为一种监管模式有许多优点。[17] 首先，它可以让政府避免通过新的法律法规这一困难而昂贵的过程。如果一个问题并不是特别的重要，而且它对社会的危害相对有限，那么可能根本不值得重新考虑规章制度，并将其适用于新的问题。

其次，“无所事事”的另一个优点是可以避免意外的后果。毕竟历史上充斥着善意的法律却换来弊大于利的案例。例如，比尔·克林顿（Bill Clinton）总统在 20 世纪 90 年代初试图解决高管薪酬过高的问题。在竞选期间，克林顿曾谴责 CEO 的薪酬过高，认为这似乎与他们公司的成功没有任何关系。他将这一问题归咎于奖励“高管薪酬无限制”的税收制度，并承诺要创建一种“既限制高管薪酬，又不会引发其将工厂迁往海外”的制度。[18] 因此，在克林顿 1993 年当选总统后，他推动国会通过了一项税收改革，这项改革直接涉及高管薪酬过高的问题。根据修改后的税法，公司只有在首席执行官的薪酬低于 100 万美元时才能扣除他的薪酬，而超过 100 万美元的部分则无权扣除。对此，有人认为，这一变化将对高管薪酬造成下行压力，因为它使公司支付超过 100 万美元的薪酬变得更加昂贵。这听起来像是一个合理的预估。但问题是税法还对所谓的绩效薪酬提供了激励，即高管薪酬与公司的成功挂钩。虽然从技术上讲，绩效工资可能意味着任何取决于绩效目标实现情况的
178 薪酬，但实际上它所指的是股票期权。因此，如果一家公司付给首席执政官 200 万美元的薪酬，它就不能扣除首席执政官的所有薪酬。但如果它给首席执政官 100 万美元的薪酬和 100 万美元的股票期权，它就可以这样操作了。在克林顿颁布这些旨在降低首席执行官薪酬的规则改革之后，发生了什么？那就是首席执行官的薪酬飞涨。1992 年至 1996 年间，标准普尔 500 指数股份公司首席执行官的平均薪酬从 300 万美元升至 620 万美元，并且薪酬在 1997 年、1998 年和 1999 年保持持续上涨的趋势。2000 年，这一数字达到了峰值——1460 万美元，几乎是 1992 年的五倍。[19] 我们有充分的理由相信，克林顿的改革不仅没有阻止高管薪酬的增长，反而助推他们获得了更高的收入。虽然在克林顿的税收改革通过之前，首席执

政官的薪酬也一直在增加，但税改之后薪酬上涨加速了，而且其中大部分是以股票期权的形式。[20] 因此，即使是出于善意的法律，有时也会产生相反的结果。如果我们不能提出一个既能解决现有问题又不会引发新问题的合理且平衡的法律，那么政府最好什么都不做。

在技术颠覆问题上保持“无所事事”的最后一个原因是，它可以使政府在采取行动之前获得更多的信息。无论是起草法律，还是决定预算的优先次序，又或是制定监管执行目标，决策者都必须掌握有关领域准确和全面的信息。否则，他们就是在不了解事实的情况下决定政策。随着一个行业的成熟和发展，它也会如同我们预期的那样变得更加稳定，各国政府将逐渐了解相关行为者以及他们之间的互动方式。例如，想象一下如果早在 2003 年“我的空间”（MySpace）推出时，美国国会就已经为社交媒体制定了一个监管框架。它就不会知道脸书存在的问题，更重要的是它也不会发现社交媒体中一些最令人担忧的社交媒体成瘾、隐私和政治宣传活动等问题。通过不采取任何措施，政府可以获得有关特定行业及其利弊的更多、更全面的信息。

那么，有哪些国家真正对区块链采取了“无所事事”的态度呢？这里有一个令人意想不到的国家就是美国。在撰写本书时，美国国会还没有通过任何与区块链有关的重大法律。监管机构也没有出台任何与区块链有关的重大法规。可以肯定的是，在加密货币和数字资产方面，监管机构并没有完全坐以待毙。美国证券交易委员会、美国商品期货交易委员会和其他政府机构已经发表了关于区块链的公开声明，就当前法律如何适用于该行业，或加密公司如何遵
守规则提供了相关建议。不过在很大程度上，它们回避了发布具有 179

法律约束力的规则。事实上，国会和监管机构缺乏及时的行动，这一直受到该行业支持者和反对者的广泛批评。支持者认为区块链监管缺乏明确性阻碍了创新，而批评者则认为目前的法规没有充分控制区块链对投资者所造成的潜在风险。

然而，说美国什么都没做，并不是说美国国内各个州也没采取应对措施。事实上，目前区块链领域很多针对性监管都来自美国各州。例如，特拉华州修改了其著名的《公司法》进而允许公司通过区块链发行股票。[21] 俄亥俄州宣布将接受比特币作为销售税、香烟税和预扣税等商业税的支付方式。[22] 怀俄明州已经通过了 13 项与区块链相关的法规，包括承认数字资产的直接产权和授权银行为区块链企业提供服务的法律。[23] 纽约甚至围绕虚拟货币公司建立了一套完整的监管框架，并且向从事为他人传输、持有或购买虚拟货币的实体提供所谓的比特许可证。[24] 但另一个产生意外结果的例子也是纽约比特许可证（New York BitLicense），这个许可证的本意是为了创建一个既适合监管公司又便于其发展的框架，但最终许可证的颁布似乎阻止了相关公司在那里设立业务。第四章中提到的与洗钱有关的虚拟货币交易所 ShapeShift，在比特许可证框架公布后离开了纽约。其首席执行官埃里克・沃赫斯（Erik Voorhees）当时表示，“我们不会仅仅为了让他们（执法部门）的工作更轻松一点而监视成千上万的人”。[25] 其他虚拟货币公司也纷纷效仿，在权衡比特许可证框架弊大于利后离开了纽约州。[26] 硬币中心（Coin Center）的执行董事杰里・布里托（Jerry Brito）对纽约州制定的相关法律并不是特别认同。他说：“关于比特许可证最好的说法是，这是一个好坏参半的问题。我们正在与其他州合作，以确保它们不会重蹈覆辙。”[27] 或许随着更多信息的获取，各国政府将开始起草更完善的法律。

*　　*　　*

政府对区块链采取的另一种方法是一种宽松的措施，这种方法在马耳他最为明显。部分学者和区块链行业支持者长期以来一直认为，现行法律并没有为区块链的监管提供一个良好的体系。在他们看来，旧的法律不但在适用上过于模糊，而且限制性太强，区块链 180
公司无法在遵循这些法律的前提下进行盈利。为了解决这些问题，有些人认为，政府或许应该对区块链监管采取宽松的方法，采用旨在释放区块链初创企业创造力的规则，主要是针对区块链公司可以从事的活动种类放宽限制。

出于多种原因，政府可能希望在处理像区块链这样的新技术时放宽规则。新兴行业的初创企业往往规模较小且资金较少。出于这个原因，它们通常对被监管成本非常敏感。一家华尔街的大型投资银行或许能够忍受《萨班斯—奥克斯利法案》(Sarbanes-Oxley Act)，该法案每年会让它付出440万美元的合规成本。[28] 而一家预算紧张、可流通资金较少的初创企业则可能无法承担这样的费用。即使是纽约版的区块链规则——区块链执照（BitLicense），也会带来高昂的成本。据估计，一家加密货币交易所需要在其应用上花费10万美元。[29] 如果我们认为来自监管的负担正在抑制公司以使社会更广泛受益的方式进行创新，那么各国政府就有充分的理由放宽适用于该行业的规则。

放宽适用于新技术的规则的另一个原因（也许更为重要）是为了确保国内公司在该行业的竞争中站稳脚跟。人们早就认识到，某些技术是从所谓的网络效应中获益的。[30] 网络效应一般是指当新用户开始使用某项产品时，该产品的现有用户所获得的利益。典型的例子就是电话。如果只有一两个人拥有电话，那么电话的作用就不是特别大。但随着电话用户数量的增长，这项技术本身的好处也在增加。全新的用途出现了。突然之间，整个城市、州甚至整个国家的人们都可以无障碍地相互交流。

当网络效应给很多人带来巨大利益时，它可能是一件好事，电话就是这样的实例。但网络效应也可能意味着，第一个进入市场的企业会比后来者获得更多的优势。[31] 一旦某家公司确立了主导地位——比如说，成为最大的社交网络或最大的证券交易所——竞争对手就很难进入该行业并与之竞争，即使竞争对手的产品可以说是一流的。

这是由于以下几个原因：一个原因是，如果其他所有人都在使用一家公司的技术，则可以将拥有相关但不同技术的新公司拒之门外。一般而言，用户只是想使用其他所有人都在使用的技术，即使新的、略有不同的技术可能会更好。例如，想象一下，如果一个新
181 的社交网络平台试图与脸书或者推特竞争。这并非完全不可能，但肯定会很艰难。早期进入者比后期进入者更有优势的另一个原因是，即使在没有真正的网络效应的情况下，早期进入者也会受益于已有的用户，这些用户只是简单地迁移到拥有更多知名度的平台上。在消费者对产品质量不确定或容易产生惯性的行业中，这种情况尤其容易发生。[32] 在加密货币的行业中，产品、交易所和服务之间的差异往往只有区块链专家才能辨别出来，甚至有时连专家都分辨不出来。因此，先行者的优势就显得尤为突出。总而言之，网络效应往往意味着，第一个取得领先优势的公司可能无限期地保持这种领先优势。

这种变化所带来的问题是，它可能会导致政府之间的恶性竞

争。毕竟，政府并不是在真空中运作的。对于大多数大公司而言，当今国际竞争已成为现实。一个政府如果想确保本国公司在行业内占据主导地位，可能会放宽规则，致使本国公司比其他公司更具竞争优势。但是，一旦一个政府这样做，其他政府可能会效仿，以避免其公司处于不利地位。[33] 例如，各国可能会向区块链公司发出信号，表示它们可以免于完成昂贵的注册程序或支付某些商业税。这样做将使位于该司法管辖区的公司比其他国家的竞争对手更有优势。因此，对区块链采取放任自流的做法，会让本国的公司更有可能获胜。

在区块链圈子里广为流传的一种放任方法是所谓的“监管沙盒”。当然，这个词会让人联想到蹒跚学步的孩子在父母的注视下在沙盒中玩耍的画面。尽管他们可能很吵闹，但他们基本上不会对自己或他人造成严重伤害。沙子可以在孩子们摔跤的时候保护他们，如果有意外状况出现，父母也可以及时地介入。“监管沙盒”也是类似的想法：如果我们能够建立一个框架，让区块链公司在一个可控的环境中以及在监管机构的注视下玩转新的想法或产品，我们就可以鼓励创新，同时也能防止危害。例如，在一个“监管沙盒”中，区块链公司可以在不经过通常授权的情况下发布他们的产品或服务，或者他们可能会得到保证，不会受到监管机构的罚款或其他处罚。但作为回报，它们将向监管机构开放自己的业务，让它们更清楚地了解自己在做什么。[34] 182

许多国家已经发起了所谓的“沙盒计划”。英国是第一个这样做的国家。2015 年，其金融行为监管局（Financial Conduct Authority）宣布了一项沙盒计划，该计划允许金融科技初创企业提供新的金融服务，而无需经过参与此类服务需要的昂贵授权流程。[35]

虽然这项工作没有特别关注区块链行业，但数字加密公司已经是该计划中的重点。例如，在2018年被选中加入沙盒计划的29家公司中，有12家涉及某种形式的区块链应用。[36]该计划被广泛认为是成功的，其他国家和地区也纷纷效仿。2016年，中国香港金融管理局（Monetary Authority）推出了一个金融科技监管沙盒，允许银行和科技公司测试新的金融产品，且不必遵守通常伴随此类举措而来的全套注册和披露要求。[37]新加坡在2016年也是如此。新加坡的沙盒如此受欢迎，以至于该国决定进一步降低最低要求来创建一个新的、更快的“快速沙盒”。他们宣称的目标是自申请之日起21天内批准快速沙盒的申请。[38]这些举措得到了监管机构和公司的一致好评，因为它们大大减少了金融科技公司必须投入到监管合规问题上的时间和金钱。曾经的涓涓细流，变成后来的奔腾不息。世界各国和地区纷纷推出自己的沙盒，试图将金融行业吸引到自己的管辖区。截至本书撰写时，阿布扎比、巴林、巴西、印度、哈萨克斯坦、科威特、马来西亚和斯里兰卡都推出了金融科技沙盒。除此之外，泽西岛、印度尼西亚、俄罗斯和塞拉利昂也是如此。

但一些观察者们也担心政府在急于建立沙盒的过程中忘记了其他优先事项，包括保护公民不受伤害的责任。这些评论者认为，各国政府为了吸引相关企业到本国发展正变得急功近利。当然，这种批评也适用于美国的各个州。亚利桑那州在2018年推出其金融科技沙盒时，曾以古怪的措辞吹嘘自己的项目。其中一条给媒体的信息标题是“亚利桑那州为英国公司提供免监管的准入”。[39]这样，不仅法规的监管放松了，甚至可以说根本不存在了。在加入亚利桑那州沙盒的三家公司中，有两家是区块链公司。有些公司将自己描述为“实施一系列前卫技术的金融服务平台”。[40]当消费者金融保护局宣布正在考虑启动沙盒计划时，消费者权益保护者感到非常愤怒，以至于他们发布了一封公开信，用来谴责这一倡议。他们写道："与其他一些关于金融科技'沙盒'的提案一样，对创新利益含糊其辞的承诺，以及对现有法规的限制或不确定性的行业主张， 183
都不能成为对受青睐的公司或行业给予特殊待遇或放弃消费者保护规则的理由。"[41] 他们总结说，沙盒提案将导致"对国会所要求的消费者权益保护造成广泛破坏"。[42]

另一些人则担心，对区块链的宽松监管将鼓励那些不受欢迎的行为者参与其中。哈佛大学的经济学家、世界知名的货币专家肯尼斯·罗格夫（Kenneth Rogoff）乍一看似乎不可能支持这种观点。毕竟他写了整整一本书来阐述为什么我们需要逐步淘汰纸币。但事实证明，尽管他对现金很反感，但他对加密货币，至少在当下持一种深深的怀疑态度。罗格夫认为，没有任何有主见的政府可以接受加密货币，至少是比特币种类的加密货币。他在 2018 年《卫报》的一篇文章中写道："任何一个愚蠢到像日本去年那样试图接受加密货币的大型发达经济体，都有可能成为全球洗钱的目的地。"在罗格夫看来，政府不能冒这种风险。"目前，真正的问题是，全球监管是否以及何时会杜绝私人构建的系统，因为对政府来说这些系统追踪和监控成本很高。"[43]

*　　*　　*

正如沙盒的批评者所揭示的那样，并非所有人都认为政府应该向区块链敞开大门。一些人认为，我们不但不应该放松对区块链的监管规定，而且还需要收紧这些规定。他们认为，监管沙盒和轻度监管举措与监管机构要解决区块链技术引发的问题时需要做的事情完全相反。他们指出，区块链带来了许多严重的问题，现有的监管框架没有从根本上解决这些问题。为了消除这些问题，监管机构必须对区块链行业采取新的、更严格的规定。这些建议的范围很广，从对虚拟货币交易所实施更强有力的把关规则到禁止该技术的全部使用。如果说对区块链采取放任自流的做法是试图向区块链技术敞开大门，那么限制性的做法则是试图将其关上。

限制性的技术管制方法由来已久，原因有很多。首先，当政府发现一项技术正在对公民造成伤害，而且这种伤害几乎无法得到补救时，取缔这项技术是一个必然的选择。如果一个政府认为一项技术对社会造成了严重的危害，而又不能抵消这些损失带来的好处
184 时，那么禁止这项技术是合理的。比如说，如果政府认为区块链技术主要是犯罪分子洗钱和欺诈者欺骗投资者的手段，那么禁令就是有必要的。即使区块链技术被视为是具有某些有益用途和某些有害用途的混合使用技术，但如果政府认为广泛使用该技术会破坏其他更重要的政策，则政府仍然有理由禁止使用该技术。例如，即使区块链技术为个人存储和发送信息提供了一种更安全、更便宜的方式，政府也可能有正当理由禁止它，比如防止它成为犯罪分子洗钱的工具。

各国政府也可以采取限制性办法作为预防措施。如果对技术的危害知之甚少，但潜在的危害很大，则可以仅仅为了避免“未知的未知数”而合理地制定法规。例如，政府知道区块链上发生了违法行为，他们知道有人想利用区块链上的其他人。但也有其他的事情，政府根本不知道，甚至他们都不知道自己不知道。在金融危机之前，政府决策者基本上不知道抵押贷款和抵押担保证券可能是系统性风险的来源。更重要的是，他们不知道自己不知道这些，他们

根本就没有想到这一点。因此，当一项新技术出现时，如果存在可想象的风险，而这些风险是难以计算或评估的，那么最好的选择是限制该技术，直到人们更多地了解其中的风险。

这一原则在法律界被称为“预防原则”：当监管者不知道某项新技术的潜在危害时，他们应尽可能地限制其采用，直到他们能够评估这些危害。预防原则被用来证明对新技术的限制是合理的。在20世纪90年代末到21世纪初引起广泛关注的一个问题是，欧盟对转基因生物的使用施加了严格的限制。这些限制是如此严厉，以至于大多数评论家认为这是事实上的禁令，造成了不可能向欧盟出口转基因作物和食品的情形。对转基因生物的这一事实上的禁令，至少在名义上是出于转基因作物对人类可能构成的潜在风险的担忧。虽然与这些风险相关的科学证明还不确定，但欧盟及其许多成员国认为，预防原则证明他们有理由禁止在其领土上使用转基因作物，直到有更多的了解。美国则不同意，美国对转基因生物的使用 185
有着更为宽松的规定。经过长时间的谈判未能达成一致，美国最终挑战了欧盟在世界贸易组织（WTO）的规则，认为这些规则违反了有关自由贸易的国际法。世贸组织争端解决机构最终裁定，欧盟的规定相当于对转基因产品实施“事实上的普遍暂停”，而在批准转基因产品方面的“过度拖延”违反了欧盟的国际义务。[44] 世贸组织的裁决导致欧盟处理转基因生物的方式发生了一些变化，但迄今为止，欧盟的规则仍反映出对这项技术普遍持怀疑态度。

中国也是这种限制性的、严厉的区块链监管方式的国家。尽管它的许多规则都是以非正式的方式发布的，政府监管机构只是通知相关参与者——应该停止使用该技术，但这些规则的一般信息很明确：不欢迎使用加密货币。2013年，中国人民银行通知金融机构，他们不再能够处理比特币交易。该银行表示，需要该指令来“保护人民币作为法定货币的地位，防止洗钱的风险并保护金融稳定”。[45] 同时，该命令并未禁止个人开采比特币或使用虚拟货币；它表示：“普通民众可以自由地将比特币交易作为互联网上的一种商品交易活动参与比特币交易，但前提是他们自己承担风险。”但是 2014 年，中国央行更进一步下令商业银行和支付公司关闭比特币交易账户。[46] 随后，2017 年，中国政府宣布将关闭国内所有加密货币交易所，并禁止首次发币。[47]2018 年，中国央行瞄准了区块链的另一个分支，并通知地方政府，应该命令加密货币矿业公司开始“有序退出”中国。[48] 然后，中国的经济规划机构——国家发展和改革委员会，正式将加密货币开采列入其计划淘汰的行业名单中。[49] 这些决定背后的理由存在争议，但人们普遍猜测，中国担心公民利用虚拟货币逃避货币监管，破坏中国政府的经济协调机制。

但对区块链技术采取限制性做法的并非只有中国。阿尔及利亚、孟加拉国、玻利维亚和尼泊尔都已经禁止比特币交易。[50] 孟加拉国中央银行在 2014 年宣布，它认为“通过比特币或任何其他加
186 密货币进行的任何交易都是应受惩罚的罪行”。任何使用比特币被抓的人都可能被判处 12 年监禁。[51] 后来有报道称，孟加拉国当局正在“追捕”加密货币用户。[52]

当然，当所讨论的技术像区块链一样是去中心化的时候，禁令和限制很难管理。如果没有一个管理者或公司来运行某项技术，就很难对其进行有效的禁止。即使一个国家关闭了一个交易所，它也不能关闭比特币。只要有计算机作为节点来跟踪区块链账本，加密货币就会存在，并记录下谁拥有剩余的东西。销毁货币的唯一方法是销毁它的所有副本，这些副本存在于世界各地的数千台计算机

上。各国完全禁止这项技术是不可行的。这一困难导致至少一个国家——吉尔吉斯斯坦放弃了禁止比特币进入该国的初步计划。正如吉尔吉斯斯坦国家银行行长当时解释的那样，“很难禁止我们没有释放出来的东西”。[53]

但是对区块链的限制性方法也受到了同样的批评。美国证券交易委员会专员海丝特·皮尔斯（Hester Peirce）就是一位著名的批评者，她为促进区块链技术所做的努力致使其赢得了“加密妈妈”的绰号。2016 年，毕业于哈佛大学的双胞胎卡梅隆·文克莱沃斯（Cameron Winklevoss）和泰勒·文克莱沃斯（Tyler Winklevoss）试图创建一个基于比特币的交易型开放式指数基金（ETF）。这对双胞胎因与马克·扎克伯格（Mark Zuckerberg）在脸书上的争执而出名。人们普遍认为，交易型开放式指数基金将为投资者提供一种便捷的途径来获得比特币敞口，而无需经历购买和存储虚拟货币的复杂过程。同时也希望它的成立能让虚拟货币对机构投资者而言更具吸引力。但要想让该基金在交易所上市，首先需要美国证券交易委员会的批准。经过漫长的审查，美国证券交易委员会在 2018 年拒绝了这一申请，因为它认为其没有充分保证交易型开放式指数基金不会受到欺诈和操纵。[54] 但皮尔斯在激烈的异议中辩称，美国证券交易委员会完全错了。[55] 皮尔斯认为，美国证券交易委员会在驳回文克莱沃斯兄弟的申请时，并不是在真正评估申请的价值，而是宣布了对比特币本身的判决。这不是监管机构应该做的。监管机构应该关注应用的客观价值，而不是技术本身。投资者将是比特币是否值得购买的最终裁决者。通过拒绝比特币交易型开放式指数基金，美国证券交易委员会做了一件更不利于区块链发展的事情：阻止知名人士进入比特币市场。 187

更多的机构参与将改善委员会对比特币市场的诸多担忧，这也是委员会拒绝比特币交易所交易基金申请的基础。委员会对法定标准的解释和应用发出了一个强烈的信号，即我们的市场不欢迎创新，这个信号的影响可能远远超出比特币交易型开放式指数基金的命运。

通过限制加密货币的使用，美国证券交易委员会阻止了参与者改进这项技术。“机构投资者更多地参与比特币市场，将有助于向交易所施压，以加强其对盗窃的防御措施，鼓励对比特币领域的托管解决方案进行更多投资，并使市场操纵者更难逃脱监管。”而更重要的是，对技术的限制性做法会阻碍创新本身。

皮尔斯用一篇反对限制性技术手段的精彩文章结束了她的抗议：

换言之，否决令表明了对创新持怀疑态度，这可能对投资者保护、效率、竞争和资本形成产生不利影响。否决令对委员会法定任务的宽泛解释表明，委员会为自己保留了判断一项创新何时足够成熟、足够受人尊敬或足够受监管而值得证券市场关注的权力。委员会认为，作为一种基于新技术并在非传统市场上交易的新型金融产品，比特币不能作为交易型开放式指数基金的基础。这表明了其对创新的厌恶。这可能会让企业家相信，他们应该把自己的聪明才智运用到我国经济的其他部门，或者国外市场，在那里他们的才能会受到更多热情的欢迎。由于潜在市场与其他大宗商品市场缺乏相似性，我们拒绝批准基

> 于比特币的交易型开放式指数基金，我们将自己定位为创新的守门员。证券监管机构没有能力胜任这一特殊角色。

她还对“无所事事”的政府进行了一针见血的抨击，认为将国家过时的法律适用于像区块链这样独特的技术根本没有意义。皮尔斯认为，美国证券交易委员会没有考虑到“比特币市场的创新特征”，而是“通过一个法律和监管框架来分析比特币交易型开放式指数基金，该框架来自具有非常不同特征的商品的事先批准令”。显而易见，这不是一项好政策。

*　　　*　　　*

仔细审视一下政府可用的技术监管模式，就会发现所有这些模式都涉及多种因素的权衡。不采取任何行动的方法让政府有更多时 188
间在行动前了解技术，但它也会导致态度的模棱两可和结果的不确定性。宽松的沙盒模式鼓励企业进行试验和创新，但它也可能对整个社会造成有害后果。限制性的预防措施可以防止这些危害，同时它也导致技术的改进和成熟将是缓慢的。

从民主的作用到资本主义的运作，我们对于哪种方式是最好的直觉很大程度上取决于我们对其他重要价值观的信念。我们应该让市场自行发挥作用的观点（实际上，在海丝特·皮尔斯的抗议中也有类似的观点）并不鲜见。如果这项技术是有用的，那么它就会在市场上蓬勃发展。如果不是，那么它就会消失。

但正如任何经济学家都会告诉你的那样，实际情况要比这复杂得多。首先，市场并不总是会带来我们喜欢的结果。暗网已经表明，在政府缺位的地方，对毒品、枪支和儿童色情制品强烈而持久的需求可以促进导致其发展和流行。其次，市场的存在，并不意味着它是一个公平的或正常运转的市场。手机公司有强烈的动机去制造垄断。医疗保险公司也有动机歧视那些已有健康问题的人。这些仅仅是市场力量的结果，这一事实意味着它们并不是完全可取的。最后，即使市场最终纠正了错误，并且行业内的泡沫最终破灭，但纠正这些效率低下的过程也需要花费时间，并且许多人可能会因此受到伤害。金融危机的历史充斥着毁掉人们财富、房屋以及公司破产的事例。这也许可以全部归结为“创造性破坏”，但是随之带来的附带损害却是巨大而痛苦的。

同时，政府也不总是解决问题。许多监管者下意识的反应是，如果一项技术引起了人们的担忧，我们应该通过新的法律来解决这些问题。但在技术变革面前，转向监管和转向市场一样，都是有问题的。我们需要知道监管应该是什么样子。我们可能对此有一些大致的想法——它应该鼓励有益的创新，同时保护消费者，防止欺诈和操纵等等——但一旦我们走出陈词滥调的世界，进入具体法律的细枝末节，很可能会出现实质性的分歧问题。首次发行代币是否应该受证券法的约束？如果应该，受哪条法律约束呢？根据税法，虚拟货币交易是否应视为应税事件？如果不应该，那为什么呢？即使理性的观察人士能够就这些棘手的问题达成一致，立法程序能否产
189 生这种“理想”的监管，也完全是另一个问题。如果说有一种信念能将今天的两党团结在一起，那就是美国立法机关已经变成了一个瘫痪的党派机构，而这正是强大的特殊利益集团所为。那么，理智的观察者很可能会怀疑，经这一程序通过的任何法律是否会接近他们心目中的“理想”法律。即使是这样，我们也需要相信政府监管部门一旦具备了这个“理想”的法律，就会比行业自身做得更好，

并对行业进行指导。认为一项技术是复杂的、多种多样的和独特的，就像区块链一样，监管者在处理它时会遇到一些严重的麻烦，这一点不无道理。

归根到底，治理技术需要在市场和民主这两种相反的可能性之间做出慎重的选择。我们做出选择，需要仔细权衡市场状况和民主状况，可能需要两者兼用。当然，对于区块链而言，具有讽刺意味的是，区块链本身源自对市场和民主政治的不信任。20 世纪 90 年代和 21 世纪初的政治精英们都担心在任政治家和企业高管的腐败问题。他们寻求技术的庇护，承诺将权力归还人民手中。对于那些熟悉技术历史的人来说，市场和民主国家重新获得控制权并不奇怪。 190

注释

1. @JosephMuscat_JM，Twitter（Mar. 23，2018），https://twitter.com/JosephMuscat_JM/status/977115588614086656.

2. 2018 年 8 月 21 日，对史蒂夫·坦顿的采访。

3. See Molly Jane Zuckerman，Malta Approves Three Blockchain，Crypto Bills in Second Parliamentary Reading，Cointelegraph（June 27，2018），https://cointelegraph.com/news/malta-approves-three-blockchain-crypto-bills-in-second-parliamentary-reading.

4. See Malta Chamber of Commerce，ZB.com Is the Latest Cryptocurrency Exchange Heading to Malta，malta chamber com. enter. & indus.（Aug. 20，2018），https://www.maltachamber.org.mt/en/zb-com-is-the-latest-cryptocurrency-exchange-heading-to-malta.

5. See Avi Mizrahi，Bitbay Exchange Moves to Malta After Last Polish Bank Stops Service，bitcoin.com（May 30，2018），https://news.bitcoin.com/bitbay-exchange-moves-to-malta-after-last-polish-bank-stops-service/.

6. See Japan Regulator Warns Cryptocurrency Exchange Binance over Unregistered Operations，REUTERS，Mar. 22，2018.

7. See Zuckerman，前注 3。

8. Catherine Ross, How Malta Is Becoming the Blockchain Hub of the World: A Talk with Leading Law Firm, Cointelegraph (July 13, 2018), https://cointelegraph.com/news/how-malta-is-becoming-the-blockchain-hub-of-the-world-a-talk-with-leading-law-firm.

9. Bill DeLisle, Another Exchange Is Heading to Malta, the "Blockchain Capital of the World," Cryptoinsider (Aug. 20, 2018), https://cryptoinsider.21mil.com/another-exchange-heading-malta-blockchain-capital-world/.

10. Nathaniel Popper, Have a Cryptocurrency Company? Bermuda, Malta or Gibraltar Wants You, N.Y. Times, July 29, 2018.

11. See Philip Leone Ganado, Blockchain Carries "Significant Risks," Times of Malta, Jan. 24, 2019.

12. See Ivan Martin, Malta Becomes First Country to Explore Blockchain Education Certificates, Times of Malta, Sept. 22, 2017.

13. See Kurt Sansone, Malta Is First Country to Put Education Certificateson Blockchain, Malta Today, Feb. 21, 2019.

14. Jessica Dye, Trump on North Korea Summit: "We'll See What Happens," Financial Times, May 16, 2018.

15. Lime Is Fighting Back Against Seattle's Resistance to Scooters, Mynorthwest (Oct. 5, 2018), http://mynorthwest.com/1134905/seattle-scooter-lime-email-campaign/.

16. See "Let's Wait and See": Merkel to Watch UK Closely After Latest Brexit Offer, Agence France-Presse, Mar. 12, 2019.

17. See Sharon B. Jacobs, The Administrative State's Passive Virtues, 66 ADMIN. L. REV. 565 (2014).

18. Bill Clinton, Preface to the Presidency: Selected Speeches of Bill Clinton 1974—1992, 172 (Stephen A. Smith ed., 1996).

19. See Carola Frydman & Dirk Jenter, CEO Compensation, 2 ANN.REV.FIN. ECON.75 (2010).

20. See Michael Doran, Uncapping Executive Pay, 90 S. CAL. L. REV. 815 (2017).

21. 特拉华州所谓的区块链修正案修订了特拉华州《普通公司法》中的许多条款，其目的是"为特拉华州的公司提供特定的法定授权，使其能够使用电子数据库网络（例如，目前称为"分布式账本"或"区块链"）创建和维护公司记录以及公司的存货分类账。" Delaware State Senate, Senate Bill No. 69, https://legis.delaware.gov/json/BillDetail/GenerateHtmlDocument?legislationId=25730&legislationTypeId=1&docTypeId=2&legislationName=SB69.

22. 有关俄亥俄州接受加密货币营业税项目的信息，可以在俄亥俄州财政部建立的网站 ohiocrypto.com 上找到。

23. See Wyo. Stat. Ann. §§ 34-29-101, 13-12-101 (the "Special Purpose Depository Institutions Act").

24. See Regulation of the Conduct of Virtual Currency Businesses, 37 N.Y. Reg. 7 (June 24, 2015)(codified at N.Y. Comp. Codes R. &Regs. tit. 23, pt. 200), http://docs.dos.ny.gov/info/register/2015/june24/pdf/rulemaking.pdf.

25. See Everett Rosenfeld, Company Leaves New York, Protesting "BitLicense," CNBC (June 11, 2015), https://www.cnbc.com/2015/06/10/company-leaves-new-york-protesting-bitlicense.html.

26. See Joseph Young, BitQuick and Local Bitcoins Terminate Service in NY Due to BitLicense Compliance Costs, Bitcoin Magazine (Aug. 12, 2015), https://bitcoinmagazine.com/articles/bitquick-local-bitcoins-terminate-service-ny-due-bitlicense-compliance-costs-1439414074/.

27. See Michael J. de la Merced, Bitcoin Rules Completed by New York Regulator, N.Y. TIMES, June 3, 2015.

28. See Carl Bialik, How Much Is It Really Costing to Comply with Sarbanes-Oxley, WALL ST. J., June 16, 2005.

29. See Yessi Bello Perez, The Real Cost of Applying for a New York BitLicense, Coindesk (Aug. 13, 2015), https://www.coindesk.com/real-cost-applying-new-york-bitlicense.

30. See S.J. Liebowitz & Stephen E. Margolis, Network Externality: An Uncommon Tragedy, 8 J. ECON. PERSP.133 (1994); Mark A. Lemley & David McGowan, Legal Implications of Network Economic Effects, 86 CALIF. L. REV. 479 (1998).

31. See S.J. Liebowitz & Stephen E. Margolis, Path Dependence, Lock-In, and History, 11 J.L. ECON. & ORG. 205 (1995); Paul A. David, Clio and the Economics of QWERTY, 75 AMER.ECON.REV. 332 (1985).

32. 关于技术上先发优势的讨论，see Mark A. Lemley & David W. O'Brien, Encouraging Software Reuse, 49 STAN. L. REV. 255 (1997)。

33. 各州与各国之间"竞次"的概念是法学界争论最激烈的话题之一。讨论通常围绕特拉华州展开，该州采用了美国最宽松的一些商业法律规定。毋庸置疑，学者们对特拉华州的法律是代表法律界中"底部"，即一个不可否认的糟糕的法律结构，或者代表法律界中的"顶端"，即一个不可否认的优良的法律结构，存在着分歧。关于该讨论的部分文献，参见 William L. Cary, Federalism and Corporate Law: Reflections Upon Delaware, 83 YALE L. REV. 663 (1974); Ralph Winter, State Law, Shareholder Protection, and the Theory of the Corporation, 6 J. LEGAL STUD. 251 (1977); Lucian Arye Bebchuk, Federalism and the Corporation: The Desirable

Limits on State Competition in Corporate Law, 105 HARV. L. REV. 1435（1992）; Marcel Kahan & Ehud Kamar, The Myth of State Competition in Corporate Law, 55 STAN. L. REV. 679（2002）; Mark Roe, Delaware's Competition, 117 HARV.L. REV. 588（2003）; Mark Roe, Delaware's Politics, 118 HARV. L. REV. 2491（2005）。

34. 关于监管沙盒的讨论，参见 Hilary J. Allen, Regulatory Sandboxes, 87 GEO. WASH. L. REV. 579（2019）。

35. See Regulatory Sandbox, FIN. CONDUCT AUTH., https://www.fca.org.uk/firms/regulatory-sandbox.

36. See Jimmy Aki, FCA Chooses Blockchain Companies for Fourth Cohort of Regulatory Sandbox, Bitcoin Magazine（July 4, 2018）, https://bitcoinmagazine.com/articles/fca-chooses-blockchain-companies-fourth-cohort-regulatory-sandbox/.

37. See Fintech Supervisory Sandbox, HONG KONG MONETARY AUTH., https://www.hkma.gov.hk/eng/key-functions/international-financial-centre/fintech-supervisory-sandbox.shtml.

38. See MAS Proposes Fintech Sandbox Scheme with Fast-Track Approvals, Straits Times（Nov. 14, 2018）, https://www.straitstimes.com/business/banking/mas-proposes-fintech-sandbox-scheme-with-fast-track-approvals.

39. See Jemima Kelly, A "Fintech Sandbox" Might Sound Like a Harmless Idea. It's Not., FINANCIAL TIMES（Dec. 4, 2018）, https://ftalphaville.ft.com/2018/12/05/1543986004000/A-fintech-sandbox-might-sound-like-a-harmless-idea-It-s-not/.

40. See Website of the Office of the Arizona Attorney General, Sandbox Participants, https://www.azag.gov/fintech/participants.

41. See Letter to Consumer Financial Protection Bureau, Re: Opposition to Policy to Encourage Trial Disclosure Programs（Oct. 10, 2018）, http://ourfinancialsecurity.org/2018/10/afr-letter-public-interest-groups-criticize-cfpb-proposal-regulatory-sandbox/.

42. National Consumer Law Center, Comments on Policy to Encourage Trial Disclosure Programs Proposed Rules（Oct. 10, 2018）, https://www.nclc.org/images/pdf/regulatory_reform/group-comments-to-CFPB-trial-disclosure-programs-oct2018.pdf.

43. Kenneth Rogoff, Cryptocurrencies Are Like Lottery Tickets That Might Pay Off in Future, GUARDIAN, Dec. 10, 2018.

44. See Debra M. Strauss, Feast or Famine: The Impact of the WTO Decision Favoring the U.S. Biotechnology Industry in the EU Ban of Genetically Modified Foods, 45 AM. BUS. L. J. 775（2008）.

45. See Gerry Mullany, China Restricts Banks' Use of Bitcoin, N.Y. TIMES, Dec. 5, 2013.

46. See Chao Deng & Linglin Wei, China Cracks Down on Bitcoin, WALL ST. J., Apr. 1, 2014.

47. See Chao Deng & Paul Vigna, China to Shut Bitcoin Exchanges, WALL ST. J., Sept. 11, 2017.

48. See Chen Jia & RenXiaojin, PBOC Gets Tougher on Bitcoin, CHINA DAILY, Jan. 5, 2018.

49. See Cao Li, China, a Major Bitcoin Source, Considers Moving Against It, N.Y. TIMES (Apr. 9, 2019), https://www.nytimes.com/2019/04/09/business/bitcoin-china-ban.html.

50. See Banco Central de Bolivia Prohibe el Uso del Bitcoin y Otras 11 MonedasVirtuales, Enlaces Bolivia (Apr. 2017), http://www.enlaces boli via.net/9263-Banco-Central-de-Bolivia-prohibe-el-uso-de-bitcoins-y-otras-11-monedas-virtuales; Bitcoin Notice [in Bengali], NEPAL RASTRA BANK, https://nrb.org.np/fxm/notices/BitcoinNotice.pdf; AtitBabuRijal, The Future of Cryptocurrencies, KATHMANDU POST (Dec. 27, 2017), http://kathmandupost.ekantipur.com/news/2017-12-27/the-future-of-cryptocurrencies.html; Benjamin A.T. Graham& Allison Kingsley, Why Bitcoin's Success Could Be Its Downfall, WASH. POST, Dec. 11, 2017.

51. See AFP, Why Bangladesh Will Jail Bitcoin Traders (Sept. 15, 2014), https://www.telegraph.co.uk/finance/currency/11097208/Why-Bangladesh-will-jail-Bitcoin-traders.html.

52. See Golam Mowla, Police on the Hunt for Bitcoin Users in Bangladesh, DHAKA TRIBUNE (Feb. 19, 2018), http://www.dhakatribune.com/bangladesh/crime/2018/02/19/police-hunt-bitcoin-users-bangladesh/.

53. See Maksat Elebesov, Will Cryptocurrency Be Banned in Kyrgyzstan?, sputnik kyrgyzstan (Jan. 17, 2018), https://ru.sputnik.kg/economy/20180117/1037290672/zapretyat-li-kriptovalyutu-v-kyrgyzstane-otvet-glavy-nac banka.html.

54. 有关美国证券交易委员会命令的文本, see SEC Release No. 34-83723 (July 26, 2018), https://www.sec.gov/rules/other/2018/34-83723.pdf?mod=article_online。

55. See Dissent of Commissioner Hester M. Peirce to Release No. 34-83723 (July 26, 2018), https://www.sec.gov/news/public-statement/peirce-dissent-34-83723.

第八章　科技与大众之治

当人们意识到，时间已消磨诸多斗志，他们才会更加相信，达至心中至善的最好方式，是不同思想的自由交流。也就是说，如果我们想确定一种思想是不是真理，就应让它在思想市场的竞争中接受检验。也仅有真理，才能保证我们梦想成真。无论如何，这就是我们宪法的理论。

——奥利弗·温德尔·霍姆斯,《艾布拉姆斯诉美国》

任何进入布里托推特页面的访问者都会看到这样一幅画面，画面中一只巨大的男人手和一只女人的手牵着，他们盯着一排摩天大楼望着黑暗的窗户。而这座摩天大楼正被耀眼的白光吞没。如果是布拉德·皮特（Brad Pitt）的影迷们，他们可能会认为这一幕是电影《搏击俱乐部》的高潮结局。他们可能还记得，这一幕是以小精灵乐队（The Pixies）的标志性乐曲《我的心在哪里》为背景的。如果他们的记忆力足够好，他们会知道那座摩天大楼并不是被圣诞装饰品点亮的，而是炸药引爆发出的白光。这是主人公泰勒·杜尔登（Tyler Durden）关于重置现代社会总体计划的高潮。"广告让我们追逐汽车和衣着，我们做着我们讨厌的工作，只是为了买我们不需要的狗屁东西。"杜尔登对这一切的解决方案是通过摧毁银行来摧毁金钱，从而将每个人从他们对毫无意义的财产和成就不加思考的上瘾中解放出来。

对于负责管理加密货币智库硬币中心（Coin Center）的人来说，这是一个形象的比喻，该中心致力于促进对虚拟货币的自由和开放访问。硬币中心已经迅速确立了自己的地位，成为圈内倡导区块链技术最突出和最有影响力的团体之一。它曾游说国会为虚拟货币交易的小额收益设立免税额度。[1] 它认为像比特币这样的虚拟货币不应该在负责管理股票和债券繁琐的证券制度下被监管。[2] 而且它还推动了鼓励区块链初创公司发展的示范州法律。[3] 硬币中心已 191
经成为致力于推动有意义的法律变革以解决区块链技术问题的领导者。

布里托本人曾在乔治·梅森（George Mason）大学学习法律，之后在该校以市场为导向的研究机构莫卡特斯（Mercatus）中心工作。对技术的进步及其对社会产生的影响感兴趣的他一直遗憾自己错过了 20 世纪 90 年代的加密战争，当时程序员和政府刚刚开始就在线隐私和互联网监控等棘手问题展开角力。因此，当他听说比特币时，便想要参与其中。他告诉我："我以为我们已经打了所有必须打的仗。但比特币突然出现在了我的身旁，它在我的掌控之下。"[4] 比特币技术确实是布里托所擅长的。任何与他交流的人都可以看出，他的人生就是技术。当我第一次联系他时，他告诉我，他的助手艾米（Amy）会找一个好时机让我们谈谈。几分钟后，我收到了艾米发来的邮件。

您好，威廉：

很高兴为您和杰里找到见面洽谈的时间。

8 月 20 日（星期一）下午 1:30 可以吗？

以下时间杰里可以打 30 分钟的电话：

8 月 20 日（星期一）14:00

8 月 29 日（星期三）12:30 至 16:00

如果这些时间都冲突的话，请告知其他可能的时间。

祝好！

我回信说我有空，艾米马上谢过我，并告诉我她会给我发一份日历邀请函。整个过程是平稳而无缝的，这是一次非常普通的互动，以至于几乎不会在记忆中再次出现。但是关于互动的一些事情让我再次回头看看来自艾米的原始信息。第二次阅读时，我注意到一些第一次阅读时没有注意到的东西。在信的底部，用几乎看不出来的小字写着签名栏。我很少阅读签名栏，但这次我读了。

艾米·英格拉姆（Amy Ingram）| 杰里·布里托私人助理

x.ai——可安排会议的人工智能助手

布里托的助手艾米并不是真人，她是一个计算机程序。而且在这方面做得非常好。她的语言虽然有点正式，但精确而自然，没有
192 什么特别的地方能把她和现实生活中一个勤奋的助手区别开来。

后来，我提到我惊讶地发现他的助手是一台电脑。

“你怎么知道的？”布里托问道。

他解释说，大多数人从来没有意识到艾米是一台机器助手，而且要向所有与他交谈过的人描述她都会花费太长时间，所以他习惯于把她称为艾米。有一次，他对别人说，艾米会主动找时间和他们谈谈，那人回答说，艾米可以和自己的助手南希谈谈。南希和艾米来回发邮件，很快就确定了一个双方都方便的谈话时间。后来事实

证明，南希是一个真实的人。

“但是，南希从来不知道她在交流中间接地训练了接替她工作的人工智能秘书”，布里托说道。

布里托对科技及其改善人类生活能力的信念，决定了他对区块链的看法。布里托认为，区块链类似于一种公共产品，每个人都从中受益，任何人都不能被排除在外。布里托说：“对我来说，区块链最重要的好处是它具有抗审查的特性。在现实世界中，我们有能力从事点对点交易。但在数字世界中，我们的互动必须是有中介的。你必须有个中间人才能使它们发挥作用。这意味着你失去了点对点交易的一些有利特征。一方可以查看所有的交易，或者阻止其中的一些交易，或者选择不与一个人，甚至一类人做生意。”

区块链通过恢复群体的力量解决了这些问题。

> 如果你不想让少数党派中的一方控制某件事，则需要分散权力。我们不喜欢寡头垄断，互联网就是一个很好的例子。最初，个人必须通过个别公司才能访问电子邮件。虽然，你拥有服务网（Compuserve）就可以给世界上任何一个人发电子邮件，但前提是他们也必须拥有服务网。而如果你把电子邮件去中心化，仅仅有一个大家都知道的标准，那么你就是对每个人开放了。

但是布里托意识到区块链有一些内在的限制，去中心化不是万能的。将控制权移交给群体存在风险。“由于许多原因，对一些监管部门以及与业务相关的人说，我们不能使用这样一个开放的网络，在那里我们不知道谁是验证者，谁是交易的对方。”

193 同样，让公众访问和查看数据也存在风险。

“比特币完全不是私有的，但它将不得不是私有的，”布里托说，“看看摩根大通的 Quorum 项目，或者 R3 的 Corda 平台（区块链针对金融机构的两个项目）就知道了。出于实际目的，你不能生活在一个可以看到彼此交易的公司，或者员工可以看到他们同事薪水的世界里。”基于这些原因，布里托预计，比特币行业的下一个重点将是在更大程度上促进隐私保护。

> 迄今为止，比特币和加密货币的兴起和成功的主要影响之一是激起了各地首席技术官们对共享账本理念的兴趣。这是最有影响力的想法之一……基于哈希链的数据和共享数据库已经存在很长时间了，但是比特币备受首席技术官们的青睐。如果你去董事会告诉他们：“我们需要升级后台系统”，那听起来很无聊。但是，如果你去找他们说：“我们需要区块链”，那就太令人兴奋了。

布里托还认为，数字货币对民主的未来至关重要。

> 想象一下，如果支持不受欢迎事业的唯一途径是创造一个容易控制的电子货币。某些交易可能会因法律、政治压力或公司命令而被禁止，并且匿名捐赠是不可能的。你的每笔交易都将与你的身份相关联。一个人在同性恋书店或怀孕诊所购物时，不可能不知道某处有交易的永久记录。而且，在离婚或其他法律程序中，你之前的任何交易记录都可能成为被传讯的证据。

比特币等基于区块链的虚拟货币可以帮助解决这一问题。“比特币没有采用用户可识别的账户，而是依靠公钥加密技术，所以无法知道谁把钱给了谁。而且由于比特币交易不需要中介机构，政府也没有相应的机构来监管。”[5]

简而言之，如果你想让民主在科技时代发挥作用，你需要的就不仅仅是以往时代的民主外衣，如宪法、选举和立法机构，你需要一种本身包含民主规范的技术，而这就是区块链的目的。

* * *

区块链拯救民主，还是毁灭民主？近年来，评论家们一直在这 194
个问题上争论不休。对一些人来说，这项技术有望恢复多数人的统治，并在此过程中恢复民主治理。对这些观察家来说，区块链是“终极民主工具”[6]，是“加强政治责任感”的技术。[7]但对另一些人来说，区块链技术对民主原则构成可怕的威胁。这是一条“通往威权主义的道路”[8]，“超级避税天堂”[9]，也是“极端主义组织的福音”。[10]

这些说法大多言过其实。事实上，区块链变革政治进程的潜力还未能实现。尽管虚拟货币无疑已经向执法机构发出了挑战，但几乎没有证据表明它导致犯罪率的大幅上升，更不必说会出现一些末日预言者所预言的“没有法律的世界”。

但将区块链作为民主的救世主或执行者掩盖了很重要的一点：区块链的许多好处和缺陷同时也反映了民主的好处和缺陷。归根到底，它们都是分权的方法。民主旨在分散政治权力，而区块链旨在分散货币、商业、金融和日常生活其他方面的权力。因此，当虚拟世界出现去中心化所引发的治理问题与现实世界中去中心化所引发的治理问题相似的时候，也就不足为奇了。他们在面对这些问题时的共同经验，揭示了现代社会中群体决策的好处与缺陷。他们让我们深入了解了众人产生的问题，也了解了众人能够解决的问题。

让我们从大众统治的需求开始。任何观察当今政治的人都会敏锐地意识到，在当今的形式下，企业精英和政治精英之间存在强烈的不信任感。这种不信任反过来又促使人们要求在政治和技术领域采取更具包容性的决策形式。近年来，人民呼吁“抽干华盛顿政治精英的沼泽”“占领华尔街”，要求更多负责任的银行，以及重新赋予中产阶级权力（最近在法国发生的“黄背心”抗议就是明证）。与此同时，出于对亚马逊、脸书和谷歌等少数几家大型科技公司实力不断增强的担忧，导致有关科技公司举行了如何保护（或更常见的是未能保护）消费者利益和数据的调查和听证会。两种趋势都暗示了一种根深蒂固并被广泛持有的人类本能恢复的必要性，即对生活中重要决定的掌控。区块链恰好迎合了这种本能。正如密码朋克在他们的宣言中所说，“在一个电子世界里，隐私对于一个开放
195 的社会来说是必要的”，而隐私则需要去中心化。“软件不能被摧毁……一个广泛分散的系统是不可能被关闭的。”[11] 随着越来越多的证据表明科技巨头和全球精英的力量根深蒂固，密码朋克的要求在今天变得更加重要。

但任何试图去中心化的系统都必须处理一个基本问题：群体决策可能意味效率低下。集权式系统的优点是只需要一个人来操作。君主个人可以简单地通过法令制定法律。公司也可以快速地推行新政策。但这些对于团体而言都是一种奢望。一旦我们在决策过程中引入多个参与者，就会增加分歧和争议的可能性。争论必然发生，

进而变成一种谈判。而且，如果将权力广泛散布到成千上万的人手中，那么这些谈判和讨论就会变得更加的困难。你不能简单地让所有美国人坐在一个论坛上互相辩论。所以，现代民主国家已经有效地放弃了将绝大多数政府决策的权力下放。相反，公民通过定期选举来行使对政府的控制权，由选举产生代表。一旦这样做，他们便将控制权交还给国家。区块链的效率问题甚至更大：为了使这项技术起作用，网络上的大多数计算机必须就在区块链上采取的规则和行动达成共识。区块链效率低下的事实仅因以下事件而被放大：比特币和许多其他虚拟货币依赖于工作量证明系统，该系统激励矿工花费大量能源来管理货币。

鉴于去中心化制度的效率低下，转向去中心化则需要有一些其他外部理由来证明。换句话说，集体决策（相对于单一行为者决策）必须有一些独特的好处，这些好处的价值足以抵消其低效率所造成的成本。对此，人们普遍认为的一项好处是涉及决策本身的质量：权力下放的支持者通常认为，群体作出的决策要比个人作出的决策更好。他们之所以这样做，可能是因为其组成成员掌握了单个决策者所没有的信息，或者是因为审议和讨论的过程导致了更明智的决策，或者仅仅是因为集体行动的数学运算增加了高质量结果的可能性。亚里士多德曾写道：

> 就多数而论……但当他们合而为一个集体时，却往往能够超越少数贤能的智慧……每个人都能够贡献出自己的意见和思
> 考……有些人能够理解一部分事务，另一些人又可以理解另一 196
> 部分的事务，他们合为集体则可以理解城邦的所有事务。[12]

法国哲学家尼古拉·德·孔多塞（Nicolas De Condorcet）在其著名的“陪审团定理”（Jury Theorem）中论证了当选民必须在两个选项中作出决定（其中一个是正确的，另一个是错误的）的时候，随着参与的选民越多，他们选择正确选项的概率就越大。[13] 弗里德里希·哈耶克（Friedrich Hayek）同样认为，决策分散的资本主义制度优于中央计划的国有经济，因为单个参与者根本不可能搜集和处理分散在市场参与者之间的所有信息。[14] 当知识分散且广泛可用时，允许民众参与决策可能有助于这些决策变得更加准确以及透明。

大众统治的另一个重要理由不是基于工具性的原因，而是基于道德性的原因。如果其他外在价值更为重要，譬如相信自治的美德或个人选择的尊严，我们可能愿意接受分散决策所带来的低效率。例如，约翰·斯图尔特·密尔（John Stuart Mill）主张民主，因为它不仅影响决策质量，还影响公民的道德素质。在他对代议制政府的考虑中，他写道，民主的理由基于两项原则。第一，“只有当有关人员自己有能力并习惯性地为他们站起来时，每个人的权利和利益才会受到保障”。第二，“总体繁荣与促进这种繁荣所需的个人能量的数量和种类成正比，达到了更高的高度，并且得到了更广泛的传播”。确保一个机构保护所有人利益的唯一途径就是让所有人都参与进来。但第二个问题是投票对选民自身性格的影响。在这两个原则中，密尔很清楚后一个原因更为重要。针对投票时，他写道：

普通公民通过参加公共职务（虽然这种情况不多）所得到的道德方面的教育会更为有益。从事这种工作，要求他将自己的利益作为衡量标准；遇到相冲突的权利要求时，应当用和他

> 个人偏爱不同的原则作为指导；以共同福利为其存在理由的原
> 则和准则可以在各处适用；并且他会经常察觉出在这个工作中
> 和他共事的人们在观念和实际应用方面比他更熟悉。他们的研
> 究将会帮助他认识道理，并鼓舞他增强对普遍利益的感情，使 197
> 他感到自己是公众的一分子，一切有关公众利益的事情也同样
> 有关他的利益。[15]

对密尔来说，进行权力分散的最大好处之一是它可以改善参与者的性格。通过赋予公民在选举中的投票权，民主政体使个人在考虑自身日常事务和狭隘的私利之外关心公共事务。民主政体向其公民灌输了一种对公共利益的信念以及奉献精神。

但是，最近出现的一些研究对密尔关于群体决策的良性影响的结论提出了质疑。1998年，耶路撒冷希伯来大学（Hebrew University of Jerusalem）的两位心理学家加里·伯恩斯坦（Gary Bornstein）和伊兰·亚尼夫（Ilan Yaniv）进行了一项研究，目的是测试群体和个人在作出决定时的差异。为此，他们使用了一种叫做“最后通牒”的游戏。“最后通牒”游戏是一种典型的测试人们对公平和理性竞争意识的方式。游戏的工作原理如下：假设提议者的一方得到了一笔10美元数额的金钱。然后，他会被告知，他可以分给另一方，即给予响应者价值0—10美元的一部分钱款。与此相对应，响应者可以选择接受或拒绝这个提议。如果他接受，提议者将保留他剩余的那部分钱，而响应者也保留提议者给予他的那部分钱。但考验双方的地方出现了，如果响应者拒绝了提议者的提议，那么双方都得不到任何钱。在这种游戏规则之下，如果提议者提出给响应者3美元，并且响应者接受，那么提议者将保留7美元，响

应者将保留 3 美元。但如果响应者拒绝，那么提议者和响应者都将得不到任何东西。

对于响应者来说，理性的做法是接受任何高于零的出价。因为，有钱总比没有钱好。同样，对于提议者来说，合理的做法是提供一个略高于零的金额。在这种情况下，响应者也将获得一部分的钱款。但研究一再表明，在世界各地的文化中，任何一方都不会按照这个理性模型预测的方式行事。相反，个人倾向出价大大高于零的金额（他们一般出价在金钱的 40%—50% 之间），而倾向拒绝被认为太小的金额（任何低于金钱 20% 的出价都经常被拒绝），即使出价的金额已经高于零。[16] 这些结果被解释为个人具有强烈的公平感和复仇意识，这可能会凌驾于他们纯粹的经济利益之上。

到目前为止，一切都很好。但伯恩斯坦和亚尼夫想知道，在“最后通牒”游戏中显露出来的倾向是否会随着参与者的集体参与
198 而改变。个人在团体环境中的行为会有所不同吗？为了对此进行测试，他们分别进行了两个不同的实验。第一个实验还是传统的“最后通牒”游戏，只有一个提议者和一个响应者。第二个实验则是修改后的“最后通牒”游戏，其中提议组和响应组均由三个人组成。为了确保激励措施是相似的，小组游戏中提供的金额增加了两倍（从 50 以色列谢克尔增加到 150 以色列谢克尔——在研究时，1 谢克尔约值 34 美分，因此小组游戏中的总金额约为 50 美元）。并且，提议组或响应组的任何奖励都将在小组成员之间平均分配。在修改后的游戏中，提议组有几分钟时间讨论他们的提议，响应组也有几分钟时间决定是否接受。

最后的结果是，在传统的“最后通牒”游戏中，个人提议者平均提供了全部谢克尔的 50%。但在修改后的“最后通牒”游戏中，

团体提议组只提供40%。换句话说，团体比个人更吝啬。尽管小组提供的东西明显比个体少，但他们的吝啬并没有影响响应组接受他们提供的金钱的意愿。作为响应者的群体和个人在游戏中的拒绝率（拒绝提议者的概率）都是相同的。结果表明，群体的行为比个体更理性——他们比个体更接近理性的、经济人的行为模式。[17] 而且，他们也更加自私。

博恩斯坦和亚尼夫关于群体决策中自私性增加的发现，与心理学家研究群体两极分化现象的结果完全吻合。在20世纪60年代开始的一系列研究中，社会心理学家证明了个人在群体中行动时，有一种惊人的倾向，不是倾向比较温和的共识立场，而是倾向比较极端的立场。个别成员可能一开始对某些事务（例如堕胎）只有轻微的支持。但一旦他们被安排在一个群体中，即使只是一个有着相似信仰的群体，他们最终会对同一立场抱有更强烈的信念。例如，温和的女权主义者在加入一个团体后，往往会变成更加强烈的女权主义。[18] 种族偏见也是如此。[19] 虽然，许多最初的研究都依赖于观察距离现实很近的群体。但最近的研究却表明，在诸如脸书和推特这样的环境中，群体两极分化也可能发生在互联网上。在这些情况下，经过过滤的新闻可能会导致具有类似观点的“回声室”。[20] 这些研究背后的观点是，当人们相互讨论一个问题时，他们会倾向于给予支持自己一方的论点和信息更多的权重。同样，他们也会对那些与他们之前的信念相悖的论点和信息打折扣或不相信。最终的结 199
果是，分散化会导致更极端的立场和结果。

关于群体极化的最新文献以及伯恩斯坦和亚尼夫关于群体决策的研究结果都表明，当今世界的权力分散系统存在一些弊端。群体决策可能会导致更多的自私以及更少的顾及他人的行为。它还可能导致一个国家民众的内部分裂与不和。任何目睹了近年来美国和欧洲本土主义与民粹主义崛起的人，都会意识到迎合民众这种基本本能的力量。今天在推特或 Instagram 上活跃的人也是如此。区块链也见证了它自己的这种分裂。据大量的报道，区块链领域内部对虚拟货币的未来及其系统结构存在分歧。而这有时会导致人们在区块链网络中的分裂，即观点不同的群体之间的分离。

*　　　*　　　*

但是，任何去中心化系统都必须克服的一个重要障碍就是，如何保持一个去中心化系统真正的去中心化。毕竟，建立一个去中心化的系统是一回事，确保系统保持这种状态则是另一回事。因为，人们的本能有强烈的动机促使个人去尝试集中权力。实际上，在许多去中心化系统中，参与者都在积极寻求破坏该系统设计初衷的去中心化问题。

以资本主义经济中的市场为例。正常运作的市场的一个基本要求是有许多不同的竞争者寻求出售相关的商品或服务。人们通常认为，企业之间的竞争将迫使企业提供更好的商品或服务，或者以更便宜的价格提供商品或服务。当然，造成这种压力的根本机制是竞争。企业提供质量较高的商品并以较低的价格出售，并不是因为他们想这样做，而是因为他们被迫这样做。如果他们不这样做，其他公司就会这样做。正如亚当·斯密（Adam Smith）所指出的，确保企业良好运营的唯一途径是“自由而普遍的竞争，这种竞争迫使每个人为了自卫而求助于良好的管理”。[21] 企业竞争到底是为了什么？为的是市场份额。现代经济中的公司不断寻求积累越来越大的市场份额。如果它们成功地做到了这一点，它们就能盈利。但只要它们在这方面非常成功，它们最终可能会消灭竞争对手，从而消灭竞争本身。如果它们达到了这一步，它们就会被称为垄断。但即使它们没有成为垄断企业，它们仍可能获得支配地位，从而在提高利润， 200
减轻质量、价格和创新压力等方面给它们带来许多好处。事实上，这种积累市场份额的愿望是近年来企业并购浪潮背后的主要推动力之一。如果公司不能通过内部变革继续增加收入，它们往往会采取简单的收购竞争对手的方式。

具有讽刺意味的是，资本主义的分权制度假定在事实上也要求其参与者积极寻求破坏分权原则。亚当·斯密（Adam Smith）本人也意识到了这一点，哀叹试图消除竞争对手的“压制性垄断”的兴起。正如他所描述的那样，“同行业的人很少会聚在一起，即使是为了享乐和消遣，但谈话的结局都是针对公众的阴谋，或者是想办法提高产品的价格”。[22] 当然，集中并不总是坏事。规模经济可以证明一个行业内某种程度的集中是合理的。但它可能也是危险的，它会导致权力分散的减少。正是由于这个原因，现代经济体制规定了严格的反托拉斯规则，试图阻止企业合并形成威胁竞争和权力下放的垄断。

而在政治领域里，各集团也同样在不断地寻求集中权力。民主的前提是人民通过选举机制参与政府的理念。这确保了一定程度的权力下放。然而，利益集团已经找到了制约这种权力下放的方法，即把权力下放到更容易控制的中央集权机构中。政党是现代民主的基石，本质上是集中和增强其成员权力的组织。美国有两个主要政党，即民主党和共和党，数十年来一直在美国保持着无可匹敌的影响力。[23] 美国上一次通过大选选出的既不属于民主党，也不属于共和党的总统是在 1850 年。因此，通往政治职位的道路仍然牢牢掌握在两个政党的控制之内。政党在选举中的控制权也意味着选民前往民意测验的选择范围本身是受限的。可以肯定的是，政党并没有减少对民众的控制。虽然，我们仍然在举行选举以及初选。但他们确实在削弱民众的力量方面做了很多工作，包括通过一些方式来限制单个选民的力量。美国政党的历史与选区划分的历史密切相关，选区划分是指以允许一个政党在选举中赢得超过其公平份额的方式来塑造选区的做法。但是得益于民调、大数据和统计方法的进步，各党派能够对选区划分进行微调，致使许多地理区域的选举实际上
201 是预先确定的。这导致了更加不平衡的结果。例如，在北卡罗来纳州，该州共和党和民主党选民的比例基本持平，但共和党议员划分选区的方式导致共和党在 2016 年赢得了 13 个可用席位中的 10 个。正如一位共和党议员当时所说："我建议我们在划分选区的时候，刻意让 10 名共和党人和 3 名民主党人获得竞选优势，因为实在不太可能绘制出一张让 11 名共和党人和 2 名民主党人获得竞选优势的地图。"[24] 在一个旨在让众人统治的系统中，这是一种与初衷背道而驰的做法。

区块链也面临着类似的问题。这是一个旨在为去中心化而建立的系统，但它却一直在努力防止集权在意想不到的地方蔓延上耗费精力。许多因素推动了向集中化趋势的转变。首先，作为一个实际问题，许多用户更倾向使用集中式管理员（如数字交易所）来处理他们的虚拟货币，而不是相信自己的技术能力。交易所简化了获取、存储和销售加密货币的过程。用户可以下载应用程序，用普通信用卡支付，并与真实世界的银行账户连接。在大多数加密货币中，如果没有中介机构的帮助，这些步骤是很难或不可能完成的。一站式商店对消费者很有吸引力，但由此产生的加密交换给区块链

带来了一定程度的集中化。它们要求用户信任一个机构才能获得货币。

除了对简单易用性的需求之外，区块链集中化的另一个驱动因素是利润。事实证明，和大多数市场一样，控制大范围的区块链市场，即虚拟货币的采矿基础设施是有利可图的。比特币的工作量证明系统（一种在其他虚拟货币中也广泛使用的系统）要求节点花费计算能力来解决哈希方程，然后才能赢得新的比特币。这种结构激励了矿工建立更大、更快的采矿场，从而能够赢得更大份额的比特币支付。这些拥有专业设备、位于理想地理位置、由专家维护的矿场，在解决哈希算法问题方面的速度比任何使用家用笔记本电脑的普通矿工都要快得多。据估计，在 2018 年的某个时候，全球最大的矿商将控制整个网络近 51% 的计算能力。[25] 在任何正常的行业集中度指标下，这一数字都非常高。

区块链内部集中化的最后一个驱动力则是信任。这种理由有些具有讽刺意味：比特币的全部意义在于创造一种虚拟货币，它不需要用户将自己的钱托付给一位管理员。但事实证明，信任的问题也
与此相仿。正如许多人不相信银行和政府能处理他们的钱一样，许 202
多银行和政府也不相信大众。许多机构根本不愿意将其数据和交易委托给公共区块链。毕竟，任何人都可以查看公共区块链，并由世界各地的影子矿工进行维护。正如摩根大通（J. P. Morgan）区块链团队的前负责人安珀·巴尔德特（Amber Baldet）解释的：

> 你可能听过这样一个笑话，“云”（网络、互联网的一种比喻说法）只是别人的电脑，区块链是我们所有人的电脑。所以，当这些东西有一些漏洞或者漏洞到一个节点的时候，它

> 有可能会影响到所有的节点，你最终会出现灾难性的失败。所以，产品和安全开发在这里是很难的。[26]

当听到俄罗斯情报人员说，正如“互联网属于美国人……区块链将属于我们”。[27] 对公共区块链的不信任，促使许多机构行为者开发自己的私有区块链，有时被称为“许可”区块链，只有几个甚至一个管理员。因此，最初的去中心化技术很快就变成了中心化技术。

* * *

虽然分权制度容易引起决策缓慢、繁琐、内部分裂等弊端，但它们仍然占主导地位。在全球范围内，民主从未像现在这样占据主导地位。2016 年，皮尤研究中心（Pew Research Center）的一项研究得出结论，全球近 60% 的国家是民主国家，创下了二战后的纪录。[28] 资本主义，这个以全球经济行为者分散决策为前提的制度，同样作为一种理想体制并没有受到挑战。当然，互联网最大的吸引力之一就是它能让人们获得权力、知识和信息。

区块链是为大众统治作出努力的又一例子。纵观区块链的发展历史，它一直呼吁我们以公平和平等意识为指导。即使该技术的结果是决策缓慢且繁琐，但考虑到它对去中心化作为一种道德原则的更广泛的道德承诺，区块链支持者至少在目前为止一直愿意接受它。然而，这并不意味着不应该提出关于虚拟货币和其他区块链技
203 术是否能有效地解决民主这一世界难题。民主的病态和缺陷已经被研究和完善了几千年。区块链的“病理学”研究才刚刚开始。但这确实表明该技术不仅基于算法。如果区块链仅仅是计算机代码和数

学问题，它将永远无法达到目前它所收获的关注和热情水平。区块链最大的希望在于，它的灵感来自激发民主本身的原则，而这也恰恰是它最大的缺陷。 204

注释

1. See Jerry Brito, Bitcoin Taxation Is Broken. Here's How to Fix It., Coin Center（Apr. 12, 2017）, https://coincenter.org/entry/bitcoin-taxation-is-broken-here-s-how-to-fix-it.

2. See Peter Van Valkenburgh, Framework for Securities Regulation of Cryptocurrencies（Coin Center, 2018）, https://coincenter.org/entry/framework-for-securities-regulation-of-cryptocurrencies.

3. See Peter Van Valkenburgh & Jerry Brito, State Digital Currency Principles and Framework（Coin Center 2017）, https://coincenter.org/entry/state-digital-currency-principles-and-framework.

4. 2018 年 8 月 20 日，对杰里·布里托的采访。

5. See Jerry Brito, A Shift Toward Digital Currency, N.Y. TIMES（Oct. 16, 2012）, https://www.nytimes.com/roomfordebate/2012/04/04/bringing-dollars-and-cents-into-this-century/a-shift-toward-digital-currency.

6. Josh Zerlan, Bitcoin as the Ultimate Democratic Tool, Wired（Apr. 2014）, https://www.wired.com/insights/2014/04/bitcoin-ultimate-democratic-tool/.

7. Usman W. Chohan, Blockchain Enhancing Political Accountability? Sierra Leone 2018 Case, SSRN Working Paper（Mar. 29, 2018）, https://papers.ssrn.com/sol3/papers.cfm? abstract_id=3147006.

8. Ian Bogost, Cryptocurrency Might Be a Path to Authoritarianism, ATLANTIC, May 30, 2017.

9. Omri Marian, Are Cryptocurrencies Super Tax Havens?, 112MICH.L.REV. FIRST IMPRESSIONS 38（2013）.

10. Craig Timberg, Bitcoin's Boom Is a Boon for Extremist Groups, WASH. POST, Dec. 26, 2017.

11. Eric Hughes, A Cypherpunk's Manifesto（Mar. 9, 1993,）https://www.activism.net/cypherpunk/manifesto.html.

12. Aristotle, Politics bk. III.

13. 这里一个重要的假设是，每个选民都有 50% 概率选择正确选项。对于孔多塞“陪审团定理”在政治理论中运用的极好证明，见 Christian List & Robert

E. Goodin, Epistemic Democracy: Generalizing the Condorcet Jury Theorem, 9 J. Pol. Phil. 277（2001）。

14. See Friedrich A. Hayek, The Use of Knowledge in Society, 35 Am. Econ. Rev. 519（1945）.

15. John Stuart Mill, Considerations On Representative government ch. 3（1861）.

16. “最后通牒”游戏最初由沃纳·古斯（Werner Guth）、罗尔夫·施密特伯格（Rolf Schmittberger）以及伯恩·施瓦兹（Bernd Schwarze）设计而出。See Werner Guth, Rolf Schmittberger & Bernd Schwarze, An Experimental Analysis of Ultimatum Bargaining, 3 J. ECON.BEHAV.& ORG. 367（1982）. 此后，它被其他心理学家和经济学家广泛使用。事实上，它已成为检验文化价值观的一种常用方法。例如，一项在小规模社会群体中进行的“最后通牒博弈”的研究发现：在一个流行赠礼的社会中，提议者给响应者的钱往往超过一半。而在人与人之间相互独立的社会中，提议者给的钱往往少于一半。比如，在秘鲁马奇根加（Machiguenga）部落中提议者平均只提供总金额的 26%。总之，在研究的社会群体中提供总金额率从 26% 到 58% 不等。Joseph Henrich et al., In Search of Homo Economicus: Behavioral Experiments in 15 Small-Scale Societies, 91 AM. ECON.REV. 73（2001）.

17. Gary Bornstein & IlanYaniv, Individual and Group Behavior in the Ultimatum Game: Are Groups More “Rational” Players？, 1 EXP. ECON. 101（1998）.

18. David G. Myers, Discussion-Induced Attitude Polarization, 28 HUM. REL. 699（1975）.

19. ROGER BROWN, SOCIAL PSYCHOLOGY: THE SECOND EDITION 224（1986）.

20. SaritaYardi & Danah Boyd, Dynamic Debates: An Analysis of Group Polarization over Time on Twitter, 30 BULL.SCI. TECH. & SOC’Y 316（2010）. 另一方面，至少有一项研究表明脸书用户接触到大量“交叉性”信息，即意识形态上与自己意识形态相反的信息。See Eytan Bakshy, Solomon Messing & Lada A. Adamic, Exposure to Ideologically Diverse News and Opinion on Facebook, 348 SCIENCE 1130（2015）. The study, it should be noted, was conducted by Facebook employees.

21. Adam Smith, the Wealth of Nations, bk. I, ch. XI, pt. 1.

22. Id., bk. I, ch. X, pt. 2.

23. 一部出色且可读的美国政党史，参见 Daniel Schlozman, When Movements Anchor Parties: Electoral Alignments in American History（2015）。

24. See Robert Barnes, North Carolina’s Gerrymandered Map Is Unconstitutional, Judges Rule, and May Have to Be Redrawn Before Midterms, WASH. POST, Aug. 27, 2018.

25. See Nick Marinoff, Bitmain Nears 51% of Network Hash Rate: Why This

Matters and Why It Doesn't, BITCOIN MAGAZINE (June 28, 2018), https://bitcoinmagazine.com/articles/bitmain-nears-51-network-hash-rate-why-matters-and-why-it-doesnt/.

26. Interview with Amber Baldet by The Ledger (June 1, 2018), https://finance.yahoo.com/video/balancing-ledger-amber-baldet-gives-175336929.html.

27. See Nathaniel Popper, Blockchain Will Be Theirs, Russian Spy Boasted at Conference, N.Y. TIMES, Apr. 29, 2018.

28. See Drew DeSilver, Despite Concerns About Global Democracy, Nearly Six-in-Ten Countries Are Now Democratic, PEW RES. CTR. (Dec. 6, 2017), http://www.pewresearch.org/fact-tank/2017/12/06/despite-concerns-about-global-democracy-nearly-six-in-ten-countries-are-now-democratic/.

结　语

如果我们希望一切都保持原样，则必须改变一切。

——朱塞佩·托马西·迪·兰佩杜萨，《豹子》

在本书的开头，我写道，区块链正站在现代社会三大主题的交汇点上：技术、金钱和民主。从本质上讲，区块链是一种让金钱以及我们日常生活中许多其他方面民主化的技术。它的目的是利用加密技术和计算能力的进步来改善我们的经济运行方式，让我们所有人都能更好地控制自己的信息、数据，并最终掌控我们的生活。在科技时代，这就是民主应该有的样子。我们没有哪一天不听到人们对苹果、谷歌和脸书等大型科技公司对我们网络身份束缚的哀叹。对此，把权力还给人民是解决这个问题最好的办法。但去中心化也有其弊端：它可能令人混乱，使人困惑，甚至给人造成巨大的伤害。而在这些所有的弊端中，区块链都占有一席之地。

人们不禁会说，中本聪最初创造比特币时，根本不可能知道结果会如何。当然，从某种程度上讲，这是正确的。他不可能预测到“比特币披萨”“丝绸之路”、Mt. Gox或2017年令人眼花缭乱的牛市的出现。但与此同时，中本聪也对自己所发明技术的发展方向表现出不可思议的预见性。例如，他写道，虽然区块链技术无法消除互联网上的隐私问题，但如果它成功了，用户将“在军备竞赛中赢得一场重大战役，并在未来几年里获得新的自由领域”。并且，他预料到区块链将很难被关闭。他写道，“政府擅长砍掉像Napster这样的中央控制网络的脑袋，但像Gnutella和Tor这样的纯点对点网络似乎保持着自己的优势”。他还看到，区块链是一种固有的灵 205
活技术，可以被其用户塑造成潜在的无限多种用途。正如他写道：“一旦启动，只要你不费力气地向网站支付几分钱，就像在自动售货机中投币一样容易，立刻会出现许多应用程序。”

与此同时，中本聪也对自己给世界带来的后果感到担忧。他担心政府将如何应对他的虚拟货币。在区块链用户开始推动维基解密使用比特币规避政府制裁后，中本聪表示强烈的反对，他说：“你们的做法很可能会在现阶段摧毁我们。”他还担心超级矿工的出现。他写道：“我们应该有一个君子协定，为了网络的利益，尽可能地推迟GPU军备竞赛。”而他最担心的可能是网络安全。在详细说明他对虚拟货币所做的改进后，他在最后的公开信息中总结道：“攻击的方式仍然比我能计算的还要多。”

围绕中本聪身份的持久神秘感只会加深人们对中本聪及其技术的好奇心。尽管有好奇心的记者们已经做出了相当大的努力来确认他的身份，但我们可能永远也不会知道他是谁。这肯定是一种诗意般的正义。区块链的发明者拒绝站在他发明的中心。区块链是一种将可信的中介从我们的生活中移除并将权力下放给每个人的技术。他拒绝成为众人瞩目的焦点。区块链的成败必须取决于它自身的优点——取决于这项技术本身的特点，以及用户为使其发挥作用时所付出的努力。

当然，虚拟货币并不是来源于中本聪自己的想法。它的哲学根源可以追溯到更久远的时期，在古代人们关于国家和个人之间恰当关系以及政府对公民生活合理限制的争论之中。托马斯·霍布斯在

《利维坦》一书中有一个著名的论点，由于自然状态是肮脏和残暴的，因此个人需要被迫服从于一个全能的国家。一方面，霍布斯的立场为无限的政府权力和消除个人权利提供了理由。另一方面，约翰·洛克则认为，个人只是为了保护自己的生命、自由和财富而同意政府的行为，如果政府力图剥夺这些东西，那么个人就有理由抗拒。几个世纪以来，围绕政府权力的实质和限制以及个人自由的核心辩论，为政治理论提供了依据。对于互联网时代关注隐私的新兴自由主义者和计算机科学家来说，洛克的思想更有吸引力——一个由蒂莫西·梅（Timothy May）、约翰·吉尔莫（John Gilmore）和埃里克·休斯（Eric Hughes）领导的小组，最终赢得了“密码朋
206 克”的称号。他们在密码学和算法中发现了解决专制政府问题的潜在解决方案。密码学家认为，为了减少政府和公司的权力，需要的是新技术、更好的计算机和更多的加密。但他们的计划撞上了一道似乎无法解决的墙：到了最后，他们所有的项目都需要钱，而政府和银行控制着这些钱。如果他们要实现自己的计划，就需要一种不受政府控制的货币形式。于是，虚拟货币的大竞赛开始了。

这场比赛的结果是适得其反并用失败来铺垫的。最初的努力失败了，包括传奇的密码学家大卫·乔姆的ECash，以及其他带有丰富多彩名称的虚拟货币，例如Hashcash、B-Money和Bit Gold。但是，随着每一次新的努力和每一次新的失败，“密码朋克”都对他们所面临的障碍有了更多的了解。因此，在2008年10月31日中本聪推出其虚拟货币比特币时，他能够修改和改进其前任奠定的所有基础。他认为，答案在于所谓的区块链。

比特币是虚拟货币世界中的新事物。它是一种数字分布式账本，不是由一个实体来维护的，而是由它的所有用户来维护。正如

中本聪所描述的那样，这是一个“完全对等的，没有第三方”的系统。因此，中本聪的比特币将是由其用户社区经营的世界上第一种民主形式的货币。同时，它也将不受政府和企业的干预。为了确保参与者之间的信任，中本聪设计了公有链，允许人们进入并检查以确保他们的钱仍然存在。为了保护隐私，比特币使用了一种加密的私钥系统，该系统允许用户在不公开身份的情况下告诉其他人自己的账户。为了激励用户维护系统，比特币引入了挖矿的概念，在该概念中，用户可以创建新的交易区块，并通过使用新铸造的比特币获得回报。为了防止黑客入侵，比特币区块与之前的区块进行了加密链接，使得交易的历史记录实际上是不可更改的。

中本聪的发明也许是创新的，但它的崛起并非必然。中本聪和其支持者不得不一次又一次地采用乞求和恳求的方式来说服他人相信比特币的价值。他们经常说的一句话就是，潜在用户应该想象一下，如果比特币成为世界货币，会发生什么。想象一下，到时候每个比特币会值多少钱！而他们只要下载软件并在家里的电脑上运行，就能赚到几百枚。最终，中本聪的努力得到了回报，人们开始在现实世界中使用和接受比特币，包括著名的拉斯洛·汉耶克，他 207
花 1 万比特币买了披萨。

一旦人们开始在现实世界中使用比特币，一个围绕比特币的生态系统就出现了。诸如 Mt. Gox 这样的比特币交易所应运而生，让人们更容易购买和出售这种货币。为了处理货币背后困难的数学问题，专业矿工开始在世界各地建立采矿场，芯片制造商开始制造专门的芯片。比特币市场的出现，让人们可以用他们具备新价值的比特币购买商品和服务。其中一些市场（例如“丝绸之路”）存在于暗网之中，这迎合了对购买非法商品感兴趣的人们的需求，这一群体自然而然地意识到使用匿名货币进行支付的作用。尽管有这些早期的警告迹象表明虚拟货币对犯罪分子具有潜在吸引力，但越来越多的投资者对比特币及其技术产生了兴趣。像文克·莱沃斯（Wink Levoss）兄弟和马克·安德森（Marc Andreesen）这样的企业家和风险投资家在虚拟货币上投入了大量资金，他们相信这种技术就像互联网和个人电脑刚被创造出来时一样具有创新性。其他投资者，如文塞斯·卡萨雷斯，则将其视为委内瑞拉和阿根廷等货币波动剧烈或不可预测的国家中的公民将其资金存放在安全地方的一种方式。

人们对比特币兴趣的激增刺激了比特币领域与加密货币市场竞争的发展。首先，比特币价值的飙升。在 2010 年，它的价值不到 1 美分。到 2017 年年底，它的价值为 20000 美元。这种不寻常的价格飙升，让外部观察人士将其与历史上的泡沫相提并论，比如 17 世纪的郁金香热和 18 世纪的南海泡沫。人们对比特币价格崩溃的担忧开始蔓延。其次，竞争性加密货币的出现。看到比特币的成功，一些拥有不同程度计算机知识的企业家先后推出了基于区块链的虚拟货币。其中一些，如以太坊，远不仅仅是货币。他们利用区块链技术固有的灵活性来创建可以服务于许多目的的系统，例如形成智能合约和自动运行的去中心化组织。2017 年，首次代币发行（即个人或团体通过出售虚拟货币或“代币”来筹集资金）迅速走红。但是，其中大部分都惨遭失败。大约有一半的首次代币发行在一年内倒闭了。[1] 尽管虚拟货币引起媒体广泛的关注。但其他规模更大、信誉更好的公司开始将区块链视为改善运营的一种方式。IBM 创建了供企业使用的整个区块链平台；马士基推出了用于运输
208 的区块链；沃尔玛研究使用区块链跟踪其供应链；大的银行考虑创

建一个区块链来解决复杂的金融交易；许多较小的公司则开始研究如何将区块链用于选举。

随着区块链成为主流，其缺陷也随之而来，其中之一就是它拥有制造犯罪的能力。即使是在密码朋克时代，这也是一个非常真实的存在。密码朋克聊天室里最流行的话题之一就是暗杀市场，通过向潜在的暗杀者支付匿名货币来实现。虽然完全成熟的暗杀市场可能还没有出现（尽管有些人，包括“丝绸之路”的创始人，用比特币进行谋杀的交易），但给犯罪提供机会的平台已经出现。加密货币交易所 Mt. Gox 遭到黑客攻击，给投资者带来了巨大损失，而这只是一系列备受瞩目的交易所网络入侵事件中的第一起。出售毒品和其他非法商品的黑市“丝绸之路”最终被美国政府关闭，但随后被相似的其他市场取代了。勒索软件的黑客要求以比特币付款，用来换回被窃取的数据。间谍通过使用比特币给某些组织提供资金。比特币的匿名性让人们普遍认为，区块链代表了互联网的蛮荒西部。

区块链的另一个主要问题是，它似乎对能源的渴求无穷无尽。比特币和其他虚拟货币的安全性依赖于那些将计算能力投入到解决复杂密码问题的矿工。但是计算能力需要能量。2010 年以来，随着矿商数量和实力的飙升，比特币的能源使用量也大幅上升。如前文所述，在 2018 年，比特币网络一度消耗了相当于整个爱尔兰国家使用的能源数量。而从交易的角度来看，比特币的能源使用效率非常低。更重要的是，在为区块链提供动力的地区，煤炭被大量用作电力的发电来源，这使得加密货币行业产生了庞大的碳足迹。对此，虽然一些矿商选择搬迁到更环保的地方，如瑞典和冰岛，那里可再生能源丰富且便宜。另一些人则试图通过不同的采矿机制，如权益证明系统，寻找更有效的方式来运行区块链。但效率低下的情况依然存在。

最后，区块链技术在法律上也难以被轻易归类。它看起来有点像货币，但也有点像证券，同时又有点像商品。过时的规则根本不是为了处理像区块链这样的系统而建立的，这就导致一些存在问题的行为不可避免地陷入法律的漏洞之中。无良的运营商利用这些法
209 律上的模糊性，推出不受政府监管机构审查的产品，比如推出带有欺诈性的首次公开募股（IPO），用来欺骗缺乏经验的投资者。不过，监管机构也逐渐意识到问题的严重性并开始作出反应。一些人就如何监管该行业展开了研究和咨询。部分国家则发表了白皮书和公开声明，阐述它们对法律框架如何适用于其领域的看法。然而，尽管有这么多的活动，监管机构还是难以跟上区块链变化的步伐。

在国际上，各国政府对该技术采取了截然不同的态度。一些国家，例如马耳他，张开双臂欢迎它。他们推出了沙盒计划和激励方案，鼓励区块链公司进入他们的管辖范围，并降低了区块链相关技术的监管力度。其他司法管辖区则采取了相反的做法，禁止或严格限制公民和公司使用区块链技术，甚至与虚拟货币相关的产品也会被禁止。中国等国家禁止银行处理虚拟货币，并打击矿商行业。还有一些国家则采取了观望的态度，决定在进一步了解这项技术如何发展之前不采取行动。美国仍未采用任何与虚拟货币或区块链有关的联邦法规。这些不同的方法反映了对区块链和加密货币的广泛分歧。有些人将其称为“下一个互联网”，另一些人将其称为“老鼠病毒”。

我们相信区块链的创新和意义是空前的。长期以来属于政府和银行领域的货币，突然间可以由人民来管理了。公司，这些拥有执

行特权的堡垒，现在可以由群众来经营。智能合约或许可以取代法院，进而成为取代政府权力的最终仲裁者。加密货币、去中心化应用程序和其他区块链技术正在打破权力的壁垒，搅动长期停滞不前的行业。这些都是有力的观点。但值得注意的是，区块链只是一种技术，它可以将我们通常认为需要中心化的事情去中心化。许多其他技术也做过同样的事情。事实上，历史上一些最伟大的技术在其核心也有着同样的承诺。互联网承诺让个人可以与世界上的任何人同时无边界地交流。汽车承诺将使人们比以往任何时候走得更远、更快，消除地理障碍，扩大经济活动。印刷业承诺以过去无法想象的规模传播知识和信息。任何学过科技史的学生都可以迅速举出更多的例子。甚至通常不被认为是一种“技术”的民主也可以从这个角度来看待，它是一种有效聚集公民偏好的机制。 210

但区块链的说法并不新鲜，并不意味着这些说法本身就是错误的。技术可以也确实能够导致相对应的经济和政治力量的巨大变化。印刷术确实让知识传播到外界那些从未接触过它的人那里。汽车确实给人们提供了前所未有的居住和迁移的灵活性。互联网确实以前所未有的水平传播信息和数据。民主确实改变了社会自我管理的方式。如果说有什么不同的话，那就是认为区块链并不是彻底的创新，而是遵循了旨在传播知识和权力的技术的长期传统，这种说法比宣称区块链是如此具有革命性，以至于没有先例的说法更有帮助。

如果区块链是自成一体的，没有先例，我们不得不在真空中考察它。在真空中进行分析是困难的。但一旦我们把区块链和加密货币视为一种趋势中的一部分，而不是例外，我们就可以在历史背景下对它们进行评估。我们可以回头看看其他的努力，看看结果如何。对此，我们可以进行比较，也可以进行计算。

历史的教训可以告诉我们很多。首先，他们告诉我们，人们渴望获得更多的信息，更多地控制他们的日常生活，在对他们重要的事情上有更多的发言权。承诺能够满足这些需求的技术，无论是在情感上，还是在市场上，都具有巨大的吸引力。这种吸引力是广泛而多样的，它不受阶级、政治和意识形态的影响。著名的保守派思想家和忠实的联邦主义者埃德温·梅斯（Edwin Meese）认为："通过让各州拥有足够的主权来进行统治，我们可以通过权力下放的政府更好地确保实现政治自由的最终目标。"同时，当今进步政治的倡导者比尔·克林顿（Bill Clinton）也认为，在 21 世纪"将存在更多的权力下放……（以及）在信息时代，政府的作用是使人们拥有充分利用自己的工具的能力生活，打破实现这一目标的障碍，并创造我们可以共同前进的条件"。[2] 到现在，互联网已在我们的生活中根深蒂固，当我们看到手机无法连接上网络时，我们会感到失落。汽车曾经被认为是个人自由和自我实现的最终途径（现在，随着优步和其他拼车公司的崛起，我们看到，即使是它们也可以进一步去中心化）。区块链承诺让大众来管理我们自己的金融、经济和
211 物质世界。因此，人们对它的极大兴趣就不足为奇了。它满足了我们在所有基本互动中对"发言权"的强烈渴望。

与此同时，权力下放也并非没有缺点。权力的分散可能导致决策的混乱。它可以将决策权从有秩序的少数人转移到无秩序的多数人手中。而这种权力的转移虽然限制了精英阶层的权力，但同时也加强了不知情或不感兴趣的人的权力。群众可能容易产生歇斯底里或惊恐愤怒等情绪问题，他们可能会被自身最坏的本能，如本位主义或自私自利的诉求所左右。

另外，还有强大的力量在努力防止权力下放。总会有一些团体寻求将权力重新集中到自己手中。他们可能是出于表面上的，甚至是真正的利他主义动机。他们可能认为自己更善于管理事务，或者个人更喜欢某种程度的中央权威和组织，但他们也可能出于更多利己的原因而破坏分权。如果你是垄断者，垄断就是好的。这些走向中央集权的力量是强大而无情的。科技巨头（脸书、谷歌、亚马逊、苹果和其他一些公司）的崛起足以证明，所谓的去中心化创新——互联网——可以彻底引发前所未有的集中化。

几千年来，政治家、公民和哲学家一直在努力改进和调整民主的基本模式。他们试图找出民主的弱点和有问题的倾向，找出民主可能崩溃或导致不公正的压力点。民主本身是人们在世界上所能找到的最纯粹的善——一种围绕自由和平等原则而设计的体系——但即便如此，它也有其局限性。即使是民主国家，大多数现代社会也得出这样的结论：在绝大多数情况下，由公民直接行动进行纯粹、未经过滤的集体决策是不可取的。正如詹姆斯·麦迪逊（James Madison）在《联邦党人文集》中所写的那样，他们想要创建的政府体系与其说是民主政体，不如说是共和政体，在共和政体中，公民将决策授权交给代表。国会的目的不仅仅是接受人民的意见，然后再对人民采取行动。相反，它是“使公众意见得到提炼和扩大，因为公民的智慧最能辨别国家的真正利益，而他们的爱国心和对正义的热爱似乎不会为暂时的或局部的考虑而牺牲国家”。麦迪逊总结说，在这种制度下，“由人民代表发出的公众呼声，要比人民自己为此集会，和亲自提出意见更能符合公共利益……”。[3] 当然，这
项工作并没有随宪法的制定而停止。我们的民主制度正不断变化， 212
以适应不断变化的规范和技术。

如果说民主有几千年的时间来修正自己的方式，那么区块链只有十年。它的创始人中本聪在他的最后一封信中写道，这项技术存在太多缺陷，无法计算。在此后的几年里，许多这样的缺陷会被发现，并且这些缺陷有的会被非法分子利用。但毫无疑问，更多的缺陷将会被发现。区块链就像其他任何一项技术一样，如果它要生存下去，就必须作出改变。而程序员、用户和政府才刚刚开始艰苦地理解并改进它的工作。

区块链不是一个理想的审议机构。它有缺陷、怪癖和漏洞。但它为我们思考民主如何重新运作，作出了非凡的努力。它的流行一方面证明了当今世界对权威和政府的不信任程度之深，另一方面，它也证明了人们对于技术和网络世界可以提供答案的热情和不朽的信念。与此同时，它的失败又表明区块链与其他技术一样，会一次又一次地与法律、市场以及顽固人性的现实相抵触。但是，即使区块链没有实现它最大的愿望，它也完成了更重要的事情。它激发了全世界人们的想象力，激发了人们对社会基本组成部分如何运作、
213 如何不运作的质疑。也许，这将是它最伟大的遗产。

注释

1. See Aaron Hankin, Nearly Half of All 2017 ICOs Have Failed, Market Watch (Feb. 26, 2018), https://www.marketwatch.com/story/nearly-half-of-all-2017-icos-have-failed-2018-02-26.

2. See Public Papers of the Presidents of the United States: William J. Clinton, 1999, 471 (1999).

3. The Federalist, No.10, at 62 (James Madison)(Jacob E.Cookeed., 1961).

索 引

致 谢

列夫·托尔斯泰曾经说过，如果让他试图用语言表达他想在《安娜·卡列尼娜》中表达的一切，那么他就必须要从头再写一遍同样的小说。这本书之于我亦是如此。我在写作这本书时得到了太多人的帮助，若是要一一致谢，那势必要从头开始写一本全新的书。《区块链与大众之治》一书之所以能够诞生，在于研究中得到了各界人士的帮助。这些人里既有朋友和陌生人，也有同事和家人，还有计算机科学家和哲学家。对于他们，我表示衷心的感谢，正是在和他们进行不厌其烦的沟通过程中，给了我很多灵感。在此，我要特别感谢几位以特殊方式为该书作出贡献的亲朋好友。感谢我的父亲，他激励我进行学术写作；感谢我的母亲，她给我的写作创造了良好的环境；感谢我的妻子，她总是给我不断的支持；当然还有我的女儿，她给我的生活带来无尽的欢乐。此外，还要感谢迈克尔·科恩（Michael Coenen）、雅各布·艾斯勒（Jacob Eisler）、史蒂夫·塔尔萨（Steve Tarsa）和杰克·戈德史密斯（Jack Goldsmith）。其中，迈克尔·科恩为本书初稿的诞生作出了巨大的贡献；雅各布·艾斯勒主要负责生成“每日访谈”的简报；史蒂夫·塔尔萨是我的计算机技术指导老师；杰克·戈德史密斯帮助我找到了学术界合作伙伴斯基拉和卡里布迪斯。

图书在版编目(CIP)数据

区块链与大众之治/(美)威廉·马格努森
(William J. Magnuson)著;高奇琦,陈志豪,张鹏译
.—上海:上海人民出版社,2021
(独角兽·区块链)
书名原文:Blockchain democracy: Technology,
Law and the Rule of the Crowd
ISBN 978-7-208-17175-6

Ⅰ.①区… Ⅱ.①威… ②高… ③陈… ④张… Ⅲ.
①区块链技术 Ⅳ.①TP311.135.9

中国版本图书馆 CIP 数据核字(2021)第 112929 号

责任编辑 冯 静
封面设计 尚源光线

独角兽·区块链
区块链与大众之治
[美]威廉·马格努森 著
高奇琦 陈志豪 张鹏 译

出　　版 上海人民出版社
(200001 上海福建中路 193 号)
发　　行 上海人民出版社发行中心
印　　刷 上海商务联西印刷有限公司
开　　本 635×965 1/16
印　　张 21.75
插　　页 2
字　　数 245,000
版　　次 2021 年 8 月第 1 版
印　　次 2021 年 8 月第 1 次印刷
ISBN 978-7-208-17175-6/D·3787
定　　价 89.00 元

This is a simplified Chinese edition of the following title published by Cambridge University Press:

BLOCKCHAIN DEMOCRACY: Technology, Law and the Rule of the Crowd, ISBN: 978-1-108-71208-8, by William Magnuson, first published by Cambridge University Press 2020.

This simplified Chinese edition for the People's Republic of China(excluding Hong Kong SAR, Macau SAR and Taiwan Province) is published by arrangement with the Press Syndicate of the University of Cambridge, Cambridge, United Kingdom.